水科学前沿丛书

海南岛城市暴雨内涝防控技术

黄国如　喻海军　陈成豪　李龙兵　冯　杰　翁白莎　著

科学出版社

北　京

内 容 简 介

本书主要介绍了海南岛城市暴雨内涝成因及其防控技术,探讨了海南岛极端降雨事件的时空演变规律,分析了海口市短历时暴雨变化趋势,揭示了海南岛城市暴雨内涝的可能成因。本书还自主开发了基于水动力学的城市雨洪模型,并采用大量算例对所构建的模型进行了验证;基于InfoWorks ICM、SWMM 和 PCSWMM 模型,构建了海口市主城区城市雨洪模型,利用实测暴雨和设计暴雨对模型进行了验证分析,并开展了研究区域的内涝风险评估;提出了海南岛城市暴雨内涝的综合应对措施。

本书可供从事水利、水务、市政、规划和环保等的科研工作者和工程技术人员参考,也可供相关专业的大学本科生和研究生使用与参考。

图书在版编目(CIP)数据

海南岛城市暴雨内涝防控技术/黄国如等著. —北京:科学出版社,2017.8
(水科学前沿丛书)

ISBN 978-7-03-054013-3

Ⅰ. ①海… Ⅱ. ①黄… Ⅲ. ①海南岛-城市-暴雨洪水-防治 Ⅳ. ①P426.616

中国版本图书馆 CIP 数据核字(2017)第 180953 号

责任编辑:杨帅英 赵 晶/责任校对:何艳萍
责任印制:张 伟/封面设计:陈 敬

科 学 出 版 社 出版
北京东黄城根北街16号
邮政编码:100717
http://www.sciencep.com

北京厚诚则铭印刷科技有限公司 印刷

科学出版社发行 各地新华书店经销
*
2017 年 8 月第 一 版 开本:787×1092 1/16
2017 年 8 月第一次印刷 印张:17 插页:8
字数:400 000
定价:128.00 元
(如有印装质量问题,我社负责调换)

《水科学前沿丛书》编委会

（按姓氏汉语拼音排序）

《水科学前沿丛书》出版说明

随着全球人口持续增加和自然环境不断恶化，实现人与自然和谐相处的压力与日俱增，水资源需求与供给之间的矛盾不断加剧。受气候变化和人类活动的双重影响，与水有关的突发性事件也日趋严重。这些问题的出现引起了国际社会对水科学研究的高度重视。

在我国，水科学研究一直是基础研究计划关注的重点。经过科学家们的不懈努力，我国在水科学研究方面取得了重大进展，并在国际上占据了相当地位。为展示相关研究成果、促进学科发展，迫切需要我们对过去几十年国内外水科学不同分支领域取得的研究成果进行系统性的梳理。有鉴于此，科学出版社与北京师范大学共同发起，联合国内重点高等院校与中国科学院知名中青年水科学专家组成学术团队，策划出版《水科学前沿丛书》。

丛书将紧扣水科学前沿问题，对相关研究成果加以凝练与集成，力求汇集相关领域最新的研究成果和发展动态。丛书拟包含基础理论方面的新观点、新学说，工程应用方面的新实践、新进展和研究技术方法的新突破等。丛书将涵盖水力学、水文学、水资源、泥沙科学、地下水、水环境、水生态、土壤侵蚀、农田水利及水力发电等多个学科领域的优秀国家级科研项目或国际合作重大项目的成果，对水科学研究的基础性、战略性和前瞻性等方面的问题皆有涉及。

为保证本丛书能够体现我国水科学研究水平，经得起同行和时间检验，组织了国内知名专家组成丛书编委会，他们皆为国内水科学相关领域研究的领军人物，对各自的分支学科当前的发展动态和未来的发展趋势有诸多独到见解和前瞻思考。

我们相信，通过丛书编委会、编著者和科学出版社的通力合作，会有大批代表当前我国水科学相关领域最优秀科学研究成果和工程管理水平的著作面世，为广大水科学研究者洞悉学科发展规律、了解前沿领域和重点方向发挥积极作用，为推动我国水科学研究和水管理做出应有的贡献。

刘昌明

2012 年 9 月

前　言

海南岛位于我国最南端,四面环海,属热带季风海洋性气候,是我国洪涝灾害发生频繁的地区之一。随着全球气候变化的日益加剧及海南岛内经济社会的迅速发展,尤其是海南国际旅游岛建设被确立为国家发展战略,海南岛单位土地面积上的人口、资产、产值等将大幅度增加,城市洪涝灾害发生呈现频率加快、强度加大、损失加重的趋势,严重制约着海南岛经济社会的持续稳定发展,给海南防洪减灾工作带来了新的要求和挑战。因此,开展城市暴雨洪水形成机理及预警技术研究已成为海南省当前防洪减灾工作中迫切需要解决的突出问题,其目的是形成一套科学、完整、实用的预警预报方法体系,提高海南省城市洪涝灾害的预警预报能力,其研究成果可为当地的城市防洪减灾工作提供科学依据。

本书共分 7 章。第 1 章为绪论,主要介绍海南岛城市内涝研究意义、国内外研究现状和主要研究内容等。第 2 章为海南岛极端降雨事件时空演变规律研究,主要介绍了海南岛极端降雨事件时空演变趋势、海南岛短历时暴雨时空演变规律及海口市短历时暴雨特征分析等。第 3 章为海南岛城市暴雨内涝成因分析,以海口市为例,主要介绍了研究区域概况、城市防洪排水现状、历史内涝灾害、城市排水设施、城市易涝点情况等,综合性地提出海口市暴雨内涝成因。第 4 章为基于水动力学的城市雨洪模型,主要论述了一维明满流数值模型、二维地表水动力学模型、一维和二维模型耦合研究,采用大量实例对所构建的模型进行验证分析,证明所构建的模型具有良好的精度和可靠性。第 5 章为 InfoWorks ICM 城市雨洪模型,主要论述了 InfoWorks ICM 模型的基本原理、结构及其基本计算方法,基于 InfoWorks ICM 模型构建了海口市主城区一维管道、一维河道及二维地面耦合模型,利用实测和设计暴雨对模型进行验证,并开展研究区域内涝风险分析。第 6 章为 SWMM 城市雨洪模型,阐述了 SWMM 模型的基本原理、结构及其基本计算方法,ArcGIS 与 SWMM 模型的系统集成途径等,介绍了基于 ArcGIS 和 SWMM 模型的地面淹没水深计算方法,基于 SWMM 模型构建了海口市主城区雨洪模型,并利用实测和设计暴雨资料对所构建的模型进行验证,采用 PCSWMM 模型对海口市海甸岛片区进行了城市内涝模拟分析和风险评估。第 7 章为海南岛城市暴雨内涝解决措施,介绍了海口市城市内涝解决措施,主要包括工程措施和非工程措施。全书由黄国如统稿。书中部分彩图附后。

本书的研究成果是华南理工大学水资源及水环境科研团队长期努力的结晶,本书其他作者主要为张灵敏、黄维、陈文杰、吴海春等,研究生王欣、李彤彤在本书撰写过程中也提供了不少帮助,本书参考和引用了国内外许多专家和学者的研究成果,在此一并表示衷心的感谢。

　　本书的研究得到了水利部公益性行业科研专项经费项目（201301093）、广东省科技计划项目（2016A020223003）、广东省水利科技创新项目（2016-32）和华南理工大学亚热带建筑科学国家重点实验室自主研究课题项目（2014ZC09）等的大力资助，在此一并表示感谢。限于作者的研究水平，书中难免存在疏漏之处，恳请同仁批评指正。

作　者

2017 年 6 月 10 日

目　录

第1章 绪 论

1.1 研 究 意 义

近年来，受全球气候变化影响，暴雨等极端天气对社会管理、城市运行和人民群众的生产生活造成了巨大影响，加之部分城市排水防涝等基础设施建设滞后、调蓄雨洪和应急管理能力不足，出现了严重的暴雨内涝灾害。另外，城市化水平提升在一定程度上使得城市暴雨洪水频率增加，城市洪涝灾害的影响程度加深、影响范围不断加大。我国正处于快速城市化进程中，城市洪涝风险呈不断上升趋势，频繁发生的城市洪涝灾害给社会经济生产造成了巨大损失，给居民生命财产安全带来了巨大威胁，已经成为制约我国社会经济发展的重要因素。面对日益严峻的城市洪涝灾害，模拟和预报城市洪水是防洪减灾措施中重要甚至是必不可少的非工程措施，同时也是当前城市水文学研究的前沿课题之一。因此，为减少城市洪涝灾害造成的损失与提升对突发性强暴雨洪水事件作出快速反应和应急处置的水平，对城市洪涝模拟技术进行系统深入的探讨，建立一套高效、稳定的数学模型，用以模拟计算城市暴雨洪水过程、分析城市洪涝灾害的特点十分必要。

海南省位于我国的最南端，四面环海，属热带季风海洋性气候，是我国洪涝灾害频繁发生的省区之一。随着全球气候变化的日益加剧及岛内经济社会的迅速发展，尤其是海南国际旅游岛建设被确立为国家发展战略，海南岛单位土地面积上的人口、资产、产值等将大幅度增加，城市洪涝灾害的发生呈现频率加快、强度加大、损失加重的趋势，其严重制约着海南经济社会的持续稳定发展，给海南防洪减灾工作带来了新的要求和挑战。因此，开展城市暴雨洪水形成机理及预警技术研究已经成为海南省当前防洪减灾工作中迫切需要解决的突出问题，其目的是形成一套科学的、完整的、实用的预警预报方法体系，提高海南省城市洪涝灾害的预警预报能力，其研究成果可为当地的城市防洪减灾工作提供科学依据。

1.2 国内外研究现状

城市地区下垫面复杂，加之在人类活动的影响下，城市区域的产汇流特性与天然流域相比有着显著的差异，城市的产汇流机制也远比天然流域复杂，传统水文学计算天然流域产汇流的方法在城市区域并不十分适用，为此国内外研究学者对城市区域的产汇流特性和洪水计算方法做了大量深入而富有成效的研究，如图1-1所示，城市洪水模拟计算一般可以分为3个部分：降雨产流计算、地面汇流计算和排水管网（或河网）汇流计算，但由溃坝和外江洪水漫堤造成的城市洪水模拟则主要包括地面洪水演进模拟计算和排水管网（或河网）计算。

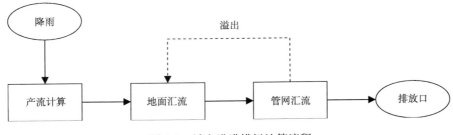

图 1-1　城市洪涝模拟计算流程

1.2.1　城市产流计算方法

产流是指降水量中扣除各类损失后形成净雨的过程，其中，损失主要包括蒸发、植物截流、地表填洼和土壤下渗等。城市区域常用的产流计算方法包括径流系数法、φ 指标法、SCS-CN 法、蓄满产流法、下渗曲线法等。径流系数法较为简单，通过降水量直接乘以径流系数求解径流量，分为综合径流系数法（叶镇等，1994；邓培德，2014）和变径流系数法（孟昭鲁和周玉文，1992）。φ 指标法假定每次降雨损失为常数，超过 φ 的降水量即为径流量，其计算较为简单。由荷兰、英国、丹麦等国学者组成的城市地面径流国际小组的研究成果表明，φ 指标法计算结果的精度要低于径流系数法。SCS-CN 法通过一个反映土壤干燥程度、土地利用类型和土壤类型的参数 CN 来求解产流量，其最初由美国农业部水土保持局于 1954 年开发，后被广泛应用于流域工程规划、水土保持及城市水文等方面（孙立堂等，2008；王业耀等，2011）。SCS-CN 法虽然形式简单，只有一个参数，但其预报精度偏低，适用于精度要求一般的情况（任伯帜等，2006；刘家福等，2010）。蓄满产流法假定在地表洼蓄及土壤没有蓄满前不产生径流，对于城市透水区域，降雨损失以下渗为主，蓄满产流法并不十分适用（任伯帜等，2006）。在产流计算精度要求较高的情况下，可以采用下渗曲线法，该方法通过降水量扣除下渗量和其他损失量来计算产流量，应用较为广泛的下渗率计算方法主要包括 Green-Ampt 入渗方程（Green and Ampt，1911）、Horton 入渗方程（Horton，1941）及 Philip 入渗方程（Philip，2006），其中，Green-Ampt 入渗方程和 Philip 入渗方程具有明确的物理意义，Horton 入渗方程则属于经验性公式。根据下垫面的不同，城市地表可以分为透水区域和不透水区域，不透水区域的产流计算相对简单，可以直接采用降水量扣除填洼、截留和蒸发等损失量的方法（Elliott and Trowsdale，2007），也可以采用径流系数法、蓄满产流法等，透水区域产流宜采用下渗曲线法。

城市地表下垫面复杂，不同区域产流机制和特性差异性较大，目前尚缺乏对城市地区复杂下垫面产流规律的系统认识，因而针对城市区域产流机制的探索仍是国内外重要的研究方向之一（胡伟贤等，2010）。Skotnicki 和 Sowiński（2015）研究了地表洼蓄深度对城市不透水区域径流量的影响；Valeo 和 Ho（2004）研究了城市融雪径流问题，并提出了新的计算融雪径流的模型；Armson 等（2013）通过实验对比研究了街道树木、草地和沥青路面不同的径流特征；岑国平等（1997）通过室内实验研究了城市各种下垫面的产流特性，并分析了降雨、土壤、地面覆盖等因素对降雨径流过程的影响；Shuster 等

（2008）针对土壤前期含水率、不透水面积比例与位置等因素进行了较为详尽的室内试验，发现在不同不透水面积比例条件下，影响产流的主要因素不同，汇流规律也不同。

1.2.2 城市地面汇流计算方法

地面汇流是指径流或者洪水从地面汇入管网或河道的过程，其计算方法可以分为水文学方法和水动力学方法。

水文学方法主要包括推理公式法、等流时线法、单位线法、非线性水库法等。推理公式法假定降雨和径流系数的时间分布保持不变，因而无法真实地反映雨水口流量过程，其比较适合计算城市小流域设计洪峰流量。单位线法则需要有大量的实测资料，而且参数计算相对复杂，因而在资料缺乏的情况下应用起来较为困难。非线性水库法和等流时线法参数较易确定，计算结果较为接近（任伯帜和邓仁建，2006），因而这两种方法在实际应用中被广泛采用（周玉文等，1994；张明亮等，2007；张小娜等，2008）。

水动力学方法主要采用数值方法求解一维或者二维浅水方程，具有明确的物理意义，且可以得到流速和水深分布。一般来说，采用水动力学方法要比水文学方法更为精确，Xiong 和 Melching（2005）通过实验对比了运动波法与水文学方法中的非线性水库法两种方法，认为非线性水库法精度较好，但不及运动波法。一维水动力模型在计算城市地面汇流时具有明显的局限性（Mark et al.，2004），因而目前地面水流模拟计算以采用二维水动力模型为主。浅水方程组的求解以数值方法为主，依据离散原理可以分为特征线法、有限差分法、有限元法、有限体积法等。特征线法符合水流的物理机制，具有很高的计算精度，但求解格式比较复杂，因而很少在实际数值计算中被采用，多作为研究其他数值方法的基础。有限差分法数学原理简单，算法容易设计和实现，在一维浅水方程求解中应用较多，但有限差分法没有体现物理规律，而且无法很好地拟合二维复杂边界。有限元法在非恒定流模拟计算中有一些成功的应用（Akanbi and Katopodes，1988），具有适应性强、计算精度较高等优点，但同样也存在格式复杂、计算量较大等问题。有限体积法具有明确的物理意义，能够处理复杂水流，基于非结构网格时复杂边界拟合较为容易，因而在实际应用中，特别是在二维浅水方程求解中被广泛采用（Song et al.，2011；周浩澜和陈洋波，2011；岳志远等，2011）。

为了更精确地计算洪水淹没深度和范围，二维水动力学模型被越来越广泛地引入到城市洪涝数值模拟计算中（张大伟等，2010a；周浩澜和陈洋波，2011；Seyoum et al.，2011），国内外研究者提出了很多能够处理复杂水流、性能较好的二维非恒定流水动力学模型，可以单独或者与一维河网模型结合来模拟计算城市地表洪水演进（张大伟等，2010b；Seyoum et al.，2011；Song et al.，2011；周浩澜和陈洋波，2011；岳志远等，2011；Hou et al.，2013；吴钢锋等，2013）。如果涉及降雨产流，则需要将二维模型与产汇流计算方法结合，目前二维水动力模型与地面产汇流结合可以有两种不同的思路：①地面降雨产流汇入雨水口的过程采用水文学方法，二维水动力模型仅用来计算从管网或河道中溢出的水在地表的流动情况，即在排水能力不足以产生溢流时，才使用二维模型计算洪水流动和淹没情况。②不区分地表降雨径流的汇流和管网溢流，水流在地表流动均采用二维水动力模型计算。前一种思路的优势在于可以重点考虑淹没区域，由于产汇流及溢流的计算是分开的，所以便于划分产流区，也便于参数的率定和调整，目前一些常见的城市洪涝模型均采用这种思路；后一种思路物理机制更为明确，但是一些水流现象（如屋面收集的雨水直接进入下水管道）并不能通过二维地表流动来描述，依然需要概化处理，而且二维模型需要计算整个研究区域，若采用精细化的网格，则模型计算效率相对较低。

1.2.3　城市管网汇流计算方法

城市管网汇流是指水流在河道或者地下管网系统中的汇集过程。管网汇流计算方法可以分为水文学方法和水动力学方法。早期使用的水文学方法主要包括单位线法和马斯京根法，现在管网汇流计算方法相对比较成熟，目前主流的方法是采用一维水动力学模型，其主要思想是求解完整的一维圣维南方程组（动力波）或者其简化形式（扩散波和运动波），数值求解方法则以有限差分法为主。动力波法能够模拟管网中常见的复杂的水流状况，适用范围比扩散波法和运动波法大（谢莹莹等，2006），但需要更多的基础数据作为支撑。扩散波法可以准确地模拟管网中包括回水、逆向流在内的水流状况，精度比动力波法稍差。运动波法略去了圣维南方程组中的惯性和压力项，只保留了底坡项和摩阻项，因而无法反映下游回水影响。Zhong（1998）和茅泽育等（2007b）分别基于动力波法和扩散波法建立了排水管网模型，取得了较好的效果。张明亮等（2007）对比分析了动力波法、运动波法和马斯京根法，认为动力波法精度好于运动波法和马斯京根法，但在基础资料缺乏及下游回水较少等情况下可以采用运动波法和马斯京根法。任伯帜等（2010）通过实验对比分析了几种水文学方法和水动力学方法，认为马斯京根法与动力波法、扩散波法的计算结果比较接近，瞬时单位线的计算精度则相对较差。

1.2.4　城市雨洪模型

随着计算机技术的发展，一些常用的城市产汇流计算理论和方法被集成于一体，诞生了大量流域水文模型，自 20 世纪 70 年代起，一批城市雨洪或排水模型也相继被提出，其中比较知名的有 1971 年由美国国家环境保护局资助推出的 SWMM 模型（Roesner et al.，1988），1973 年由美国陆军工程兵团研发推出的 STORM 模型，1984 年由丹麦水力学研究所（DHI）开发推出且后续被集成到 MIKE URBAN 的 MOUSE 模型（DHI，1995），1997 年由 Wallingford 软件公司开发，后续发展为 InfoWorks CS 的 HydroWorks 模型等。在众多城市雨洪模型中，SWMM 模型、InfoWorks CS 和 MOUSE 模型是应用最多的 3 个模型，以下是对它们的简介。

SWMM 模型是 20 世纪 70 年代由美国国家环境保护局资助开发的动态降雨径流模型，也是目前世界上使用最为广泛的城市雨洪模型，在城市排水建模理念上对后续其他排水模型产生了重大影响，时至今日依然在城市暴雨洪水，城市非点源污染，排水系统规划、设计和评估等方面发挥着重要作用（黄国如等，2011；Sun et al.，2013；Burszta-Adamiak and Mrowiec，2013；Yu et al.，2014）。SWMM 模型软件完全开源和免费，经过不断更新和升级，目前最新版本为 5.1，其由水文、水动力及水质 3 个主要部分组成。SWMM 模型是一个分布式的水文水动力模型，计算产流时，将计算区域划分成若干个子汇水区，分别计算各个子汇水区的径流过程，假定每个子汇水区的水全部流向某个特定节点，进而汇入排水管网中。地面汇流计算采用非线性水库法，街道和地下管网汇流计算则提供了 3 种方法供用户选择：恒定流法、运动波法和动力波法。SWMM 模型更侧重于模拟排水管网，无法直接计算地表淹没情况，因而一些基于 SWMM 模型，同时耦合了能够计算地表淹没水深的地表二维模型或者其他方法的模型软件相继被推出，其中，国外比较著名的有 PCSWMM、XPSWMM 等，国内常见的有 DigitalWater Simulation、HYSWMM 等。

HydroWorks 模型是由 Wallingford 软件公司开发的城市排水系统模型，现已经被集成到 InfoWorks CS 系列软件中，不再作为独立的模型（Gent et al.，1996）。InfoWorks CS 的主要功能是模拟降雨径流、水质和泥沙的形成和运动过程，其产汇流模块能够提供多种产汇流计算方法供用户选择。模型计算排水管网中的水流时，采用隐式方法求解圣维南方程，稳定性较好。Wallingford 公司最新推出的城市综合流域排水模型 InfoWorks ICM，即 InfoWorks CS 软件的升级版，可以将排水管网模型与地表二维水动力学模型耦合，建立一、二维耦合的城市雨洪模型，软件前后处理功能比较完善，与地理信息系统（GIS）和 CAD 等软件数据交互较为方便，在世界范围内有相当广泛的应用（王喜冬，2004；谭琼，2007；Koudelak and West，2008；黄国如和吴思远，2013）。

MOUSE 模型是由丹麦水力学研究所于 1984 年开发研制的城市暴雨径流模型，现已经集成到 MIKE URBAN 中。最新发布的 MIKE URBAN 集成了 GIS 模块，有 MOUSE 模型和 SWMM 模型两个排水计算引擎供用户选择。MOUSE 模型的主要模块包括降雨入渗模块、地表径流模块、管流模块、实时控制模块和泥沙传输与水质模块等。MIKE URBAN 用途比较广泛，可用来模拟计算城市排水系统中雨水径流、水质和泥沙传输等问题，还可以通过丹麦水力学研究所推出的 MIKE FLOOD 与二维水动力学模型 MIKE21，以及一维河网水动力学模型 MIKE11 进行连接，建立一维和二维耦合的城市洪涝模型。

我国城市排水模型开发研制工作起步较晚，但也取得了一些较好的成果。岑国平等（1993）基于扩散波方法建立了我国第一个较为完整的雨水管道径流计算模型，包括降雨径流、地表汇流和管网汇流等模块，但该模型无法处理环状管网和压力流。徐向阳（1998）开发了一个适合平原地区的城市雨洪模型，包括产流、坡面汇流、管道汇流和河道汇流 4 个模块，其中管道汇流基于运动波方程，河道汇流则基于完整的圣维南方程组。仇劲卫等（2000）基于非结构网格的二维水动力学模型建立了城市雨洪模拟系统，对天津市暴雨内涝模拟的结果表明，该模型较为可靠。周玉文和戴书健（2001）基于运动波方程，开发研制了城市排水系统非恒定流模型，将其应用于沈阳市排水管网优化中，并取得了较好的效果。2006 年，耿艳芬（2006）基于水动力学方法，建立了一、二维耦合的城市雨洪模型，能够较为准确地计算地面淹没情况。

总的来讲，国内城市洪涝数值模型开发研制工作相对滞后，其特点可以归结为以下几点：①国内单独针对二维非恒定流模型、排水管网模型或者河网模型的研究比较多，对这些方法集成耦合方面的研究（如研制能够同时处理降雨产流计算，以及二维地面、河网和地下管网水流计算的城市洪涝模型）相对比较少。②与国外模型软件通常能同时处理水量、水生态、泥沙等问题的特点相比，国内现有的一些城市洪涝模型的功能相对比较单一，通常只能处理水量问题（胡伟贤等，2010）。③国内模型前后处理功能不强，商业化程度不高，与国外模型软件相比，在实用性和通用性等方面存在着一定差距，这方面的研究工作还需要进一步加强。

1.3　主要研究内容

（1）从宏观上揭示近年来海南岛暴雨的演变趋势，利用数理统计方法，研究海南岛极端暴雨和短历时暴雨的时空演变规律，研究城市化过程中短历时强降雨序列的变化趋势及其变化周期等特征，揭示城市内涝形成的可能原因与机理。综合运用线性趋势检验法、Mann-Kendall 趋势检验法、稳定性分析法、主成分分析法和 GIS 技术等对海南岛极端降雨指标和逐时降水量进行时空演变分析，并探讨其内在变化规律。

（2）对近年来海南岛城市内涝情况进行充分调研，选择海口市、三亚市、琼海市、文昌市、澄迈县、定安县及临高县 7 个县（市）作为典型代表，重点以海口市为例，分析海南岛城市暴雨内涝的发生成因。

（3）开发城市洪涝数值模拟计算模型能够同时处理城市地下排水管网、河道和地表的水流过程；基于有限差分法建立一维明满流数值模型，用于模拟计算城市河道和地下排水管网中水流过程；基于非结构网格的有限体积法建立二维非恒定流水动力学模型，用于模拟洪水在城市地表二维区域的演进过程；研究一、二维模型在水平方向和垂直方向上的耦合连接问题，建立一、二维耦合的城市洪涝数值模型。

（4）构建基于 InfoWorks ICM、SWMM 和 PCSWMM 的海口市城市暴雨内涝模型，利用实测资料对所构建的模型进行验证，应用设计暴雨资料分析海口市在各种设计频率暴雨情形下的内涝淹没情况。

（5）探讨城市内涝的综合防治技术，制定海南岛城市内涝的防治对策，提出城市内涝防治的工程措施和非工程措施，为解决海南岛城市内涝提供科学依据。

1.4　小　　　结

本章首先介绍了本书的研究背景和研究意义，总结了国内外在城市区域产流计算、地面汇流计算、管网汇流计算及城市洪涝模型研发等方面的研究现状和目前还存在的一些问题，最后简要介绍了本书的主要研究内容。

第2章 海南岛极端降雨事件时空演变规律研究

极端降雨事件是重要的水文事件，受到了世界的普遍关注，政府间气候变化专门委员会（IPCC）第一工作组指出，日益频繁和严重的极端降雨事件是全球气候变暖的主要影响因素之一。本章从海南岛整体出发，综合研究海南岛极端降雨事件的时空演变趋势，试图揭示海南岛城市暴雨内涝形成的可能原因。

2.1 海南岛极端降雨事件时空演变趋势

2.1.1 研究区概况

1. 社会经济概况

海南省是中国最大的省级经济特区，位于中国的最南端，地处北纬 18° 10′～20° 10′，东经 108° 37′～111° 03′，北以琼州海峡与广东省划界；西临北部湾，与广西壮族自治区和越南相对；东濒南海，与台湾省对望；东南和南边在南海中与菲律宾、文莱和马来西亚为邻，是我国南海上一颗璀璨的明珠。

海南省共有 19 个市（县），其中包括 4 个地级市：海口、三亚、三沙和儋州，5 个县级市：文昌、琼海、万宁、五指山和东方，4 个县：澄迈、临高、定安和屯昌，还有 6 个民族自治县：白沙、陵水、琼中、保亭、昌江和乐东。海南岛常住人口达 900 万人，2013 年经济生产值达 2855.3 亿元，人均地区生产总值达 5147 美元。海南岛凭借着得天独厚的气候和地理环境，其农业和旅游业迅猛发展。农业在海南岛的地位尤为重要，2013 年海南岛农业年增加值为 6.7%，居全国首位。海南岛是中国最大的"热带宝地"，土地总面积为 344.2 万 hm^2，约占全国热带土地面积的 42.5%，人均可用于农、林、牧、渔的土地约为 0.48hm^2。由于光、热、水等条件优越，生物生长繁殖速率较温带和亚热带为优，终年可以种植农田，不少作物每年可收获 2～3 次，而且粮食作物是海南岛种植业中面积最大、分布最广、产值最高的作物。

2. 水文气象概况

海南岛地处热带，是我国最具有海洋气候特色的地方，全年暖热，雨量充足，干湿季明显，热带风暴和台风频繁，年平均气温为 22～27℃，1～2 月温度最低，平均气温为 16～24℃，7～8 月温度最高，平均气温为 25～29℃。年降水量充沛，降雨主要集中在 5～10 月，总降水量可达 1500mm，占全年降水量的 70%～90%。

海南岛地势为中部高四周低，以五指山、鹦哥岭为隆起核心，向外围逐级下降，山地、丘陵、台地、平原构成环形层状地貌，梯级结构明显，比较大的河流大都发源于中部山区，组成辐射状水系。全岛独流入海的河流共 154 条，其中集水面积超过 100km^2

的有 38 条。南渡江、昌化江、万泉河为海南岛的三大河流，集水面积均超过 3000km²，三大河流流域面积占全岛面积的 47%。但是海南岛上真正的湖泊很少，以人工水库居多，著名的有松涛水库、牛路岭水库、大广坝水库和南丽湖等。

在全球变暖的大背景下，全球洪水、高温、强降雨等极端气候事件加剧，给社会、经济和人们的生产生活造成了严重影响，海南岛极端气候事件也时有发生。

2.1.2 资料情况

所采用的降雨数据全部来自于海南岛 7 个气象站，分别为海口、东方、儋县、琼中、琼海、三亚和陵水站（表 2-1 和图 2-1）。

表 2-1　海南岛气象站点详细情况

台站名称	经度/(°)	纬度/(°)	高程/m	降雨序列/年	序列长度/年
海口	20.00	110.25	63.5	1951～2012	62
东方	19.10	108.62	7.6	1953～2012	60
儋县	19.52	109.58	169.0	1953～2012	60
琼中	19.03	109.83	250.9	1956～2012	57
琼海	19.23	110.47	24.0	1953～2012	60
三亚	18.22	109.58	419.4	1959～2012	54
陵水	18.50	110.03	13.9	1956～2012	57

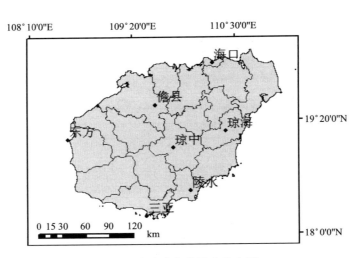

图 2-1　海南岛气象站点分布图

由表 2-1 可以看出，各个站点的数据长度不尽相同，最长的为海口站，拥有 62 年降雨数据，最短的为三亚站，只有 54 年降雨数据。为了保持数据系列长度的一致性，选取各个站点 1960～2012 年共 53 年数据作为研究对象。由图 2-1 可以看出，7 个站点较为均匀地分布在海南岛范围内，站点分布较为合理。

日降雨数据来自于中国气象局国家气象信息中心的中国气象科学数据共享服务网（http://data.cma.cn）。为了保证数据的可靠性，利用 RClimDex 软件（http://etccdi.pacificclimate.org/software.shtml）对数据进行了严格的质量控制，主要包括数据记录日期是否与现实一致、降水量是否小于零、错误值与异常值的筛选等。除此之外，还利用 RHtests_dlyPrcp 软件（http://cccma.seos.uvic.ca/ETCCDI/software.shtml）对数据进行了均一化检验。检验结果显示，所选的站点数据无严重错误。

2.1.3　极端降雨指标

目前，关于极端气候指标的定义方法有很多种，如全球气候研究计划（WCRP）气候变化和可预测性计划（CLIVAR）气候变化检测、监测及指标专家组（ETCCDMI）定义的 27 个极端气候指标（Peterson and Manton，2008），欧洲区域极端事件统计和区域动力降尺度项目（STARDEX project）（http://www.cru.uea.ac.uk/projects/stardex/）定义的 57 个年和季节极端气候指标等（Hidalgo-Muñoz et al.，2011）等。ETCCDMI 定义了 27 个气候指标（http://etccdi.pacificclimate.org/indices.shtml），主要集中在对极端事件的描述上，其中包括 11 个降水指标，这些指标基于逐日降水量计算。总的来说，ETCCDMI 指标可归为五大类：① 基于百分比阈值的相对指标；②降水值大于或小于某一固定阈值的天数的阈值指标；③代表某个季节或某年最大或最小值的绝对指标；④过度干、湿的持续时间或对生长季长度而言的生长周期所对应的持续指标；⑤其他指标（包括年总降水量及年极端降水占总降水量的百分比等）。

根据海南岛的气候特点，从 ETCCDMI 所定义的 11 个极端降水指标中筛选出 10 个降水指标（表 2-2），指标由 RClimDex 软件计算，这些指标能够反映出海南岛极端降水不同方面的变化，具有噪声低、显著性强的特点。

表 2-2　极端降雨指标

名称	含义	计算方法	单位
Rx1day	最大 1 日降水量	一年中最大 1 日降水量	mm
Rx5day	最大 5 日降水量	一年中最大连续 5 日降水量	mm
SDII	简单降雨强度指数	一年中日降水量≥1.0mm 降水总量与天数之比	mm/d
R10mm	强降雨日数	一年中日降水量大于 10mm 的日数	d
R20mm	非常强降雨日数	一年中日降水量大于 20mm 的日数	d
CDD	持续干旱日数	日降水量小于 1mm 的最大连续日数	d
CWD	持续湿润日数	日降水量大于 1mm 的最大连续日数	d
R95p	非常湿天降水总量	一年中日湿天降水量（日降雨≥1.0mm）大于 1961～1990 年第 95 个百分位值的总降水量	mm
R99p	极端湿天降水总量	一年中日湿天降水量（日降雨≥1.0mm）大于 1961～1990 年第 99 个百分位值的总降水量	mm
PRCPTOT	总降水量	一年中湿天总降水量（日降雨≥1.0mm）	mm

2.1.4　研究方法

1. 线性倾向趋势法

采用线性倾向趋势法分析水文序列在时间上的演变规律，线性倾向趋势法就是用一条合理的直线表示变量 x 随时间 t 的变化趋势。变量用 x_i 表示，其对应的时间为 t_i，可建立起 x_i 与 t_i 的一元线性关系：

$$x_i = A + Bt_i \qquad (i=1, 2, \cdots, n) \tag{2-1}$$

式中，A 为回归常数；B 为回归系数；A、B 可以用最小二乘法计算得到：

$$B = \frac{\sum\limits_{i=1}^{n} x_i t_i - \frac{1}{n}(\sum\limits_{i=1}^{n} x_i)(\sum\limits_{i=1}^{n} t_i)}{\sum\limits_{t=1}^{n} t_i^2 - \frac{1}{n}(\sum\limits_{i=1}^{n} t_i)^2} \tag{2-2}$$

$$A = \bar{x} - B\bar{t} \tag{2-3}$$

其中，

$$\bar{x} = \frac{1}{n}\sum_{i=1}^{n} x_i \quad, \quad \bar{t} = \frac{1}{n}\sum_{i=1}^{n} t_i$$

2. Mann-Kendall 趋势检验法

Mann-Kendall 趋势检验法最初是由 Mann（1945）和 Kendall（1975）提出的一种非参数的趋势检验方法，被广泛应用于分析径流、降雨、水质和气温等要素在时间上的变化趋势（陈文杰和黄国如，2015）。Mann-Kendall 趋势检验法不要求样本序列服从一定的分布也能够排除少数异常值的干扰，非常适用于分析气象、水文等非正态分布的数据，而且计算较为简单。

在 Mann-Kendall 趋势检验法中，假定 $(x_1, x_2, \cdots, x_n)$ 为随机分布的时间序列变量，n 为序列的长度，Mann-Kendall 趋势检验法定义了统计量 S：

$$S = \sum_{i=1}^{n-1} \sum_{j=i+1}^{n} \mathrm{sgn}(x_j - x_i) \tag{2-4}$$

其中，

$$\mathrm{sgn}(\theta) = \begin{cases} 1 & \text{if } \theta > 0 \\ 0 & \text{if } \theta = 0 \\ -1 & \text{if } \theta < 0 \end{cases} \tag{2-5}$$

S 为正态分布，其均值为 0，方差为 Var（S）。对于时间序列数据 $(x_1, x_2, \cdots, x_n)$，标准的正态统计变量 Z 通过式（2-6）计算：

$$Z = \begin{cases} (S-1)/\sqrt{n(n-1)(2n+5)/18} & \text{if } S > 0 \\ 0 & \text{if } S = 0 \\ (S+1)/\sqrt{n(n-1)(2n+5)/18} & \text{if } S < 0 \end{cases} \quad (2\text{-}6)$$

式中，Z 为标准正态分布的统计量，在给定的 α 置信水平上，如果 $|Z| \geqslant Z_{1-\alpha/2}$，则拒绝原假设，即在 α 置信水平上，时间序列数据存在明显的上升或下降趋势。当统计变量 $Z > 0$ 时，序列呈现出上升趋势；当统计变量 $Z < 0$ 时，序列呈现出下降趋势。$|Z|$ 值越大，表示增加或减少的趋势越明显。如果 $|Z| \geqslant 1.28$、$|Z| \geqslant 1.64$ 和 $|Z| \geqslant 1.96$，分别表示序列通过了显著性水平 $\alpha = 0.20$、$\alpha = 0.10$ 和 $\alpha = 0.05$，即置信度为 0.80、0.90 和 0.95 的显著性趋势检验。

通常来说，序列的趋势是有强弱之分的，在这里定义几种趋势：当 $|Z| \geqslant 1.96$ 时，极强趋势；当 $1.64 \leqslant |Z| < 1.96$ 时，较强趋势；当 $1.28 \leqslant |Z| < 1.64$ 时，弱趋势；当 $|Z| < 1.28$ 时，没有显著趋势。

根据前面定义的趋势强度，由式（2-7）统计出每种指标趋势强度的比例（Lupikasza，2010；Wu et al.，2014）：

$$c = \frac{N_p}{M \times K} \times 100\% \quad (2\text{-}7)$$

式中，c 为某一趋势强度的比例；M 为测站数目；K 为一个站点滑动 30 年序列的数目；N_p 为 $M \times N$ 组序列中具有某种趋势强度的序列的组数。本章中，测站数 M 为 7 个，每个站点从 1960 年开始的滑动 30 年序列组数 K 为 24 组。

3. 稳定性检验方法

目前，国内外对水文气象序列趋势的研究往往只是针对特定的时间段，趋势检测结果受所选时间段的影响较大。对于同一要素，可能因为所选时段不同而导致趋势结果发生变化，因此很难判断出时间序列的真实变化趋势，这也反映了水文气象序列趋势的不稳定性。针对时间段变化对序列趋势检测结果的影响，引入趋势稳定性概念（Lupikasza，2010；Hidalgo-Muñoz et al.，2011；Wu et al.，2014），给出了某一站点极端气候指标在 1960～2012 年趋势稳定性的判别条件，应用 Lupikasza（2010）方法定义稳定性检验统计量 S：

$$S = \frac{N_{0.1}}{K} \times 100\% \quad (2\text{-}8)$$

式中，$N_{0.1}$ 为在 K 组序列中通过显著性为 0.1 检验的序列组数。

根据该方法定义趋势稳定性如下：当 $S = \frac{N_{0.1}}{K} \times 100\%$，$S < 0.25$ 时，不稳定趋势；当 $0.25 \leqslant S < 0.6$ 时，稳定趋势；当 $S \geqslant 0.6$ 时，强稳定趋势。

2.1.5　极端降雨指标时间变化趋势分析

为了分析整个海南岛极端降雨指标随时间的变化情况，将 7 个站点的极端降雨指标进行算术平均，再求其变化趋势，图 2-2 为海南岛极端降雨指标时间变化趋势图。

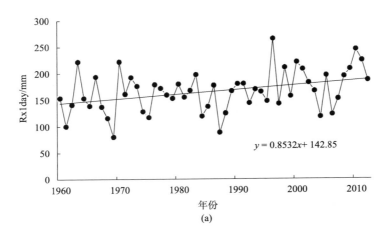

(a)

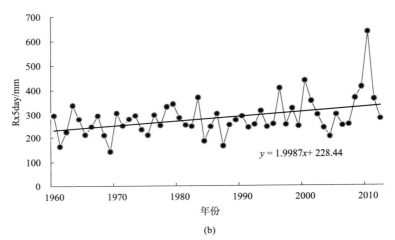

(b)

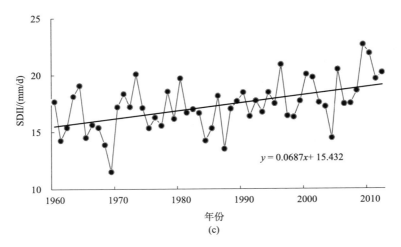

(c)

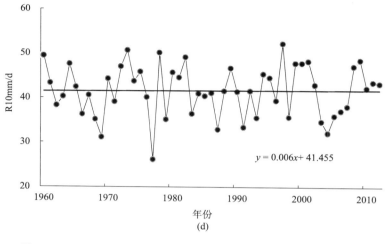

(d)

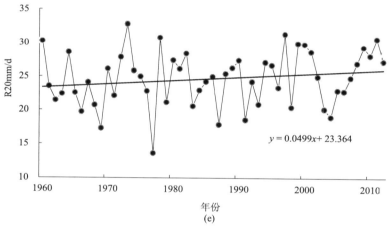

(e)

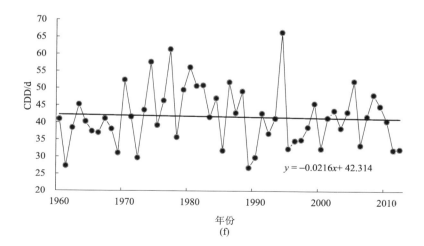

(f)

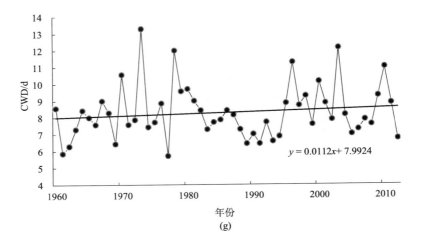

(g)

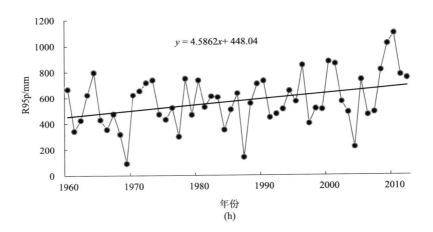

(h)

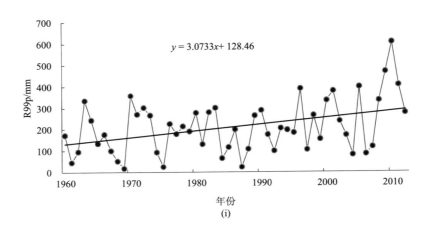

(i)

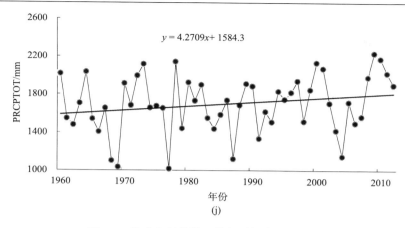

图 2-2　海南岛极端降雨指标时间变化趋势图

从图 2-2 可以看出，海南岛极端降雨指数（EPI）只有持续干旱指数（CDD）随时间呈现出下降趋势，其余指数均随时间呈现出上升趋势。持续湿润指数（CWD）以 0.1d/10a 的速度上升，上升趋势十分微弱，持续干旱指数以 0.2d/10a 的速度下降，这两个指数可以从侧面反映出海南岛的降雨频率，这两个指数变化速度均很小，说明海南岛降雨频率在以很小的速度上升。强降雨日数（R10mm）上升速度为 0.06d/10a，非常强降雨日数（R20mm）上升速度为 0.5d/10a，后者约为强降雨日数上升速度的 8 倍，说明海南岛日降水量 20mm 以上的天数在增加，给防洪排涝工作带来了巨大压力。

总降水量（PRCPTOT）以 4.3mm/a 的速度上升，并在 2009 年达到了近 50 年来的峰值 2235mm。非常湿天降水总量（R95p）以 4.6mm/a 的速度持续上升，并在 2010 年达到了近 50 年来的最大值 1093mm，极端湿天降水总量（R99p）以 3.1mm/a 的速度上升，也是在 2010 年达到了近 50 年来的最大值 607mm。最大 1 日降水量的上升速度为 8.5mm/10a，最大 5 日降水量以 2.0mm/a 的速度上升，也是在 2010 年到达 1960 年以来的历史最大值 635mm。这几个指标在图 2-2 中都表现出类似的结果，即在 2010 年达到历史峰值，2006 年左右处于低谷，再与总降水量对比，发现总降水量也是在 2010 年左右达到峰值，2006 年左右处于低谷，说明 2010 年为降雨较多年份，而且也是暴雨量剧增的年份，而 2006 年左右则是较为干旱的年份。

简单降雨强度指数（SDII）上升速度为 0.7（mm/d）/10a，近 50 年来简单降雨强度指数最大值为 2009 年的 22.6mm/d，虽然前述表现出降雨日数并没有下降，但由于降水量上升趋势较为迅速，造成简单降水强度指数增加。

2.1.6　极端降雨指标空间变化趋势分析

应用 Mann-Kendall 趋势检验法对海南岛所有站点的极端降雨指标进行分析，求得每个站点每个指标 53 年来的检验值 Z，结果见表 2-3。

表 2-3　各站点极端降雨指标 Mann-Kendall 趋势检验值 Z

站点	海口	东方	儋县	琼中	琼海	三亚	陵水
Rx1day	1.74	1.06	1.71	0.35	2.52	2.13	1.37
Rx5day	2.36	0.81	2.13	0.30	2.27	1.76	1.10
SDII	1.64	1.74	2.17	0.66	1.73	3.64	2.47
R10mm	−0.20	−0.58	0.19	−0.33	−0.68	1.75	0.50
R20mm	0.52	0.45	0.46	0.57	0.59	2.49	1.60
CDD	−0.59	1.29	0.32	−0.57	0.00	−1.30	−0.14
CWD	1.83	1.28	0.62	−0.12	1.37	0.12	−0.34
R95P	1.22	1.65	1.50	0.12	1.45	2.54	1.50
R99P	1.71	1.11	1.31	0.48	1.73	2.53	1.84
PRCPTOT	0.90	1.16	0.79	0.00	0.96	2.98	1.40

　　由表 2-3 可知, 7 个极端降雨指标 (Rx1day、Rx5day、SDII、R20mm、R95p、R99p、PRCPTOT、) 在海南岛所有站点的 Mann-Kendall 检验值 Z 均大于 0, 其余 3 个指标 (R10mm、CDD、CWD) 则在不同站点间变化很大。极端降雨指标在海南岛各地的变化规律很不一样,同一指标在不同站点 Z 值相差很大,但总体来看,极端降雨指标的变化趋势没有那么明显,大部分站点均呈现出较弱或者无显著趋势。

　　大多站点持续干旱指数和持续湿润指数的检验 Z 值较小,反映出降雨天数没有显著变化趋势。总降水量在海南岛所有站点均呈上升趋势,但除了三亚站呈极强上升趋势,陵水站呈弱上升趋势外,其余站点无显著趋势,说明海南岛自 1960 年来的 53 年中,总降水量在缓慢上升。通过这 3 个指标可以发现,降雨天数基本保持不变,但总降水量上升,所以简单降雨强度指数会显示出上升趋势。由表 2-3 可以看出,简单降雨强度指数确实呈现显著上升趋势,除了琼中站呈现较弱的上升趋势外,其余站点均呈现强上升趋势或极强上升趋势。

　　非常湿天降水总量和极端湿天降水总量在海南岛所有站点的 Mann-Kendall 检验 Z 值都大于 0,反映了一年中日湿天降水量大于 1961～1990 年第 95 个百分位值的总降水量,以及大于 1961～1990 年第 99 个百分位值的总降水量均增加,且极端湿天降水总量的 Z 值总体上比非常湿天降水总量的大,反映出近 50 年来海南岛湿天日降水量呈明显的上升趋势,该结果与前述研究结论相符。总的来说,海南岛总降水量呈现出显著的上升趋势,但是降雨天数变化不大,使简单降雨强度指数上升,短历时暴雨增加,给海南岛的防洪排涝带来了巨大压力。

　　利用 ArcGIS 将每个极端降水指标的各个站点 Mann-Kendall 检验值 Z 整理,使其形成了更加直观的趋势分布图,如图 2-3 所示。

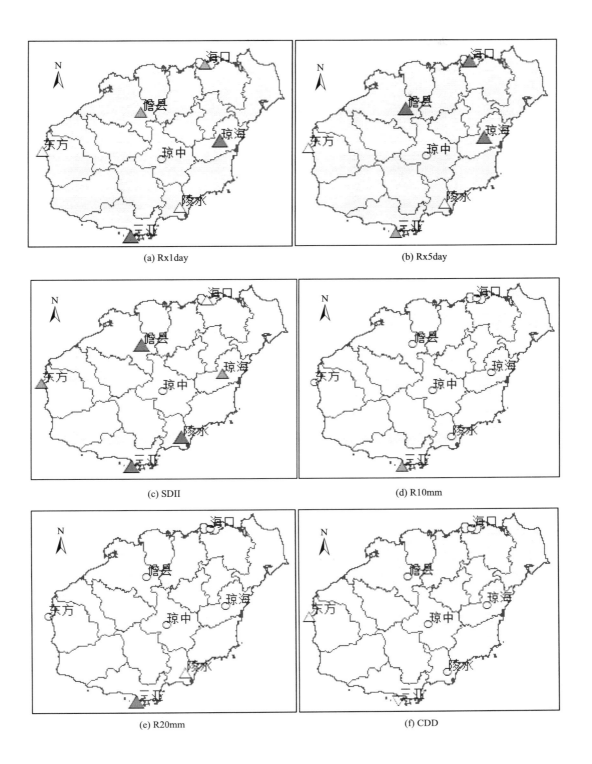

(a) Rx1day

(b) Rx5day

(c) SDII

(d) R10mm

(e) R20mm

(f) CDD

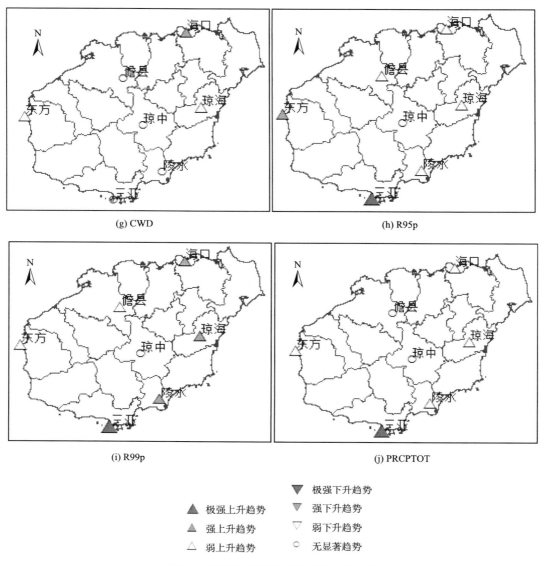

(g) CWD　　　　　　　　　　　　(h) R95p

(i) R99p　　　　　　　　　　　　(j) PRCPTOT

▼ 极强下降趋势

▲ 极强上升趋势　　　　▼ 强下降趋势

▲ 强上升趋势　　　　▽ 弱下降趋势

△ 弱上升趋势　　　　○ 无显著趋势

图 2-3　海南岛极端降雨指标趋势分布图

　　由图 2-3 可以看出，在强降雨日数、非常强降雨日数和连续干旱日数这 3 个指标的趋势分布图中，至少有 5 个站点没有显著变化趋势，而在最大 1 日降水量、最大 5 日降水量、简单降雨强度指数、非常湿天降水总量、极端湿天降水总量和总降水量这 6 个指标的趋势分布图中，至少有 5 个站点具有显著变化趋势，说明海南岛降水量具有显著的上升趋势，但是降雨日数变化较为微弱，有变化的只是小部分区域，与前述分析结果吻合。

　　对比最大 1 日降水量、简单降雨强度指数、非常湿天降水总量、极端湿天降水总量和总降水量这 5 个指标的降雨趋势分布图发现，具有显著上升趋势的站点基本都分布在沿海地区，而地处中部的琼中常呈无显著上升趋势。也就是说，海南岛沿海地区的降水量和降雨强度大多呈显著上升趋势，而中部地区的降水量和降雨强度没有显著变化。

　　值得注意的是，三亚站 9 个极端降雨指标显示出上升趋势，其中 6 个（Rx1day、SDII、R20mm、R95p、R99p 和 PRCPTOT）呈极强上升趋势、2 个（Rx5day 和 R10mm）呈强上升趋势，表明三亚站降水量增加较为显著，强降雨天数呈显著上升趋势，面对如此状况，三亚市应该更加注重防洪排涝工作。

　　将 7 个站点极端降雨指标的滑动 30 年序列全部应用 Mann-Kendall 趋势检验法处理，得到所有滑动 30 年序列的变化趋势，再应用式（2-7）统计各个趋势的比例，得到图 2-4。

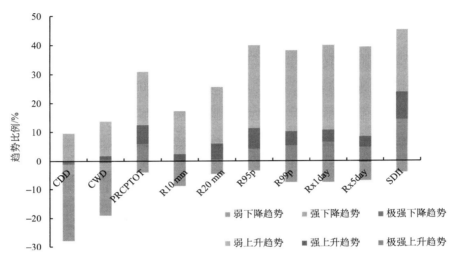

图 2-4　极端降雨指标趋势比例图

　　由图 2-4 可知，海南岛 7 个站点的滑动 30 年序列中有显著变化趋势的组数要比没有显著变化趋势的组数少。除持续干旱日数和持续湿润日数外，占据其他指标变化趋势最大比重的都是弱上升趋势；最大 5 日降水量有显著趋势的占 47%，弱上升趋势占 31%；最大 1 日降水量有显著趋势的占 48%，弱上升趋势占 29%；非常湿天降水总量有显著上升趋势的占 44%，弱上升趋势占 29%。纵观这 10 个指标，极强上升趋势占的比重很小，最大的为简单降雨强度指数，极强上升趋势占 14%。占据持续干旱日数和持续湿润日数最大比重的趋势是弱下降趋势，分别为 23% 和 15%。

2.1.7　稳定性分析

　　应用 Mann-Kendall 趋势检验法，将每个站点每个指标的滑动 30 年序列的变化趋势计算出来，再应用式（2-8）计算，得到稳定性统计量 S 值，结果见表 2-4。

表 2-4　稳定性统计量 S 汇总

站点	海口	东方	儋县	琼中	琼海	三亚	陵水
Rx1day	0.46	0.08	0.00	0.00	0.21	0.04	0.00
Rx5day	0.58	0.00	0.00	0.04	0.04	0.00	0.04
SDII	0.21	0.29	0.13	0.00	0.13	0.79	0.13

续表

站点	海口	东方	儋县	琼中	琼海	三亚	陵水
R10mm	0.00	0.08	0.00	0.00	0.00	0.08	0.00
R20mm	0.00	0.13	0.00	0.00	0.00	0.25	0.04
CDD	0.00	0.00	0.00	0.00	0.00	0.17	0.17
CWD	0.00	0.00	0.17	0.17	0.04	0.00	0.00
R95p	0.13	0.13	0.00	0.00	0.13	0.38	0.04
R99p	0.42	0.04	0.00	0.00	0.00	0.25	0.00
PRCPTOT	0.08	0.13	0.00	0.00	0.08	0.58	0.00

由表 2-4 可以看出，绝大多数站点各个指标的稳定性统计量都小于 0.25，也就是说，绝大多数站点各个指标的变化趋势不稳定。其中，具有稳定性的站点只有海口站、三亚站和东方站，且除了三亚站的简单降雨强度指数呈现强稳定性外，其他都显示稳定。

稳定性分布在最大 1 日降水量、最大 5 日降水量、简单降雨强度指数、强降雨日数、非常湿天降水总量、极端湿天降水总量和总降水量指标上，其中稳定性最强的是三亚站简单降雨强度指数，S 值为 0.79，其他指标在所有站点均显示出不稳定性。

利用 ArcGIS 将稳定性直观地表现出来，结果如图 2-5 所示。

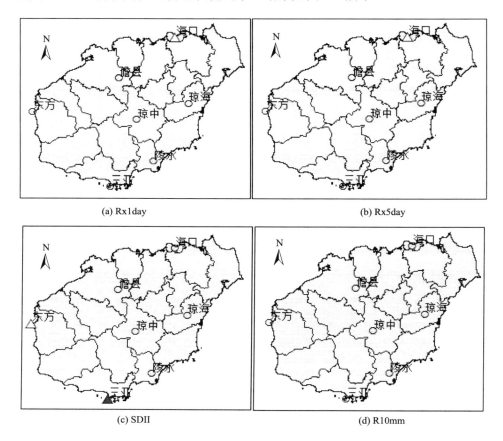

(a) Rx1day　　　　　　　　　　　　　　　(b) Rx5day

(c) SDII　　　　　　　　　　　　　　　　(d) R10mm

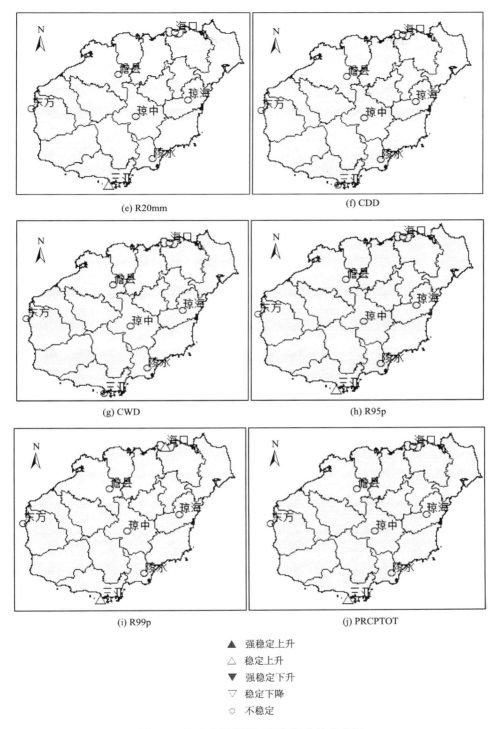

(e) R20mm

(f) CDD

(g) CWD

(h) R95p

(i) R99p

(j) PRCPTOT

▲　强稳定上升
△　稳定上升
▼　强稳定下升
▽　稳定下降
○　不稳定

图 2-5　海南岛极端降雨指标稳定性分布图

由图 2-5 可以看出，各个指标的绝大部分站点都显示出不稳定性，只有海口站、三亚站和东方站 3 个站点呈现出稳定性。海口站最大 1 日降水量、最大 5 日降水量和极端湿天降水总量表现出稳定性，东方站简单降雨强度指数表现出稳定性，三亚站简单降雨强度指数、非常强降雨天数、非常湿天降水量、极端湿天降水量和总降水量显示出稳定性，且简单降雨强度指数更显示出强稳定性。结合前述分析结果可知，三亚站这 5 个指标显示出极强上升趋势，说明三亚降水量会在未来一段时间内继续保持稳定的极强上升趋势；东方站简单降雨强度指数显示出强上升趋势，而又表现出稳定性，说明东方站简单降雨强度指数还会继续上升；海口站变化趋势在前述 3 个指标中呈现强上升趋势，结合其稳定性分析结果，海口暴雨量还会继续上升。

2.2　海南岛短历时暴雨时空演变规律

尽管近几十年来很多研究者都集中在极端降雨事件研究中，也取得了很多卓有成效的研究成果，但短历时暴雨与城市内涝关系更为密切，是导致洪涝灾害发生的主要因素之一，采用日降雨数据进行分析可能难以可靠地加以反映，因此，在上述研究的基础上，采用逐时降雨数据分析海南岛短历时暴雨时空演变规律，进一步揭示海南岛城市暴雨内涝形成的可能原因。

2.2.1　数据资料

选择海南岛 18 个雨量站 1967～2012 年的逐时降雨数据，站点信息见表 2-5 和图 2-6。由图 2-6 可以看出，这些站点分布较为均匀，具有良好的代表性。

表 2-5　海南岛雨量站点详细信息

站名	经度/(°)	纬度/(°)	高程/m	站名	经度/(°)	纬度/(°)	高程/m
白沙	19.23	109.43	215.6	陵水	18.50	110.03	13.9
保亭	18.65	109.70	68.6	琼海	19.23	110.47	24.0
昌江	19.27	109.05	98.1	琼中	19.03	109.83	250.9
澄迈	19.73	110.00	31.4	三亚	18.22	109.58	419.4
儋县	19.52	109.58	169.0	屯昌	19.37	110.10	118.3
定安	19.70	110.33	24.2	万宁	18.80	110.33	39.9
东方	19.10	108.62	7.6	文昌	19.62	110.75	21.7
乐东	18.75	109.17	155.0	五指山	18.77	109.52	328.5
临高	19.90	109.68	31.0	海口	20.00	110.25	63.5

2.2.2　短历时暴雨极端降雨指标

近些年来，有些学者对短历时暴雨极端降雨指标进行分析（Haylock and Goodess，2004；Roy and Rouault，2013；Chen et al.，2015），本章在此基础上，选择了表 2-6 的这些指标作为海南岛短历时暴雨研究所用。

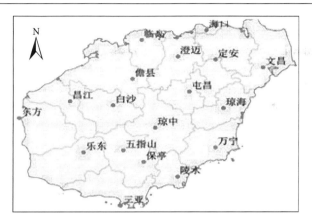

图 2-6　研究区气象站点分布图

表 2-6　短历时暴雨极端降雨指数（EPI）

指数	定义	单位	指数	定义	单位
FQ90	汛期降水量大于第 90 个百分位值的总小时数	h	Max1h	汛期最大 1 小时降水量	mm
FQ95	汛期降水量大于第 95 个百分位值的总小时数	h	Max3h	汛期最大 3 小时降水量	mm
FQ97.5	汛期降水量大于第 97.5 个百分位值的总小时数	h	Max6h	汛期最大 6 小时降水量	mm
TP90	汛期降水量大于第 90 个百分位值的总降水量	mm	FQ20mm	汛期降水量大于20mm 的小时数	h
TP95	汛期降水量大于第 95 个百分位值的总降水量	mm	FQ30mm	汛期降水量大于30mm 的小时数	h
TP97.5	汛期降水量大于第 97.5 个百分位值的总降水量	mm			

注：在整个研究期间，所有大于 0.1mm 的降雨分别在每个站确定的百分比阈值以升序排序。

2.2.3　研究方法

1. 降雨集中指数（PCI）

使用两种类型的 PCI 探讨海南岛集中降雨变化，PCI1 用来揭示月降水量的不均一性（Oliver，1980），同时用 PCI2 表示小时降雨的不均一性。

PCI1 的计算方法如下：

$$PCI1 = \frac{\sum\limits_{i=1}^{12} P_i^2}{(\sum\limits_{i=1}^{12} P_i)^2} \times 100 \qquad (2\text{-}9)$$

式中，P_i 为第 i 个月的月降水量，mm。

由式（2-9）可知，若每个月的降水量都一样，则 PCI1 的最小值为 8.3。Oliver（1980）建议根据 PCI1 值将月降水量的不均匀性分为 4 类：均匀分布降雨（PCI1<10）、次均匀分布降雨（PCI1：10～15）、不均匀分布降雨（PCI1：15～20）和高度不均匀分布降雨（PCI1>20）。

PCI2 本来是基于实测降雨频率用负指数分布来描述日降水量的不均一性，但由于每小时和逐日降雨频率分布之间具有相似性，因此用 PCI2 来描述小时降雨的不均一性（Martin-Vide，2004）。

2. 主成分分析（PCA）

每个站点中，矩阵的 46 行对应 1967～2012 年的每一年，而 12 列对应年份和上述 11 个 EPI 值。然后，对每个站点进行线性回归分析，就可得到另一个 18 行和 12 列的矩阵，18 行对应每个站点，12 列对应年份和标准化回归系数。标准化回归系数为非标准化回归系数乘以 S_x / S_y，其中 S_x 为独立变量的标准差，S_y 为相依变量的标准差，代表趋势强度。

表 2-7 列出了 11 个 EPI 的相关系数，所有系数均大于 0.5，表明它们适合进行主成分分析。主成分分析应用在新的 18×12 矩阵，其第一主成分解释了 82% 的 11 个 EPI 的变差。第一主成分的标准化回归系数荷载矩阵见表 2-8，所有变量负荷都大于 0.7，表明第一主成分能反映极端降雨的频率和强度。设置其标准差为 0.14（11 个 EPI 的平均标准偏差），平均偏差为 0.23（11 个 EPI 的平均），重新计算成分得分。

表 2-7　EPI 的相关系数

相关系数	FQ90	FQ95	FQ97.5	TP90	TP95	TP97.5	Max1h	Max3h	Max6h	FQ20mm	FQ30mm
FQ90	1.000	–	–	–	–	–	–	–	–	–	–
FQ95	0.942	1.000	–	–	–	–	–	–	–	–	–
FQ97.5	0.857	0.858	1.000	–	–	–	–	–	–	–	–
TP90	0.946	0.913	0.930	1.000	–	–	–	–	–	–	–
TP95	0.908	0.923	0.934	0.988	1.000	–	–	–	–	–	–
TP97.5	0.810	0.788	0.949	0.948	0.956	1.000	–	–	–	–	–
Max1h	0.732	0.668	0.702	0.829	0.806	0.805	1.000	–	–	–	–
Max3h	0.728	0.629	0.806	0.822	0.790	0.852	0.817	1.000	–	–	–
Max6h	0.698	0.580	0.750	0.772	0.732	0.791	0.650	0.923	1.000	–	–
FQ20mm	0.816	0.806	0.922	0.918	0.927	0.944	0.697	0.826	0.777	1.000	–
FQ30mm	0.580	0.558	0.608	0.762	0.783	0.808	0.748	0.698	0.661	0.788	1.000

表 2-8　标准化回归系数载荷

EPI	FQ90	FQ95	FQ97.5	TP90	TP95	TP97.5	Max1h	Max3h	Max6h	FQ20mm	FQ30mm
荷载	0.907	0.873	0.938	0.987	0.979	0.969	0.845	0.889	0.833	0.946	0.798

2.2.4　结果与分析

1. PCI 空间格局

图 2-7 为 PCI 值的空间分布，从全海南岛来看，PCI1 值的范围为 11.8～14.7，表明海南岛降雨呈现次均匀分布（Oliver，1980），PCI1 最大值分布在西部昌江县，而东北文

昌县的 PCI1 值最低。

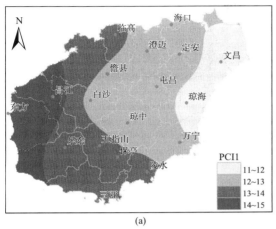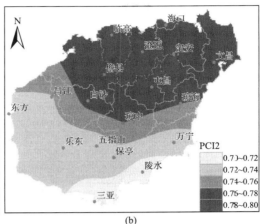

图 2-7　PCI1 和 PCI2 的空间分布

　　PCI2 值用于探讨特定时长内极端降水量占总降水量的比例，海南岛 PCI2 值为 0.70～ 0.79，从南到北呈明显的上升趋势，这与 PCI1 值不同。海南岛中北部地区 PCI2 值最大，都在 0.78 以上；相反地，南部地区 PCI2 值最低，都低于 0.72。此外，PCI2 值可反映降水量较大的几小时内的累积降水量占总降水量的比例，由于降雨的时空变异性，着重分析汛期的极端降雨（5～10 月）。

2. EPI 变化趋势

　　利用线性回归方法分析 EPI 的变化趋势，结果如图 2-8 所示。从图 2-8 中可以看出，FQ90、FQ95、FQ97.5、FQ20mm 和 FQ30mm 在全海南岛中都显示出上升趋势，增长率分别为 2.5h/10a、1.4h/10a、1.1h/10a、1.2h/10a 和 0.6h/10a，TP90、TP95 和 TP97.5 的增加率分别为 5.2mm/a、4.3mm/a 和 3.7mm/a，Max1h、Max3h 和 Max6h 的增长率分别为 1.9mm/10a、3.1mm/10a 和 4.6mm/10a。换句话说，极端降雨事件的频率和强度均呈现上升趋势，此外，几乎所有的指标在 1987 年后呈现迅速增加趋势。

　　表 2-9 为海南岛 EPI 的 Mann-Kendall 趋势检验结果，*表示置信水平为 0.1，**表示置信水平为 0.05，***表示置信水平为 0.01。结果表明，所有 EPI 在置信水平为 0.1 的情况下都呈现出显著的增加趋势，表明所有极端降雨指标均为显著增加。其中，指数 FQ90 是在置信水平为 0.1 时呈现出显著的增加趋势，FQ95 和 Max6h 是在置信水平为 0.05 时呈现出显著的增加趋势，其他指数均是在置信水平为 0.01 时呈现出显著的增加趋势，表现为增加趋势很强。

表 2-9　EPI 显著性检验结果

EPI	FQ90	FQ95	FQ97.5	TP90	TP95	TP97.5	Max1h	Max3h	Max6h	FQ20mm
Z 值	1.79[*]	2.49[**]	3.31[***]	2.84[***]	3.26[***]	3.60[***]	4.07[***]	2.78[***]	2.36[**]	3.42[***]

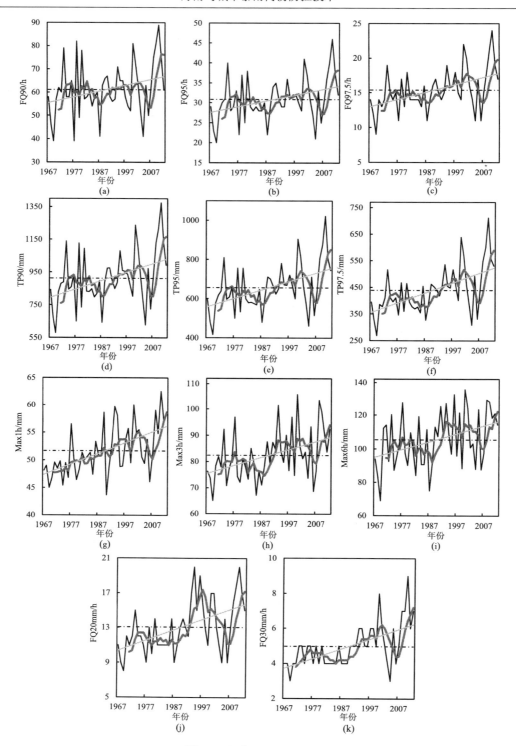

图 2-8 汛期 EPI 时间序列

3. 空间分布趋势

海南岛汛期第一主成分空间分布情况如图 2-9（a）所示，第一主成分反映了大多数 EPI 的变化规律，其计算结果为–0.101～0.458，表明回归系数在海南岛北部和南部地区一般为上升趋势，而内陆地区一般为下降趋势，北部和东部地区的临高和东方也显示出下降趋势，而澄迈、文昌和三亚均呈现出极强的上升趋势。

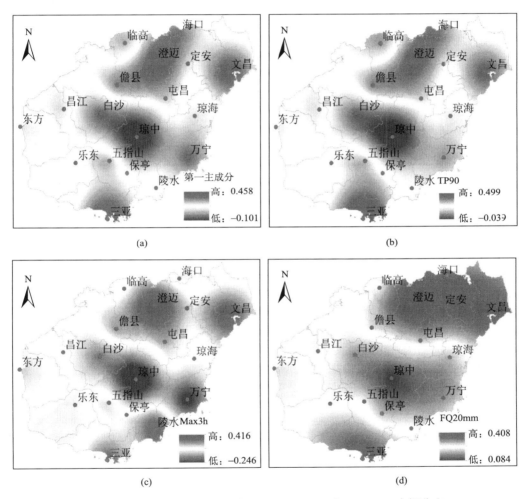

图 2-9　汛期 PCA 第一主成分、TP90、Max3h 和 FQ20mm 空间分布

海南岛汛期的极端降雨指数 TP90、Max3h 和 FQ20mm 空间分布情况如图 2-9（b）～图 2-9（d）所示。从图 2-9（b）～图 2-9（d）中可以看出，这 3 个指数的空间分布规律类似，在北部和南部地区显示上升趋势，在内陆地区呈现下降趋势。但是，有些站点会存在微小差异，如临高站的 FQ20mm 和 Max3h 呈上升趋势，而 TP90 为下降趋势。

此外，下降趋势主要集中在内陆地区，可能是该地区海拔高于沿海地区，如白沙、琼中和五指山站海拔通常高于 200m，而沿海地区（除三亚站）则低于 200m，因此海拔和极端降雨之间可能存在一定关系，一般来说，高海拔地区对极端降雨有减少的趋势。

4. 趋势稳定性

为更好地论述极端降雨空间分布规律，采用趋势稳定性进行分析，计算结果如图 2-10 所示。从图 2-10 中可以看出，大多数地区呈现出不稳定性，且极端降雨指数 TP90、Max3h 和 FQ20mm 的趋势稳定性有一定差异。在东北和西南地区，FQ20mm 的稳定系数为 0.25～0.6，显示出稳定趋势。海南岛大部分地区的 Max3h 显示出不稳定趋势，南部地区的保亭、陵水和三亚站呈稳定趋势。对于 TP90，显示稳定趋势的站点分布在海南岛的北部和南部，三亚站的 TP90 有很强的稳定性。此外，结合前述的趋势增加结果，三亚站显示出强稳定增长趋势。FQ20mm 和 TP90 的稳定性结果较为相似。总体来看，海南岛大部分地区的极端降雨指数呈不稳定趋势，而南部和北部的某些区域呈现出稳定或强稳定的变化趋势。

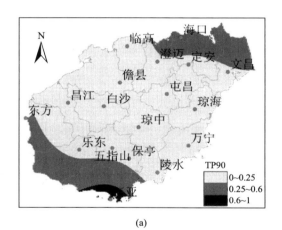

(a)

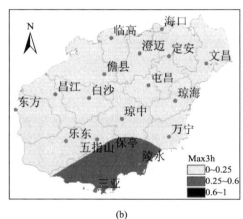

(b)

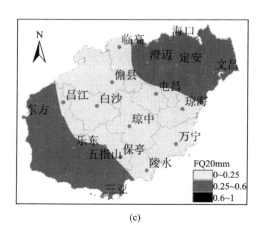

(c)

图 2-10　TP90、Max3h 和 FQ20mm 的趋势稳定性

2.3　海口市短历时暴雨特征分析

2.3.1　短历时暴雨年际变化特征

1. 年最大 1 小时、3 小时、6 小时降水量演变过程

以海口站 1951～2012 年逐时降水量为基础，统计 62 年来历年的年最大 1 小时、3 小时和 6 小时降水量，其线性变化规律如图 2-11 所示。

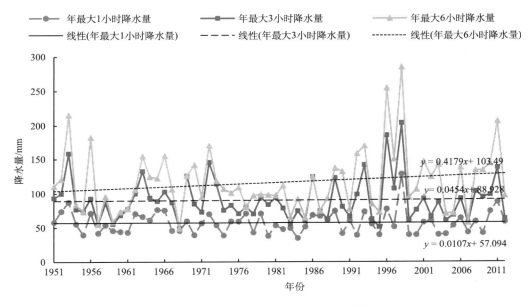

图 2-11　海口市年最大 1 小时、3 小时、6 小时降水量序列

由图 2-11 可知，海口市年最大 1 小时、3 小时、6 小时降水量以不同程度整体波动缓慢增加。年最大 1 小时降水量的多年平均值为 57.43mm，最大值为 1998 年的 128.7mm，最小值为 1984 年的 35.2mm，整体上升幅度为 0.10mm/10a。而年最大 3 小时和 6 小时降水量序列分别以 0.45mm/10a 和 4.17mm/10a 的幅度增加，上下波动程度较大，两者峰值和次峰值出现年份相同，分别是 1998 年和 1996 年。研究时长由 1 小时增加至 6 小时的同时，降水量序列变化的波动程度增加，增加趋势明显，年最大短时降水量增加的同时，连续强降水时间更长。

2. 短历时暴雨频次分析

内涝频次受暴雨频次直接影响，研究短历时暴雨次数的变化特征具有重要意义。考虑到海口市常年湿润多雨、雨量偏大，本章以年为单位，统计了 1 小时降水量超过 20mm、30mm、40mm 的暴雨次数，如图 2-12 所示。

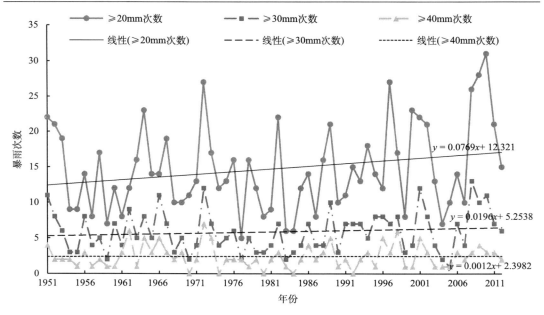

图 2-12　海口市短历时暴雨次数序列（1951～2012 年）

　　从图 2-12 可知，海口市不同级别的 1 小时暴雨次数表现出不同程度的增加趋势，
1 小时降水量≥20mm 的暴雨平均每年发生 15 次，整体以 0.76 次/10a 的速度增加，历史
最多为 2010 年的 31 次，且近几年暴雨次数都相对偏多。1 小时降水量≥30mm 的暴雨
平均每年发生 6 次，整体以 0.2 次/10a 的速度增加，幅度较小。而 1 小时降水量≥40mm
的暴雨次数增加更为微弱，仅为 0.01 次/10a，且在整个序列中多次出现零值。总体来说，
短历时暴雨次数波动增加，但增加幅度不明显，特别是极端恶劣的暴雨次数变化不大。

3. 暴雨频次趋势检验

　　利用 Mann-Kendall 趋势检验法计算 1 小时降水量超过 20mm、30mm、40mm 暴雨次
数序列变化趋势，结果见表 2-10。从表 2-10 可以看出，不同级别的暴雨次数呈现出不同
程度的增加趋势，其中超过 20mm/h 暴雨次数序列通过了置信度水平为 80%的显著性检
验，呈弱增加趋势。同时，暴雨强度阈值越小，增加趋势越明显，表明海口市短历时暴
雨次数的频次变化主要是超过 20mm/h 的暴雨次数增加，超过 30mm/h 和 40mm/h 的极端
暴雨次数的增加趋势较为微弱。

表 2-10　海口市短历时暴雨频次趋势分析结果

暴雨强度/（mm/h）	年发生暴雨平均值/次	Z 检验值	趋势
≥20	14.74	1.40	↑
≥30	5.87	0.81	↑
≥40	2.44	0.29	↓↑

2.3.2　年最大 1 小时降水量周期特征

小波分析作为研究水文序列特性的新兴工具，有别于传统的水文序列分析方法，它可以反映水文序列在时间频率上的精细结构及多尺度变化特征，具有较强的周期特征提取能力。选用 Morlet 连续复小波分析海口市年最大 1 小时降水量序列的多尺度特征（黄国如等，2013；陈文杰和黄国如，2015），得到小波系数实部等值线图（图 2-13），从图 2-13 可以看出，海口市年最大 1 小时降雨序列中主要存在 22～32 年、10～21 年和 3～9 年 3 类尺度的周期变化规律，其中 10～21 年尺度上位相变化关系的周期规律最为明显，在整个分析时段均表现出稳定的变化特征，中心尺度约为 17 年；3～9 年尺度的位相变化次之，周期变化在 20 世纪 90 年代以后表现得较为稳定，中心尺度约为 7 年；22～32 年尺度上也存在着正负交替变化的周期特征，中心尺度约为 32 年。

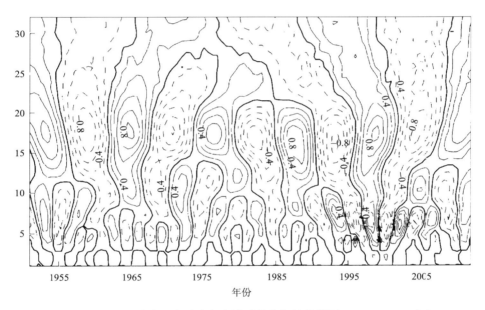

图 2-13　海口市最大 1 小时降水小波系数实部等值线图（1951～2012 年）

图 2-14 为年最大 1 小时降雨标准化序列的小波方差图，反映了时间序列的能量随尺度的分布情况，可用来确定年最大 1 小时降水量演化过程中存在的主周期尺度。从图 2-14 可以看出，海口市年最大 1 小时降雨序列存在 3 个较为明显的峰值，依次为 32 年、17 年和 7 年，其中最大峰值对应的时间尺度为 17 年，表明 17 年左右的周期震荡最强烈，为年最大 1 小时降雨变化的最大主周期。第二、第三峰值分别为 7 年和 32 年，对应着第二、第三主周期，上述 3 个周期的波动控制着年最大 1 小时降雨在整个时间序列中的变化特征。

为了进一步说明年最大 1 小时降雨的周期变化特征，给出了海口市最大 1 小时降水量在第一主周期（17 年）和第二主周期（7 年）时间尺度的小波实部过程线（图 2-15），正值表示年最大 1 小时降水量偏多。从图 2-15 可以看出，17 年时间尺度上大致经历了 6 个

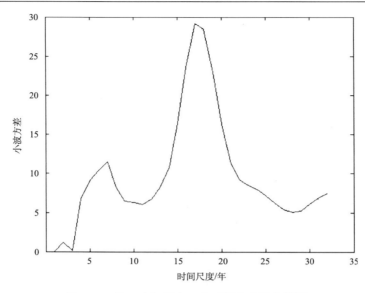

图 2-14　海口市年最大 1 小时降水小波方差图

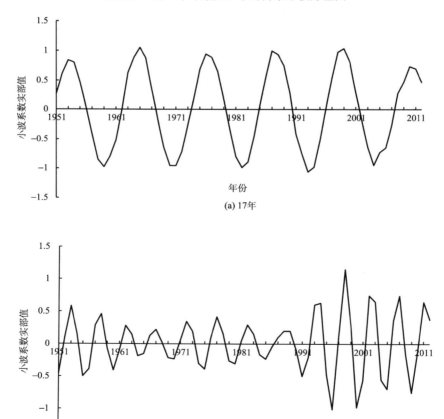

图 2-15　海口市年最大 1 小时降水序列 17 年和 7 年特征时间尺度小波实部过程

偏多期和 5 个偏少期，平均周期约为 12 年，在 1956 年以前、1962～1967 年、1974～1979
年、1985～1990 年、1996～2001 年、2008 年以后为正相位，年最大 1 小时降水量偏多。
7 年时间尺度上的年最大 1 小时降水量也出现正负波动，大致经历了 13 个偏多期和 13
个偏少期，平均周期约为 5 年。同时，由两图的曲线波动特征可知，大概在 2013 年或
2014 年之后，海口市年最大 1 小时降水量进入偏少时期。

2.3.3　短历时暴雨集中特点

1. 暴雨次数的月分布规律

降水不可能在一年的 12 个月内均匀分布，即使在汛期，不同月份的降水量也有所不
同，因此研究短历时暴雨的主要发生月份很有必要。选取不同阈值（20mm/h、30mm/h、
40mm/h），统计 62 年不同级别短历时暴雨次数，每个月的分布情况如图 2-16 所示。结
果表明，海口市短历时暴雨次数高度集中在雨季（5～10 月）的同时，降水量≥20mm/h
的暴雨次数呈现出双高峰的分布特征，6 月总共 154 次排在首位，9 月 144 次次之；降水
量≥30mm/h 的暴雨次数则以 6 月的 68 次为最高峰，之后逐渐减少；降水量≥40mm/h
的暴雨次数在 6 月和 9 月最多，均为 26 次，其余几个月份之间差别不大。

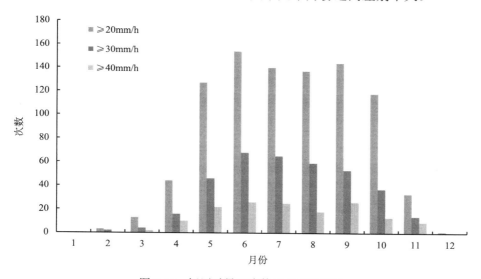

图 2-16　短历时暴雨次数月分布特征图

2. 短历时暴雨量集中情况

海口市汛期为 5～10 月，以半个月为一个研究个体，将每个个体的降雨事件视为向
量，一年汛期 6 个月看作一个圆周（360°），将某半个月降水量看作该半个月降雨向量的
模，该半个月月序与 30°的乘积作为该半个月的降雨向量的方向，定义了表征单站降雨
时间分配特征的降雨集中度和集中期（张之贤等，2013；黄国如等，2015b）。整个汛期
12 个个体组成一个圆周，每个半月的短历时暴雨事件的方向角度见表 2-11。

表 2-11　每个半月对应的角度值范围与代表的角度值

半月份	5 月上	5 月下	6 月上	6 月下	7 月上	7 月下
代表角度/(°)	15	45	75	105	135	165
对应角度范围/(°)	0~30	30~60	60~90	90~120	120~150	150~180
半月份	8 月上	8 月下	9 月上	9 月下	10 月上	10 月下
代表角度/(°)	195	225	255	285	315	345
对应角度范围/(°)	180~210	210~240	240~270	270~300	300~330	330~360

定义表征短历时暴雨时间分配的参量如下：

$$PCD = \sqrt{N_x^2 + N_y^2} \Big/ N \tag{2-10}$$

$$PCP = \arctan(N_x + N_y) \tag{2-11}$$

式中，PCD 和 PCP 分别为短历时暴雨事件的集中度和集中期；N 为整个汛期短历时暴雨量，mm；N_x 和 N_y 的计算方法如下：

$$N_x = \sum_{i=1}^{12} n_i \sin \theta_i \tag{2-12}$$

$$N_y = \sum_{i=1}^{12} n_i \cos \theta_i \tag{2-13}$$

式中，i 为个体序号；n_i 为对应的暴雨量，mm；θ_i 为第 i 个半月对应的矢量角度。

PCD 和 PCP 能反映短历时暴雨事件的集中度和集中期，如果暴雨事件的降水量主要集中在某个半月，则合成向量的模与整个汛期短历时强降水量的比值（即 PCD）较大，越接近于 1 表示越集中，反之越分散。PCP 是合成向量的方位角，可对照表 2-11 读出短历时暴雨集中出现的时间。

为了进一步研究分析短历时暴雨的分布状况，将雨季各个月分为上、下半个月，计算每年雨季的短历时暴雨（降水量≥20mm/h）集中期，再统计 62 年中集中在某个半月的比例和平均集中度，结果如图 2-17 所示。从图 2-17 可以看出，62 年中有 16.13% 的年份集中发生在 7 月上半月，另外集中在 6 月下半月、8 月下半月和 10 月上半月的年份也较多，集中比例分别为 12.9%、12.9% 和 11.29%，总体形成一个三高峰的集中情况。但平均集中度均不超过 0.5，说明短历时暴雨虽集中在某个时段，但集中程度不高。

3. 短历时暴雨的日变化特征

根据标准化降水日变率可直观了解短历时暴雨的高发时段，对汛期各月进行标准化降水日变率分析，得到汛期各月短历时暴雨的多发时段，并分析不同月份之间的差异（黄国如等，2015b）。

标准化降水日变率是将一天 24 小时某时段的降水频率定义为这一时段内发生降水的次数与全序列总观测的次数之比，再进行标准化处理，即可比较一天中不同时段的降雨频率，计算公式如式（2-14）～式（2-16）所示：

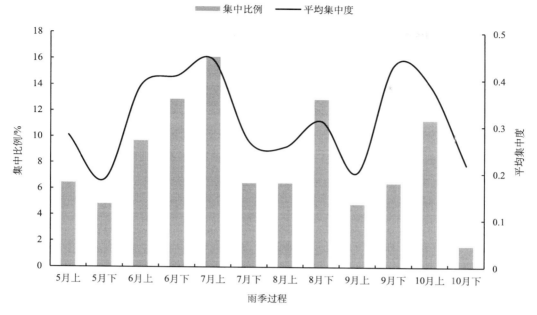

图 2-17　海口市雨季短历时暴雨集中情况

$$C_{dn} = \begin{cases} 0, & P_{dn} < 20\text{mm/h} \\ 1, & P_{dn} \geqslant 20\text{mm/h} \end{cases} \tag{2-14}$$

$$f_n = \sum_{d=1}^{D} C_{dn} \big/ D \tag{2-15}$$

$$\text{NF}_n = 24 f_n \bigg/ \sum_{n=1}^{24} f_n \tag{2-16}$$

式中，P_{dn} 为小时降水量，mm；C_{dn} 为短历时暴雨计数器；n 为当地标准时间；D 为观测天数，如 5 月 62 年共有 1922 天；f_n 为降水发生频率；NF_n 为标准化的降水发生频率，数值越大表示当地标准时间为 n 时的降水发生频率越高。

　　根据气象局对于短历时强降水（1 小时降水量≥20mm）的规定，计算海口市雨季短历时强降水的标准化降水日变率，得到雨季短历时强降水发生频率的日变化特征，如图 2-18 所示。进入雨季后，5～8 月短历时暴雨大多发生在下午 13～18 时，频率远大于其他时段，峰型明显。进入 9 月后，高发时段扩大到上午 8 时至下午 18 时，短历时暴雨在白昼发生频率较高。而 10 月短历时暴雨频率分布则在 24 小时内较为平均，在清晨 3 时、4 时的发生频率略高于其他时段。总体来说，随着雨季的发展，一天中短历时暴雨的高发时段从下午扩大至白昼，再均匀分布至全天。

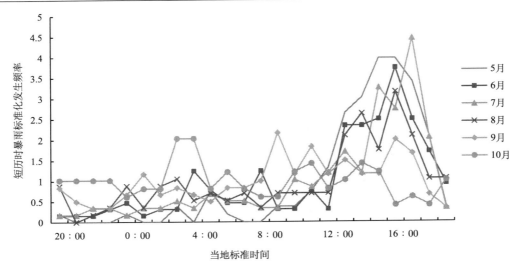

图 2-18　海口市标准化降水日变率气候特征

2.4　小　　结

应用 Mann-Kendall 趋势检验法、稳定性分析法、线性趋势检验法、小波变换等方法，对海南岛 10 个极端降雨指标和短历时暴雨进行了时空演变分析，并探讨其内在变化规律，主要成果如下。

（1）整体来说，海南岛极端降雨指标变化趋势不是很显著，大部分 Mann-Kendall 检验值 Z 均较小，海南岛总降水量呈现出显著的上升趋势，但降雨天数变化较小，使简单降雨强度指数上升。三亚市降水量增加得较为显著，强降雨天数呈现出显著的上升趋势，简单降雨强度指数也显著上升。

（2）海南岛绝大多数站点降雨指标的变化趋势都不稳定，具有稳定性的站点只有海口站、三亚站和东方站。海南岛降雨逐渐增加，且 2010 年为降雨较多的年份，而且也是暴雨量剧增的年份，更是极端降雨事件多发年份，而 2006 年左右则是比较干旱的年份。

（3）从海南岛总体上来看，极端降雨呈显著的增加趋势；从空间上看，海南岛南部和北部的暴雨频率、次数和强度呈上升趋势，而中部呈现出下降趋势，海拔和极端降雨指标之间的关系表明，高海拔地区的极端降雨呈典型的减少趋势。

（4）南部和北部的某些区域呈现出稳定或强稳定的增加趋势，尤其是三亚市表现得更为突出，表明暴雨量有望稳步增加，这可能造成北部和南部地区的城市内涝，应多加以重视，以防止极端降雨造成的潜在损害。

（5）在海口市年最大 1 小时、3 小时、6 小时降水量都增加的同时，时长越长的短历时降水量增加得更明显，说明短历时强降水的连续性更强。1 小时降水量≥20mm、1 小时降水量≥30mm、1 小时降水量≥40mm 的暴雨次数呈不同程度的波动增加，但增加幅度不明显，特别是极端恶劣的暴雨次数变化不大，同时短历时暴雨平均强度较大，虽然短历时暴雨的总次数增加，但其平均强度以微弱趋势减少。

（6）降水量≥20mm/h 的暴雨次数呈现出双高峰的分布特征，主要集中在 6 月和 9 月；降水量≥30mm/h 的暴雨次数则以 6 月为顶峰，之后衰减；降水量≥40mm/h 方面，6 月和 9 月暴雨次数并列第一，其余几个月份之间的差别不大。总体上短历时暴雨次数呈现双高峰，6 月和 9 月是高发时期。而短历时降水量主要集中在 6 月下半月至 7 月上半月、8 月下半月和 10 月上半月，大体上与暴雨次数相符合。

（7）一天中短历时暴雨多在下午时段发生，由 5～8 月下午 13～18 时，到 9 月后扩大到上午 8 时至下午 18 时，到 10 月全天范围的频率均等发生，随着雨季的发展，一天中短历时暴雨的高发时段从下午扩大至白昼，再均匀分布至全天。

第 3 章　海南岛城市暴雨内涝成因分析

3.1　概　　述

在全球气候变暖的大背景下，全球洪水、高温、强降雨等极端气候事件加剧，加之海南省部分城市排水防涝等基础设施建设滞后、调蓄雨洪和应急管理能力不足，近年来，海南省出现了严重的城市暴雨内涝灾害，给社会管理、城市运行和人民群众生产生活造成了巨大影响。

海南岛为洪潮灾害多发区，每年暴雨多发生于 4 月下旬至 10 月下旬，近年来频繁发生的热带风暴导致持续的大暴雨，对全岛多个县（市）造成重大损失。位于海南岛中部的定安县几乎每年都会发生大小不等的洪涝灾害，给城区带来不同程度的损失。地处沿海的琼海市及三亚市常发生洪水和风暴潮等灾害，琼海市境内万泉河一年发生 4～6 次洪水，洪水常造成城区、龙江、石壁等地区受淹，财产和农作物遭受严重损失。位于文昌江下游的文城镇地势平坦，地处低洼地区，受暴雨影响，市区中心一带主要街道房屋均被淹，街道水深普遍达 1.0～1.6m；临高县位于海南岛西北部，大暴雨造成文澜江洪水泛滥，临城镇及沿河两岸村庄受淹。位于海南岛北部的澄迈县，常普降大暴雨，造成北部地区发生洪灾，南渡江洪水暴涨，沿岸村庄、城镇被淹。

本章以海口市为例，对海南岛暴雨内涝成因进行较为系统深入的分析，为海南岛城市防洪排涝提供参考。

3.2　研究区域概况

3.2.1　城市区位

海口市是海南省省会，是海南省政治、经济、文化、交通和金融贸易中心。1988 年，海南建省办经济特区，2002 年琼山市并入海口市，海口市规模明显扩大。海口市位于北纬 19°32′～20°05′，东经 110°10′～110°41′；地处海南岛北部，北濒琼州海峡，隔 18 海里与广东省徐闻县海安镇相望，东面与文昌市相邻，南面与文昌市、定安县接壤，西面邻接澄迈县；东西最长 88.1km，海岸线长约 136.23km，海岛有海甸岛、新埠岛和北港岛。

海口市主城区空间布局结构为滨海带状组团式，主要由 3 个组团组成：中心城区组团、长流组团和江东组团，其中后两个组团为功能组团。中心城区组团和两个功能组团在空间上由西向东沿海岸线一字排开，根据具体所担负的发展职能，在规划空间布局和规模结构上各有不同。

3.2.2　地形地貌

海口市略呈长心形，地势平缓。海南岛最长的河流——南渡江从海口市中部穿过。南渡江东部自南向北略有倾斜，南渡江西部自北向南倾斜；西北部和东南部较高，中部南渡江沿岸低平，北部多为沿海小平原。由于海蚀及构造作用，形成台阶式地形，市辖区范围内最高为第四级阶地上的群山岭，高程为 68.83m，一级阶地分布于沿海，标高4m 以下，宽 0.3～0.4km，地势平坦，城区大部分建筑均在这一级阶地上。二级阶地标高为 17～24m，宽度达 2.8km，地形平坦。三级阶地标高为 30～40m，宽度达 0.4～3km，切割剧烈，为宽敞平顶低岗地。四级阶地为该市地形较高的洪积层，标高在 80m 以内，地形破碎，起伏较土系园状岗地。

3.2.3　水文气象

海口市地处低纬度热带北缘，属于热带海洋气候，春季温暖少雨多旱，夏季高温多雨，秋季湿凉多台风暴雨，冬季干旱时有冷气流侵袭带有阵寒。全市多年平均降水量为1827mm。其中，5～10 月为雨季，降水量占全年降水量的 78.1%；9 月为降雨高峰期，平均降水量为 300.7mm，占全年的 17.8%；1 月平均降水量只有 24mm，尤其是 12 月至翌年 2 月，月平均降水量小于 50mm；11 月至翌年 4 月为旱季，降水量仅占全年的 22%。

海南岛属于太平洋台风区。海口市北部临海，是台风频繁侵袭的地区之一。多年平均受影响的台风有 5.5 个（次），年平均大于 8 级大风 12 天，年平均 12 级以上台风 2～4个（次）。每年 4～10 月是台风活跃季节，台风盛季平均个（次）占平均年个（次）数的81%，8 月、9 月下旬为台风高峰期。在台风的影响下，台风带来暴雨和暴潮，暴雨一般持续 3～4 天，最长的达 9 天（1958 年 5 月 27 日～6 月 4 日）。台风常伴有过程雨出现，使海潮顶托，潮位高涨。年平均最高潮位为 3.03m，年最高潮位为 4.25m（1948 年 8 月2 日强台风时），年最低潮位为-2.47m（1940 年、1945 年）。由于受大陆冷高压和入海变性高压脊影响，海口市沿海常有含盐分的海雾危害蔬菜和农作物。

3.2.4　水文地质

海口市地处南渡江下游河口河网地带和休眠火山口地带，潜水、承压水分布广泛。潜水含水层以南渡江三角洲潜水和玄武岩孔隙裂隙潜水为主，分布范围分别近 800km^2、400km^2，水位单位涌水量分别可达 14.6L/s、30L/s。地下承压水处于雷琼盆地，含水总厚度达 200～350m。

海口市地处雷琼自流盆地东南翼，由于新构造运动，盆地逐渐下沉。海口市地表主要为第四纪基性火山岩和第四系松散沉积物，呈较大面积分布，滨海以滨海台阶式地貌为主，西部以典型的火山地貌为主。全市地貌基本分为北部滨海平原区、中部沿江阶地区、东部和南部台地区、西部熔岩台地区，土壤类型主要有玄武岩砖红壤、火山灰纹龄砖红壤、砂页岩砖红壤、带状潮沙泥、滨海沙土等，土壤土种共 8 个土类、12 个亚类、43 个土属及 110 个土种。

3.2.5　社会经济

海口市分设秀英、龙华、琼山、美兰 4 个区，共辖 23 个镇和 18 个街道办事处。海口市现有陆地面积 2304.84km²，其中，农业用地 1756km²，建设用地 363km²，未利用土地 153km²。海口市人口总量继续保持平稳增长，2015 年年末全市常住人口 222.3 万人。近年来，海口市强力推进重点项目建设，社会经济快速发展，2015 年全市实现地区生产总值 1161.28 亿元，按可比价格计算，比上年增长 7.5%；2015 年全市全口径一般公共预算收入 290.49 亿元，比上年增长 8.5%；2015 年全市完成固定资产投资 1012.04 亿元，比上年增长 23.2%。

3.3　城市防洪排水现状

海口市排水防洪现状主要从城市水系、城市雨水排水分区、城市历史内涝、道路竖向及排水设施等方面进行论述。

3.3.1　城市河网水系

海口市地处南渡江三角洲，地势较低，河网较多。城市河道包括荣山河、那甲河、五源河、秀英沟、美舍河、大同沟、道客沟、龙昆沟、响水河-龙塘水、五西路明渠、鸭尾溪、白沙河、西崩潭、电力沟、大同分洪沟、龙塘水、那卜河、大潭沟、潭览河、迈雅河及道孟河等，海口市中心城区河湖设有闸门进行水位调控和保持景观水位，城市湖泊主要包括红城湖、东西湖和金牛岭湖等。各河道、湖泊和洼地参数分别见表 3-1～表 3-4。

表 3-1　海口市中心城区河道流域特征参数表

河道名称	河道长度/km	集水面积/km²	干流坡降/‰	河道类型	水系功能
电力沟	1.2	受管网控制	0.8	城区	防洪排涝
大同沟	2.9	2.2	5.1	城区	防洪排涝
道客沟	2.2	受管网控制	1.2	城区	防洪排涝
龙昆沟	8.0	19.7	2.2	城区	防洪排涝
西崩潭	6.7	12.2	7.2	城区	防洪排涝
五西路明渠	3.1	3.2	0.1	城区	防洪排涝
鸭尾溪	2.3	受管网控制	0.0	城区	防洪排涝
白沙河	1.3	受管网控制	0.0	城区	防洪排涝
美舍河	22.7	53.2	1.9	城区	防洪排涝、旅游休闲
秀英沟	4.6	10.2	4.5	城区	防洪排涝
响水河-龙塘水	26.4	137.0	3.0	郊区	防洪排涝、农田灌溉
荣山河	26.5	86.8	2.1	郊区	防洪排涝、旅游休闲
那甲河	17.7	28.7	4.7	郊区	防洪排涝
那卜河	9.9	18.8	7.0	郊区	防洪排涝

续表

河道名称	河道长度/km	集水面积/km²	干流坡降/‰	河道类型	水系功能
大潭沟	9.1	9.3	4.2	郊区	防洪排涝
五源河	27.3	53.2	3.6	郊区	防洪排涝、旅游休闲
潭览河	7.6	20.5	0.1	郊区	防洪排涝、旅游休闲
道孟河	10.8	17.0	0.1	郊区	防洪排涝、旅游休闲
迈雅河	13.6	32.8	0.1	郊区	防洪排涝、旅游休闲

表 3-2　海口市中心城区湖泊特征参数表

名称	位置	面积/hm²	特征水深/m	蓄水量/万 m³
红城湖	红城湖路北侧，龙昆南路东面	40.00	2.50	100.0
东西湖	海秀东路与海府路交口	8.56	2.50	21.4

表 3-3　海口市中心城区河湖节点景观水位

节点名称	景观水位/m
河口路闸	3.0
五公祠闸	2.8
海府一横路橡胶坝	2.2～2.7
仙桥橡胶坝	1.5～2.0
红城湖（道客沟放水闸）	8.5
东西湖（大同沟放水闸）	2.0
龙昆沟闸	2.0

表 3-4　海口市中心城区洼地特征参数表

编号	名称	位置	最大调蓄水深/m	面积/万 m²	蓄滞空间容量/万 m³
1	江东	海榆大道以西，绕城高速以北1.2km	12.4	2.6	16.2
2	江东	桂林洋高校北边，大塘（沟）村	14.4	8.4	60.6
3	江东	茅山水库西北边，海文高速以北1.8km	7.0	3.6	12.5
4	白水塘	儒益以西约800m，椰海大道以南200m	2.5	14.0	17.6
5	时令湖（江东）	海文高速以南，美兰机场以北约500m处，玉屋村以东450m处	—	3.5	—
6	时令湖	南海大道以南500m，疏港大道以西10m	3.0	1.4	2.0
7	时令湖	美楠村以东800m，群榜村以北450m，国石山东南500m处	1.0	2.4	1.2
8	时令湖	南海大道以南800m，疏港大道以西800m	2.0	0.4	0.4
9	时令湖	南海大道以北800m，疏港大道以东200m	3.0	0.5	0.8
10	时令湖	疏港大道上，文风村以东300处	1.0	1.9	0.9

海口市各城市河道设计防洪标准不同，荣山河设计防洪标准为 50 年一遇，其他河道均为 20 年一遇。河道上有闸门多座，对河道防洪排涝起重要作用，暂无对河道防洪排涝起作用的泵站。海口市河道闸门工程见表 3-5。

表 3-5　海口市中心城区河道闸门参数表

名称	位置	净宽/m	最大开度/m	最小开度/m
长城闸	荣山河大排涝沟下游	70.0	2.8	0.0
龙昆沟防潮闸	龙昆沟下游	18.0	3.0	0.0
八灶闸门（大同沟 1 号闸门）	大同分洪沟入口	8.6	2.0	0.0
大同沟 3 号闸门	大同沟西支流（中航大厦）	8.9	1.0	0.0
海甸 2 号闸门	五西路明渠下游	18.5	3.0	0.0
海甸 5 号闸门	鸭尾溪下游	10.0	3.0	0.0
响水河防倒灌闸门	响水河下游	30.0	7.0	0.0

海口市城市河道沿岸分布有管网雨水排放口，各河道城市管网雨水排放口分布情况见表 3-6。

表 3-6　海口市城市雨水排放口分布表

河道名称	雨水排放口个数	河道名称	雨水排放口个数
荣山河	1	大同沟	6
五源河	2	美舍河	13
秀英沟	2	五西路明渠	8
电力沟	4	鸭尾溪	6
西崩潭	1	白沙河	3
道客沟	3	响水河和龙塘水	1
龙昆沟	10		

海口市市区受纳排水的河道水系主要有美舍河、龙昆沟和秀英沟等南北走向的沟渠，分别担负着市区排洪、排水任务，大同沟、红城湖和海甸溪等流经市区的水体也起到排涝作用，海甸岛上的鸭尾溪接纳海甸岛部分雨水，新埠岛内的横沟河担负着该岛的雨水排放任务，分述如下。

1）美舍河

美舍河是靠近市区东部的排洪河渠，市区东部一带的雨水均排入美舍河，美舍河流域面积为 53.2km²，美舍河上游建有沙坡水库，该水库对于削减美舍河洪峰有一定的调节作用，现状美舍河流经琼山区府城至长堤路入海甸溪。

市区排水设施水体流入美舍河的主要道路为白龙路、海府路、海府一横路、凤翔西路、中山南路、琼州大道、国兴大道及文明东路等。

2）龙昆沟

龙昆沟是位于市区中部的一条排洪沟，市区南部的洪水经东崩潭沟（道客沟）和西崩潭沟汇合后经龙昆沟入海。1989 年发生的几次台风暴雨使龙昆沟严重漫溢，对海口市人们的生活生产造成很大影响，后来实施了多项改造工程，建设了大同分洪沟，使担负老市区排水的主要河渠——大同沟与龙昆沟分开，使大同沟不再受龙昆沟高水位的顶托与倒灌。另外，在建设丘海大道的同时修建了分洪暗渠，将丘海大道片区的雨水直接向北排至杜鹃路 30m 宽的排水沟入海，同时修建了金牛岭水库，调蓄洪水，其与金牛岭公园水面相结合，削减了西崩潭洪峰。

市区排水设施水体流入龙昆沟的主要道路及片区为凤翔西路、龙昆南路、南海大道、道客村片区、坡博村片区、面前坡片区、国兴大道、海秀路、华海路、义龙西路、国贸路及大同沟等。

3）秀英沟

秀英沟是市区西部的一条排洪、排水河渠，位于海榆中线西侧，共有两条支沟。东支沟上游建有工业水库及引水渠，解决了化肥厂及化工厂的用水问题；西支沟从向荣村向北沿现状沟下泄，东西两支沟在海榆西线南侧汇合，穿过海榆西线，经工厂、部队驻地附近，在秀英港西侧入海，沟渠狭小，弯曲较多。由于沿线工厂较多，所以大量工业废水及生活污水排入，污染比较严重。

市区排水设施水体流入秀英沟的主要道路有南海大道西延线、海盛路及滨海西路等。

4）大同沟

大同沟是老城区的主要排水沟，上游有东西湖，下游排入龙昆沟和经大同分洪沟排入龙珠湾。近年来，对大同沟进行了治理，修建了大同沟污水截流管，将污水截流后，在龙昆沟入海口处设泵站提升入滨海大道污水干管。

市区排水设施水体流入大同沟的主要道路为海府路与海秀东路段、五指山路、东湖路、广场路、大同路、龙华路、八灶街及玉河路等。

5）红城湖

红城湖是琼山区的一大湖泊，水面面积约 40hm^2，近年来经过整治，红城湖对蓄洪、削峰发挥了一定作用，根据规划，红城湖西侧将建设红城湖公园，并增加水面面积，这将为龙昆沟上游的东崩潭沟洪水进湖调蓄提供最佳线路。目前，沿岸居民生活污水没有出路，仍有部分污水直接排入。红城湖路雨水管道建于 1993 年，位于道路南北两侧的机动车道上，从东西两侧汇集雨水后通过中国农业银行红城湖支行营业部对面的双孔出水口排入红城湖，但该雨水出水口自 2002 年开始被人为频繁堵塞，出水口比管道沟底高程高，造成雨水只能通过溢流方式排入红城湖，造成管道内容易淤积。

市区排水设施水体流入红城湖的主要道路为红城湖路及环湖路等。

6）海甸溪

海甸溪位于海甸岛南端、长堤路北侧，东至海甸溪与南渡江分叉处，西至海口海关码头，呈东西向狭长状，它是一条潮汐河道，长堤路一带的雨水出口受潮位影响较大，高潮位时便全部处于淹没状，雨水无法排放。

市区排水设施水体流入海甸溪的主要道路为长堤路、新华北路、龙华路、和平北路、白龙北路、板桥路、海甸一西路、海甸一东路、海甸二西路及海甸二东路等。

3.3.2　城市雨水排水分区

依据海口市地形地貌、内河水系分布、现状管网和道路布设及控制标高，结合《海口市城市总体规划（2011-2020）》、27 个片区控制性规划等，将海口市排水分区划分为 7 个自然流域和 17 个中心城区雨水排水系统，共计 137 个子片区，具体见表 3-7～表 3-9。

表 3-7　海口市自然区域排水流域

流域	片区	流域面积/km²	排水出路
荣山河流域	金沙湾、粤海、西海岸南片区（部分）	77.62	汇集长城闸入海
北征水库流域	西海岸南片区（部分）	1.28	汇集北征水库
五源河流域	长秀片区 B 区	68.67	自南向北汇集五源河入海
秀英沟流域	海秀部分片区	9.98	自工业水库向北汇集入海
美舍河流域	南部生态片区（部分）	53.16	自南向北汇集入海甸溪
响水河+龙塘水流域	南部生态片区（部分）	136.98	汇集个钱渡入南渡江
江东流域	江东、桂林洋片区	143.69	自西向东汇集入海

表 3-8　海口市中心城区排水系统信息表

编号	系统名称	子片区	排水出路
1	荣山河以北长流系统	Y1、Y2、Y3、Y4、Y5、C1、C2、H4	排入大海
2	滨江西路系统	H1、H2	排入大海
3	五源河系统	G1	排入五源河
4	永万东路系统	G3	排入永万东路管网，入海
5	秀英沟系统	G2、H3、P1、P3、P5	排入秀英沟，入海
6	丘海大道系统	M1、M2、P2、P4、L1、L3、L4、W1、W3、W4、W7	排入丘海大道管网，入海
7	滨海系统	K1、B1、B2、B3、B4、B5、B6	排入大海
8	金盘工业区系统	P6、W5、W6、W9	排入椰海大道管网
9	龙昆沟系统	M3、M4、M5、L2、L5、L6、L7、L8、L9、L10、L11、L12、L13、L14、W2、W8、W10、W11、W13、W14、O1、O2、O3、O5、O8、O12、D1、D2、D3、D4、D6、D10、D11、D13、D14、F1、F2、F7、F12	排入龙昆沟
10	美舍河系统	W12、O9、O10、D5、D7、D8、D9、D12、D15、D16、N3、N5、N8、N9、F3、F4、F5、F6、F8、F9、F10	排入美舍河
11	海甸溪系统	O4、O6、O7、O11	排入海甸溪
12	板桥溪系统	N1	排入海甸溪
13	南渡江系统	N2、N4、N6、N7、N10、N11、F11、J1、J2、J7	排入南渡江
14	响水河系统	J3、J4、J5、J6	排入南渡江
15	海甸岛系统	I1、I2、I3、I4、I5、I6、I7、I8、I9、I10、I11、I12、I13	排入大海
16	新埠岛系统	R1、R2、R3、R4、R5	排入大海
17	灵山西系统	S1	排入南渡江

表 3-9　海口市中心城区排水分区

子片区编号	面积/hm²	排水出路
Y1	70.82	地面汇流入海
Y2	135.01	地面汇流入海
Y3	195.22	地面汇流入海
Y4	424.35	地面汇流入荣山河
Y5	27.76	汇集管网，入荣山河
C1	353.95	汇集管网，入五源河
C2	83.81	汇集管网，入海
H1	235.17	汇集管网，入海
H2	119.14	汇集管网，入海
H3	125.14	汇入秀英沟，入海
H4	218.60	地面汇流入海
H5	214.69	汇入滨海大道管网，入海
G1	166.39	汇入南部渠道
G2	141.55	汇入南海大道管网
G3	343.65	汇入永万东路管网
P1	277.34	汇入秀英沟
P2	271.52	汇集丘海大道管网
P3	157.66	汇入秀英沟
P4	148.04	汇集丘海大道管网
P5	93.82	汇入秀英沟
P6	204.62	汇集椰海大道管网
M1	109.75	汇集滨海大道管网
M2	162.73	汇集滨海大道管网
M3	54.22	汇集滨海大道管网
M4	136.85	汇集海秀中路管网
M5	118.17	汇集龙昆沟
L1	64.36	汇集海瑞路管网
L2	53.99	汇集海秀中路管网
L3	120.49	汇集中部水域
L4	71.84	汇集滨涯路管网
L5	135.53	汇集金牛岭水库
L6	66.24	汇集东西崩潭
L7	131.09	汇集金垦路管网
L8	37.75	汇集渠道，入金牛岭水库
L9	61.65	汇集滨涯路管网
L10	99.86	汇集金濂路管网
L11	105.47	汇集坡博路管网

子片区编号	面积/hm^2	排水出路
L12	50.95	汇集龙昆南路管网
L13	60.63	汇集龙昆南路管网
L14	21.05	汇集金岭路管网，入金牛岭水库
W1	97.47	汇集南海大道管网
W2	110.25	汇集南海大道管网
W3	56.52	汇集金盘路管网
W4	48.19	汇集金盘路管网
W5	32.25	汇集中央大道管网
W6	32.61	汇集中央大道管网
W7	78.27	汇集金盘路管网
W8	146.79	汇集苍峰路管网
W9	76.09	汇集东南部凹地和椰海大道管网
W10	31.16	汇集北部海马二横路管网
W11	76.09	汇集学院路管网
W12	91.67	汇集椰海大道管网
W13	68.12	汇集龙昆南路管网
W14	108.33	汇集南海大道管网
K1	152.53	汇流入海
B1	78.10	汇集管网，入海
B2	96.35	汇集管网，入海
B3	73.80	汇集管网，入海
B4	195.14	自然汇流入海
B5	86.55	汇集管网，入海
B6	142.43	汇集管网，入海
O1	59.94	排入大同沟
O2	37.07	排入大同沟
O3	33.34	排入大同沟
O4	26.22	汇集海甸溪
O5	59.48	排入大同沟
O6	42.95	汇集和平北路管网
O7	46.31	排入美舍河
O8	41.24	汇集和平南路管网
O9	32.57	排入美舍河
O10	79.38	汇集白龙南路管网
O11	42.63	排入海甸溪
O12	8.86	排入滨海大道管网
D1	60.70	汇集西北向管网，入龙昆沟
D2	77.24	汇集义龙路管网，进大同沟

续表

子片区编号	面积/hm²	排水出路
D3	17.87	雨水入管网，进大同沟
D4	126.77	水流自南向北汇集管网，入东湖
D5	53.24	水流由西北向汇集管网
D6	56.82	汇集西沙路管网
D7	12.20	汇集蓝天路管网
D8	28.05	汇集大英山西二街管网
D9	67.84	汇集蓝天路管网
D10	46.06	汇集道客沟
D11	73.70	汇集管网，进入红城湖
D12	52.23	汇集红城湖
D13	89.19	汇集道客沟
D14	42.48	汇集红城湖
D15	55.00	汇集海府路管网，进美舍河
D16	39.22	汇集蓝天路管网
F1	123.73	汇集红城湖路管网，入红城湖
F2	126.96	向北汇集，入板桥路管网
F3	51.60	汇集南面管网，入美舍河
F4	73.96	汇集美舍河
F5	30.47	汇集美舍河
F6	95.13	地面和管网向北汇流，入美舍河
F7	41.36	汇集凤翔西路管网
F8	66.75	汇集凤翔东路管网，入美舍河
F9	69.29	地面汇流，入美舍河
F10	95.45	地面汇流，入美舍河
F11	55.31	汇集东线高速管网
F12	26.35	向西北汇入迎宾大道
I1	210.12	汇集五西路明渠
I2	95.76	汇集管网，入海
I3	121.06	汇集管网，入海
I4	136.87	汇集管网，入白沙河
I5	65.67	汇集管网，入海
I6	164.65	汇集海大管网，入海
I7	77.66	汇集管网，入海
I8	79.47	汇集管网，排入白沙河、鸭尾溪
I9	144.26	汇集管网，入海甸溪
I10	79.47	汇集管网，入鸭尾溪
I11	35.97	汇集管网，入海甸溪
I12	42.07	汇集管网，入白沙河

子片区编号	面积/hm²	排水出路
I13	220.49	汇流入海
N1	69.10	汇集管网，排入海甸溪
N2	86.15	汇集管网，排入南渡江
N3	244.12	汇集管网，排入美舍河
N4	181.56	汇集管网，排入南渡江
N5	53.98	汇集管网，排入美舍河
N6	85.39	汇集管网，排入南渡江
N7	41.38	汇集管网，排入美舍河
N8	269.00	汇集管网，排入美舍河
N9	36.71	汇集管网，排入美舍河
N10	141.79	沿地势排入南渡江
N11	48.25	汇集管网，排入南渡江
J1	111.33	汇集滨江西路管网，入南渡江
J2	154.92	汇集滨江西路管网，入南渡江
J3	239.51	汇集滨江西路管网，入响水河
J4	86.63	汇集管网，排入响水河
J5	59.85	汇集滨江西路管网，入龙塘水
J6	34.69	汇集管网，排入南渡江
J7	127.77	汇集雨水，入南渡江
S1	372.00	沿地势汇集南渡江
R1	39.10	汇集雨水管网，入海
R2	56.63	汇集雨水管网，入海
R3	43.93	汇集雨水管网，入海
R4	152.61	地面汇流入海

　　自然区域包括荣山河流域、北征水库流域、五源河流域、秀英沟流域（部分为城市排水）、美舍河流域、响水河–龙塘水流域及江东流域，中心城区雨水排水系统包括荣山河以北长流系统、滨江西路系统、五源河系统、永万东路系统、秀英沟系统（部分地区自然产汇流）、丘海大道系统、滨海系统、金盘工业区系统、龙昆沟系统、美舍河系统、海甸溪系统、板桥溪系统、南渡江系统、响水河系统、海甸岛系统、新埠岛系统（部分地区为自然流域）及灵山西系统。

　　海口市各排水分区现状如下。

　　1）南渡江系统、滨海系统、荣山河以北长流系统为新建直排区域，各片区范围不大，且排水管网设计标准高，排水通道顺畅，因此上述系统中已布设排水管网的排水片区，除个别排水能力不到 20 年一遇外，其他大部分区域的排水能力均超过 50 年一遇。

　　2）海甸岛系统除北部直排区域的排水能力超过 50 年一遇外，鸭尾溪、白沙河、五西路明渠两侧的排水片区由于潮位顶托和排水通道存在局部阻水等，排水能力均不超过

20 年一遇。

3）美舍河系统的河口路上游段尚未布置管网，但美舍河排水能力高；河口溪至国兴大道间河道排水能力高且排水管网设计标准高，排水片区均超过 20 年一遇。国兴大道至美舍河河口段的河道排水能力较高，但西侧片区的排水管网设计标准较低，排水能力均小于 5 年一遇。

4）由于排水管网规划标准低且排水通道排水能力小，龙昆沟系统中道客沟上游及其两侧的排水片区的排水能力均不超过 5 年一遇。道客沟下游的龙昆沟排水能力较高，但大同沟与龙昆沟隔断，仅借助八灶闸排水，其排水能力较弱。龙昆沟和大同沟两岸的排水片区的排水管网规划标准尚可，排水片区的排水能力均在 5 年一遇至 20 年一遇之间，但排水能力易受潮位顶托。

5）丘海大道系统排水出口为电力沟，受电力沟过流能力限制和潮位顶托影响，加之排水管网设计标准不高，此系统内排水片区的排水能力均不超过 20 年一遇的标准。

6）秀英沟系统海盛路以南区域尚处于自然状态，未布置排水管网，但工业水库出口因修高架桥改为暗涵排水，排水能力较低。海盛路以北区域因第二十七小学和海军大院的存在，桥涵阻水，加之排水管网设计标准较低和受潮位顶托影响，排水能力小于 5 年一遇。

7）荣山河流域、五源河流域、江东流域属待开发区域，尚未布置管网。

3.4　历史内涝灾害

自 2004 年以来，造成海南市灾害的热带气旋共 14 个，其中 2008 年 10 月 15 日强降雨、2010 年 10 月 3～18 日强降雨、2011 年 10 月 5 日强降雨、2012 年 4 月 8 日强降雨及 7 月 23 日强降雨，对海口市主城区造成了严重影响。强降雨形成内涝，造成市中心城区道路积水、交通中断、市政排水设施损坏等诸多不良影响。

2010 年 10 月 3～18 日的强降雨历时长，对城区造成的影响尤为严重。城区从 4 日 22 时淹水，至 9 日 6 时才完全消退，过程累计降水量万绿园观测站达 663.4mm，市区内龙昆沟、大同沟、电力沟、海甸溪、鸭尾溪、美舍河等主要排洪河沟均满沟外溢，城区全面受灾，共有 1 个镇、15 个街道办严重受灾，受灾人口达 7.7305 万人，灾情前所未有。12 条主要道路平均淹没水深 0.7m，最大淹没水深 1.2m，严重受淹城区面积达 8.95km^2，约占主城区面积的 18.3%，大量房屋受损，道路、桥梁、排水管道、路灯等市政设施遭到了严重破坏，部分地区供电、供水中断，共 50 多条道路大面积积水，中心城区 150 多条道路、路灯、人行道及涵洞严重损坏，美舍河排洪河道挡土墙、护坡、栏杆、滨海西路泄洪口被冲毁，南大立交桥桥面裂缝及坑洞扩张，路面铺装层破损、情报板线路损坏、屏幕失效等，此次内涝造成城区直接经济损失达 3.36 亿元。

2014 年，海口市遭遇了两次台风，第 9 号超强台风"威马逊"、第 15 号超强台风"海鸥"。第 9 号超强台风"威马逊"于 7 月 18 日 15 时 35 分在海南省文昌市翁田镇登陆，登陆时最大风力为 17 级，是 1973 年以来登陆海南最强的台风。海口市普降大暴雨，局部为特大暴雨，23 个乡镇（原来 23 个观测点）平均降水量为 299.6mm，市区平均降水量为 314.6 mm，31 个监测站均超过 200mm（其中，有 21 个雨量站超过 300mm，7 个雨量站超过 400mm，1 个雨量站超过 500mm），暴雨中心位于海口市区，最大累积降水量为 509.2mm（府城），是 1951 年有气象记录以来的日降雨极值。台风"海鸥"于 16 日上午 9 时 45 分在文昌市翁田镇登陆，登陆时最大风力为 13 级。受台风"海鸥"影响，15 日 8 时至 17 日 8 时，海口市普降大暴雨，局部为特大暴雨，全市 22 个乡镇过程降水量均超过 140mm，13 个乡镇超过 200mm，最大降水量为 322.9mm。两次台风对海口市造成严重影响，其中台风"威马逊"造成的损失最大，全市 4 个区的 22 个镇 21 个街道、两个农场和两个园区全部受灾，受灾人口达 85.59 万人，占全市总人口的 39%，转移人口达 4.53 万人，造成直接经济损失约 136.27 亿元。受台风"海鸥"影响比较严重的海甸岛、盐灶片区积水情况见表 3-10。

表 3-10　2014 年第 15 号台风"海鸥"海甸岛、盐灶片区积水情况统计表

序号	道路名称	最大积水长度/m	最大积水深度/m	序号	道路名称	最大积水长度/m	最大积水深度/m
1	人民大道	2300	0.45	16	海达路	1500	0.40
2	邦墩里	600	0.40	17	和平大道	1600	0.20
3	海甸二西路	757	0.40	18	海甸六东路	800	0.30
4	海甸三西路	962	0.40	19	甸昆路	3000	0.40
5	海甸四西路	261	0.40	20	义兴街	400	0.40
6	海甸五西路	2600	0.65	21	龙华西路	1600	0.40
7	环岛路	500	0.30	22	龙昆北路	1600	0.40
8	海甸一西路	645	0.40	23	盐灶路	1100	0.40
9	海甸二东路	600	0.60	24	盐灶一横路	870	0.50
10	海甸二东路水果市场路	300	0.60	25	龙阳路	284	0.50
11	海甸三东路	500	0.40	26	银河路	360	0.50
12	海彤路	1600	0.40	27	八灶街	500	0.50
13	颐园路	541	0.50	28	滨河路	381	0.50
14	海甸四东路	600	0.60	29	玉河路	800	0.50
15	海甸五东路	836	0.50				

3.5　城市排水设施

海口市城市排水设施包括市政管渠系统、排水泵站等排水措施，也包括水库、湖泊、洼地、湿地、公园等内涝防治设施。

1. 市政管渠系统

根据海口市排水管网资料，现状主城区已建雨水管网总长度为 590.98km，雨污合流

制管网总长度为 106.92km。海口市现状大部分排水管网的设计标准为 1 年一遇，部分道路，如国兴大道、海垦路、金垦路等设计标准为 2 年一遇，部分建设年限较早的管网，如海甸三路、海甸四路、春光路设计标准为半年一遇。

目前，旧城区排水多为合流制，新建或改造区域多为雨污分流制。合流制区域主要集中在滨海大道、长堤路以南，海秀东路以北、龙昆沟沿线区域，城西金盘路以南、苍峰路以北的区域，美舍河以西的旧城区及美舍河沿岸区域等。随着中心区污水截流工程及府城分区污水管网工程的陆续实施，一部分合流制区域已改造为分流制区域，如海甸岛一路、海甸岛二路、海甸岛三路、海甸岛四路、府城老城区等。

城区内主要雨水明渠为五西路明渠、电力沟，总长度为 4.34km，合流制排水明渠为大同沟、龙昆沟、道客沟、东崩潭、西崩潭等，总长度为 28.36km。海口市现状市政管渠系统各类渠道长度详见表 3-11。

表 3-11　海口市现状市政管渠系统

现状人口/万人	现状建成区面积/km²	雨水管网长度/km	雨污合流管网长度/km	合流制排水明渠长度/km	雨水明渠长度/km
214.13	77.80	590.98	106.92	28.36	4.34

2. 现状城市排水泵站

目前，主城区有 1 座排涝泵站和 4 座雨污合流泵站，分别如下。

滨海排涝泵站位于滨海大道城建大楼东侧，设计排涝流量为 1.97m³/s，1991 年 5 月建成投产，主要作用是缓解大同沟沿岸，特别是人民广场和义龙东路一带区域的积滞水，其溢流处为龙昆沟出海口。

海甸雨污合流泵站位于海甸一西路，设计流量为 5.79m³/s，1999 年建成投产，是中心城区的中心泵站，负责将市中心区的污水提升输送到白沙门一、二期污水处理厂，其溢流处为海甸溪。

疏港污水泵站位于滨海大道与丘海大道交汇处的东北角，设计流量为 3.24m³/s，2000 年 11 月建成投产。汛期泵站若加大抽水量，可缓解丘海立交桥路段和滨海大道（东方洋路口段）等一带的积滞水，其溢流处为 30m 宽排洪沟。

美舍河泵站位于文明东路东风桥东北角，设计流量为 2.66m³/s，2004 年建成投产。汛期泵站若加大抽水量，可缓解青年路、群上路和国兴东路等一带的积滞水，其溢流处为美舍河。

金贸污水泵站位于滨海大道与明珠路交汇处的东北角，设计流量为 0.69m³/s，1992 年建成投产。汛期泵站若加大抽水量，可缓解明珠路、金贸中路、国贸路及金龙路等一带的积滞水。

随着城市雨、污分流工作的不断推进，以上雨污合流泵站将逐步回归其纯粹的污水提升泵站功能，5 座排水泵站的服务范围、设计重现期等参数见表 3-12。

表 3-12　海口市现状排水泵站

泵站名称	泵站位置	泵站性质（雨水泵站或雨污合流泵站）	服务范围/km²	设计重现期/年	设计流量/（m³/s）
滨海	滨海大道城建大楼东侧景湾路 7 号	雨水泵站	2.83	1	1.97
疏港	滨海大道 78 号	雨污合流泵站	11.08	1	3.24
美舍	文明东路 7-8 号	雨污合流泵站	9.10	1	2.66
金贸	滨海大道 38-2 号	雨污合流泵站	2.36	1	0.69
海甸	海甸一西路 9 号	雨污合流泵站	19.80	1	5.79

3. 内涝防治设施

海口市区位、水文气象、地形地貌及排水设施状况等造成海口市内涝十分严重，需通过蓄、滞、渗、净、用、排等措施综合防治，其中内涝防治设施主要包括可有效蓄、滞城市雨水径流的水库、湖泊、洼地、坑塘、蓄水池、湿地、下洼式绿地等，目前海口市可用于内涝防治的水库、湖泊、洼地、湿地、公园等分别见表 3-13、表 3-2、表 3-4 和表 3-14。

表 3-13　海口市有排涝调蓄作用的水库信息表

编号	名称	位置	正常蓄水位/m	正常库容/万 m³
1	永庄水库	秀英区永庄村南边约 500m	42.89	790
2	沙坡水库	海口市龙华区沙坡村	24.00	569
3	那卜水库	秀英区长流镇	31.80	151
4	金牛岭水库	海口市金牛岭公园	11.30	25
5	羊山水库	海口市城西镇坡训村	33.37	169
6	工业水库	海口市秀英区秀英大道与南海大道交口往西 700m	—	125

表 3-14　海口市有雨水调蓄作用的绿地信息表

编号	公园	位置	面积/hm²	可否用来调蓄	最大调蓄水深/m	备注
1	万绿园	滨海填海区东部,滨海大道中段	72.49	是	3.0	万绿园内的水体直接与琼州海峡联通,且已建好堤围,万绿园高程与周边地面高程基本一致
2	滨海公园	滨海大道泰华路口西南,龙昆路口西北	22.00	是	0.5	依傍琼州海峡,公园内的人工湖已被填埋
3	世纪公园	世纪大桥	37.53	是	0.5	世纪公园临滨海公园,北靠琼州海峡,主要是用来防震减灾
4	白沙门公园	海甸六东路	54.30	是	2.0	公园北临琼州海峡,园内有地势较周边低的带状湖泊,可排水至此来调蓄,周边的荣易小区排水至此
5	滨江带状公园	滨江西路	193.00	是	1.0	公园基本处于自然未开发状态,内有成片的湿地鱼塘可供调蓄

3.6　城市易涝点情况

城市现状易涝点分布见表 3-15。

表 3-15　海口市易涝点分布及概况

序号	积水路段名称	积水范围或涵盖积水点	最大积水深度/cm	最大积水长度/m
一		规划排水出口未建设, 人为占压、填埋、堵塞排水管网和河道, 造成积水		
1	板桥路	板桥路与文明东路交汇处	60	680
2	红城湖路	烟草公司段	50	200
3	滨涯路	农垦中学-金牛路段和海南省公安厅段	50	900
4	城西路南航司令部前	城西路南航司令部-苍峄路	60	200
5	永万路	海盛路-南海大道	70	1000
6	椰海大道	海口景山学校段	120	800
7	丘海大道延长段	国度建材城和民生燃气基地段	80	600
二		排水管网建设滞后于地区发展, 规划排水未建设, 无排水出口而积水		
8	滨海西路	粤海大道北段、滨海西路南港码头段	70	1200
9	琼山大道	汽车城、坡上村、儒教村	40	1200
10	南海大道	药谷段	70	500
三		排水管道建设标准低, 下游断面过小, 形成瓶颈, 不能满足雨天排水, 以及道路地势高程较低, 暴雨天受海潮上涨顶托作用影响, 造成积水		
11	义龙东路	大同一横路-义龙横路	30	600
12	义龙西路	义龙横路-龙昆北路	40	580
13	龙华西路			
14	华海路	三条道路交汇处	60	260
15	金龙路			
16	盐灶路	安民小区-八灶路段	50	280
17	广场路	椰树门-广场横路	50	200
		与凤翔东路交叉口处	80	300
18	滨江西路	国兴大道段	30	150
		碧水名城段	50	300
19	龙华路	长堤路-金龙路	40	600
20	和平南路	文明天桥-劳仲裁中心段	40	200
21	海甸岛片区	海甸五西路、人民大道、和平大道、海达路、海甸二东路等	50	
		海甸三西路	40	50

城市易涝点成因分析如下。

1）板桥路

板桥溪位于海口市板桥路西侧, 南接青年路、文明东路合流排水沟, 沿着板桥路向北,穿过白沙坊村和长堤路后接入海甸溪。板桥溪承接青年路、文明东路、板桥路等周边区域的排水,是美兰区一条重要的排洪河道。板桥溪原是位于美舍河和南渡江之间的一条天然河沟,随着城市的发展建设,文明东路以南的上游段河道被改造成暗涵,由于没有及时进行合理的河道水系规划和建设,板桥溪从文明东路往北段的河沟段随着板桥路两侧土地的开发,逐渐被擅自改造和占压,排水断面逐渐减小,排洪能力下降。

板桥溪从文明东路以南至青年路段现状为宽度 $W \times$ 高度 $H=1.1m \times 1.2m \sim 1.4m \times 1.2m$ 的暗涵,接入横穿文明东路断面为 $W \times H=5.0m \times 1.6m$ 的过街涵。该段方涵总长 255m。从文明东路往北至海鲜广场段长约 350m,该段因被擅自占压,已变为断面宽度 B 为 3～5m 的土沟,目前该河道已被开发商圈围进行改造和房地产建设。接着往北约 170m 段则被美兰区擅自改造成三孔 D1000 管道后填埋,上面建成板桥海鲜广场。板桥海鲜广场往北横穿白沙坊村至长堤路段河沟现状长 700m、断面宽度 B 为 5～10m 的自然明渠,通过长 80m、断面各宽 5m 的双孔过街涵横穿长堤路接入海甸溪。

文明东路和板桥路道路市政排水管道建设不完善。两条路排水现状为合流制排水系统,没有建设污水管道,污染了水体环境。

板桥路没有修建纵向的大管道和检查井设施,只有横穿路面的 D300mm 管道和连接的进水井等设施,建设标准太低,无法满足该路排水的要求。

2)红城湖路

红城湖路位于琼山区红城湖南侧,东接海府路,西至龙昆南路,呈东西走向,红城湖路雨水管道建于 1993 年,位于道路南北两侧的机动车道上,断面尺寸为 D400mm～2– $W \times H=2$–3000×1400mm,从东西两侧汇集雨水后通过中国农业银行红城湖支行营业部对面的 2– $W \times H=2$–3000×1400mm 双孔出水口排入红城湖。但该雨水出水口自 2002 年开始被人为频繁堵塞,造成红城湖路中国农业银行红城湖支行营业部至龙昆南路段雨天道路经常积水,交通中断。

府城地区大部分道路排水系统均是一条管道合流制排放,雨天红城湖路承担着朱云路、金花路、新城路等周边片区污水的排放,大量雨、污水涌入红城湖路雨水方沟再排入红城湖泄洪,由于历史原因,红城湖现在仍为上官村等经济社集体财产,并由琼山红城湖公园管理有限公司承包养鱼,该公司以雨天大量雨、污水排入湖中造成鱼死亡为由,对红城湖路中国农业银行红城湖支行营业部对面的 2– $W \times H=2$–3000×1400mm 双孔出水口进行封堵。

3)滨涯路

滨涯路东起南沙路,西至丘海大道,全长 2800m,该路已按雨污分流制修建了排水管道,其中金牛路-农垦中学段雨水管道的出水口位于农垦中学对面北侧的规划路,断面尺寸为 $W \times H=4000mm \times 1600mm$,向西排入宽约 6m 的明渠后曲折蜿蜒北上排至金垦路过街涵洞,最后排入金牛岭人工湖。

2008 年以来,由于明渠沿途土地被村民开发利用,填埋占压明渠河道的行为屡屡发生,现农垦中学对面 $W \times H=4000mm \times 1600mm$ 的出水口已被村民全部封堵,宽约 6m 的明渠已被缩小埋 D800mm 管后填埋,建成了一排排铺面、餐馆,造成排水断面严重减少而严重积水,雨天该路交通中断,在海南省公安厅段由于规划排水出口尚未建设而无排水出路，从而造成积水。

4）城西路南航部队前

城西路南航部队大门-城西中学段道路建于 2006 年 4 月，路幅宽 10m，修建道路的同时在两侧修建了 D500mm 雨水管道，沿西向东排入距南航部队大门东侧约 170m 处的 $W×H$=2000mm×800mm 的天然明沟，向北流后接入坡巷路 $W×H$=2600mm×1400mm 的雨水方沟。

城西路南航部队大门-天然明沟段地势较低，雨天时建设三横路、城西中学与苍峄路等处路面上雨水顺势而下，汇集到 $W×H$=2000mm×800mm 的天然明沟处，加上明沟南侧上游村庄、农田等积水顺流而下，水量剧增，一时排放不及，同时明沟被土地开发建设占用，造成地势较低段积水。

5）永万路

永万路积水区域主要为永万路南段（海盛路-南海大道），该段排水管道已按雨污制分流建设，雨水从南北两侧汇集到距海盛路南侧约 300m 的一条断面为 $W×H$=2600mm×1400mm 的过街涵洞中，该涵洞流向为自西向东，排入秀英沟西侧支流河道，近年来，随着永万路建成，附近居民开发土地将部分天然河道填埋，造成排水不畅。

6）椰海大道及丘海大道延长段

海口景山学校位于丘海大道以西、白水塘路以南、金鼎大道以东、椰海大道以北，地理位置偏僻，地势低洼。自 1996 年建校至今，该校的生活污水和雨水均就近排入南侧的白水塘中，然后通过一条天然明渠排到沙坡水库。2007 年以来，随着椰海大道建设和白水塘周边填土用地的开发，白水塘面积缩小，使水位上涨，水平面几乎与校内地势持平，导致该校雨天校园屡次被淹。

白水塘至沙坡水库之间明渠长约 5.2km，系一条天然明沟，景山学校周边片区、椰海大道及沿途村庄的雨水排入明渠，从白水塘向南曲折经过苍西村后流至沙坡水库，该明渠断面最窄处为 2m，最宽处达 40m，明渠多处沟内水浮莲滋生，垃圾杂物丛生，苍西、苍东村沟段已被占压填埋，极大地缩小了过水面积，造成椰海大道、金鼎路和丘海大道延长线路段大雨天严重积水，交通中断。

7）滨海西路

造成积水的主要原因是雨水管道无出路，由于目前规划二号路（玉琼北路）现状为土路，尚未按规划建设排水管道，粤海大道积水路段雨水无处排放，管道内全部被雨水充满，粤海大道（滨海西路以南约 350m 处）道路积水段路面标高比滨海西路与粤海大道交叉口处路面标高低 84cm，当管道内雨水充满后，地势最低的路段雨水无处可排，造成积水。

8）琼山大道

琼山大道位于南渡江海口段东岸，该路呈南北走向，为双向六车道，北端至东海岸鲁能集团，南端接新大洲大道，是通往机场和皇冠大酒店的主干道，全长约 11.3km。在修建时仅进行路面建设，没有按规划铺设雨、污水管网，只在道路两边路沿石位置每隔二三十米设一个进水井和 3～5m 长的导流沟，收集雨天路面的雨水排向道路两侧的土明沟，就近排入低洼地中。近几年来，随着城市的发展，人为将大转盘汽车城、坡上村等地段原来的明沟填埋，并将低洼地填高后修建房屋建筑，造成雨天机动车道路面的雨水没有出路而出现长时间积水不退的情况。

9）南海大道

南海大道西延线药谷段，是南海大道西延线道路最低点，道路南北两侧机动车道下已经铺设了断面为 D1000mm 的雨水管道，在南海大道西延线北侧绿化带上通过 $W \times H = 2500mm \times 2000mm$ 的雨水暗渠向东排入海口华菱汽车服务中心东侧的双孔暗渠，最终向北排入工业水库。

近几年来，该段南北两侧绿地被无序开发建设汽车销售店，南侧原有的排水明渠不断被占压填埋或改为 2-D1000～$W \times H = 2000mm \times 1000mm$ 的暗渠，造成雨天雨水直接冲向快车道而积水严重。

自 2009 年 6 月以来，南海大道西延线南侧药谷二期工程建设用地面积范围很大，且地势高于南海大道西延线路面，每逢雨天大量红土顺着绿地冲到南海大道西延线机动车道路面上，同时也有大量红土被冲进雨水过街方涵中，导致雨水无法正常排放而造成路面积水和积沙土，进而造成该路段雨天积水情况比较严重。

10）义龙东、西路

义龙东路、义龙西路、大同路和大同片区的雨水均通过管道排入大同沟、龙昆沟、六中沟等河道，但每逢台风暴雨天均受到天文大潮顶托，造成路面积水。

该路段均为合流沟，排水设计标准低，管道老化，分别排入大同沟及龙昆沟，平时管内污水已是半充满状，暴雨天由于雨水量大，短时间内不能及时排泄，再受到潮位顶托影响，造成积水。

11）龙华西路、华海路、金龙路

这几条道路的雨水管道均通过现龙华路利亨花园旁小巷的合流方沟经龙园别墅后在银洲宾馆对面排入龙昆沟，该合流沟上游位于龙华路与金龙路接口处，现状为三孔过街暗渠，每孔断面约为 $W \times H = 2700mm \times 1800mm$，该暗渠东侧有龙华路椰树集团段南北两侧各 D300mm 雨水管沟接入；西侧有金龙路南北两侧各 $W \times H = 1000mm \times 1000mm$ 雨水方沟接入；西南侧有华海路、龙华西路的 $W \times H = 1000mm \times 1000mm$ 雨水方沟接入；该合流方沟在龙华路利亨花园旁小巷段断面为 $W \times H = 3000mm \times 1400mm$，龙园别墅-龙昆沟段断面为 $W \times H = 1200mm \times 1200mm$，现状龙昆沟出水口处设置一座防潮拍门，晴天时合流方沟内的污水通过截流溢流井 D500mm 截流管流入龙昆沟污水干管，雨天合流方沟内水量增加时冲开防潮拍门流入龙昆沟。

造成积水的主要原因是下游断面减小，雨量太大时无法及时排放，金龙路、龙华西路、华海路的雨水管道内雨水汇流至合流方沟内，水量剧增，加上龙昆沟水位高顶托住拍门，合流方沟内水量一下子排放不及造成路面积水，雨停后待龙昆沟水位下降后积水才能消退。

12）盐灶路

由于盐灶路地势较低，每逢潮位超过 2.6m 时，不下雨都会出现海水倒灌受淹，积水地段从八灶路到安民小区。该路排水系统位于道路两侧，断面为 $W \times H = 800mm \times 700mm$ 的合流方沟，设计标准低，暴雨天及受海潮顶托时排水缓慢而积水。

　　13）广场路

　　广场路地势较低,受海潮影响大同沟水位高涨,雨水排入大同沟时受顶托影响排泄,椰树门处大同沟水甚至已溢上路面。

　　14）滨江西路

　　滨江西路位于东部,东临南渡江,地势东高西低,是一条通往机场重要的城市主干道,北起长堤路与白龙路交叉口,向南沿南渡江左岸经国兴大道、海瑞大桥,终点至新大洲大道,全长 12.5km,如果南渡江水位超警戒水位,将造成这三处地势低的地段因降雨倒灌而严重积水。

　　滨江西路雨水总流域面积为878.36hm^2,由 6 个雨水出口排入南渡江（5 个）和板桥溪（1 个）,雨水流域面积大。

　　15）龙华路

　　由于强降雨,造成海甸溪、大同沟、六中排洪沟、龙昆沟水位暴涨顶托而积水。龙华路现状雨水管道分 4 个流向:从长堤路-市一中段排向海甸溪,从市一中-市汽车公司段排向大同沟,从市汽车公司-省医专段排向六中排洪沟,从省医专-金龙路段排向龙昆沟。

　　16）和平南路

　　2006 年,和平南路改造工程仅涉及路面改造,原有旧排水管道未纳入改造内容中。该路段东侧至美舍河西岸地势东高西低,雨天大量雨水沿海府路、君尧村、建山里等居民区小巷直接排入和平南路,宛如湍急的小溪,水量相当大,同时该段水沟为 Φ400mm 的管沟,断面太小,无法及时排泄,造成路面积水。

　　17）海甸岛片区

　　由于海甸岛四周临海和海甸溪、南渡江入海口等,多处路段地势低,如海甸五西路、海甸二东路等高程低于高潮位海平面,海潮超过 2.6m 不下雨都会出现海水倒灌积水。所有雨水均通过管道排入海甸五西路明沟、鸭尾溪、海甸溪等,然后再排入大海,台风暴雨遇天文风暴潮海水高涨顶托,造成道路积水。

3.7　暴雨内涝成因

1. 极端暴雨事件演变趋势

　　在全球气候变暖的大背景下,世界各地极端天气灾害明显增多,城市极端降雨事件发生最为频繁、影响最为严重,其特点是降雨时段集中、降雨强度大。暴雨内涝与强降雨特征息息相关,极端降雨是导致城市内涝灾害的主要因素之一。

　　海口气象站位于海口市主城区,其雨量资料代表性较好,选取海口站 1951～2012 年逐年 1 小时降雨资料进行统计分析,统计 62 年来历年最大 1 小时、3 小时和 6 小时降水量序列。分析结果表明,海口市年最大 1 小时、3 小时、6 小时降水量以不同程度整体波动缓慢增加,年最大 1 小时降水量多年平均值为 57.43mm,降水量平均 10 年增加 0.10mm,而年最大 3 小时和 6 小时降水量 10 年分别增加 0.45mm 和 4.17mm。降雨历时由 1 小时增加至 6 小时，降水量序列波动程度增加，增加趋势明显，年最大短历时降水量增加的同时，连续强降雨时间更长。另外，内涝频次受暴雨频次影响，统计 62 年来历年最大 1 小时降水量超过 20mm、30mm、40mm 的暴雨次数，结果表明，海口市不同级别的 1 小时暴雨次数表现出不同程度的增加趋势，1 小时降水量≥20mm 的暴雨平均每年发生 15 次，整体以 0.76 次/10a 的速度增加，历史最多的为 2010 年的 31 次，且近几年暴雨次数都相对偏多。1 小时降水量≥30mm 的暴雨平均每年发生 6 次，整体以 0.2 次/10a 的速度增加，增幅较小。而 1 小时降水量≥40mm 的暴雨次数增加得更为微弱，仅为 0.01 次/10a，且在整个序列中多次出现零值。上述分析结果表明，海口市极端暴雨呈增加趋势，导致城市内涝发生概率增加。

2. 南渡江洪水及河口潮水顶托

除海口市本地暴雨以外，外江洪水及潮水顶托也是造成海口市内涝的重要因素。海口市多暴雨台风，秋夏季常受 8 级以上强台风袭击，年平均 8 级大风有 12 天，年平均 12 级以上台风有 2～4 次。南渡江河口段受潮汐影响，据海口站 1952～2012 年潮位资料统计，海口站多年平均最高潮位为 2.00m。南渡江河口是风暴潮的多发区和重灾区，一年四季都可能发生，但由热带风暴或台风引发的风暴潮增水高，危害大。风暴潮来去时间短暂，涨落过程约半天，最高潮位驻留不足半小时，这与台风的强度、移动速度、天文潮及沿岸地形密切相关。南渡江河口段的潮汐类型为混合潮，一天中有时出现两涨两落，有时出现一峰一谷，不论是两涨两落还是一峰一谷，所需要的历时大约是 24 小时 50 分钟。南渡江下游控制站龙塘站洪水流量过程较肥胖，峰部滞时达 7～12 小时，这就容易与天文潮发生遭遇，因此，天文潮与洪水遭遇是必然的，且这种遭遇发生在洪水的全过程。

目前，海口市雨水系统主要依靠自身压力自然排放，而暴雨时常伴有海水高潮位，龙昆沟、大同沟、海甸溪、美舍河等河道，以及相应的雨水管出水口因受海潮上涨顶托，造成地势较低的路段积水，这些积水路段主要有海甸二东路、海秀东路、义龙路、龙华路与金龙路交汇处、盐灶路、广场路、海甸五西路、滨江西路、板桥路等。2014 年 9 月 16 日台风"海鸥"登陆海南时恰逢天文大潮，并接近高潮，当时天文潮 2.32m，同时台风产生最大增水达 2.05m，两者相遇产生历史最高潮水位 4.37m，超过警戒水位 1.47m，创海口市 1948 年以来最高潮水位纪录，出现风、暴、潮三碰头，引起海口沿海水位暴涨，造成海水倒灌、城区内涝等严重灾害。

3. 城市下垫面变化改变产汇流规律

城市下垫面变化是城市内涝不断加剧的主要原因，主要表现在随着城市的扩大，土地利用方式发生结构性改变，原来的农村郊区变为城区，即不透水面积增加，透水面积缩小，蓄、滞、渗水能力减退。同样的降雨，以前经泥土净化而补充河道径流成为有用的水资源，现在城区地表径流加大，地下水补给减少，加剧地面沉降，使原来设计就已偏低的排涝标准和排水能力的地下排水渠道更难以适应，加剧了排涝压力。随着城市的发展建设，部分河道被改造成暗涵，严重减小了排水断面面积。由于没有及时进行合理的河道水系规划和建设，有些河沟随着两侧土地的开发，被擅自改造和占压，导致排洪能力急剧下降。另外，部分明渠沿线较长，途经的居民区、废品收购站、屠宰点等将垃圾杂物随意倒进明渠，堵塞河道，导致周围路段在暴雨天时容易发生内涝。

自 1988 年海南建省以来，海口市迅速发展，2002 年 9 月 16 日，国务院批复海口、琼山两市合并，成立新海口市，面积扩大了 10 倍。随着城市化进程的加快，海口市城区面积迅速扩张，大部分蓄水湖、鱼塘被填垫，原来的郊区（如海甸岛、新埠岛、西海岸和江东地区等）已经发展为新城区或正在建设，地面硬化面积急剧增加，一方面使得城市下垫面不透水比例大幅提高，从而减弱了地面的蓄、滞、渗水能力；另一方面引起地表径流增大，洪峰提前，导致河道和排水管网的排涝压力增加，进一步加剧了内涝灾害的发生。

4. 排水系统规划设计不合理

由于历史原因，海口市中心城区排水系统防洪排涝标准偏低，随着城市大规模的扩张建设，城区原来标准较低的排水系统的排涝能力可能进一步降低。新城区大多属于地势相对低洼的农业用地，排涝标准低，以往城外的行洪排涝河道变成了城区的排水沟渠，一旦发生强降雨就容易出现中心城区大面积水浸。

海口市老城区大部分排水管网系统建于 20 世纪 60～70 年代，暴降雨强度公式中重现期一般取 1 年，而近几年随着城市发展和人口增多，排水设施老化、排水系统标准偏低等问题日益突出。由于暴雨天雨水量大，短时间内不能及时排泄，市区内涝现象加重，如龙华路、华海路、盐灶路、得胜沙后街、解放东路、东湖路、大同一横路、泰华路等。

在海口市城市开发建设过程中，只重视地上，不重视地下，只注重局部，不考虑全局，也由于投资渠道和建设程序不同，使市政排水设施建设与区域开发不同步，甚至严重滞后。虽然近几年加大对海口市区市政道路等基础设施建设的力度，但仍有一些排水系统设施尚未配套。例如，琼山大道是通往机场和皇冠大酒店的主干道，全长约 11.3km，但目前仅修建了路面，排水系统尚未建设，造成强降雨期间大部分路段积水，其也是退水最迟的地段之一，类似的积水原因路段还有景山学校、滨涯路、红城湖路、滨海西路（粤海大道至南港码头）等。

3.8　小　　结

本章以海口市为例，着重介绍了海南岛城市暴雨内涝成因，论述了海口市基本概况、近年来内涝情况、城市排水体系和排水设施等基本情况，从自然原因和人为原因方面综合介绍了海口市城市内涝成因，主要包括暴降雨强度大、现有排水设施能力不足、城市化进程与基础设施建设不同步及缺乏全面的管理体系等，从而加剧了城市内涝灾害发生。

第4章 基于水动力学的城市雨洪模型

4.1 一维明满流数值模型

4.1.1 概述

一个完整的城市排水体系通常包含地表河网系统和地下排水管网系统，对河网和管网排水系统中水流的模拟计算通常是城市洪涝模型重要且必不可少的组成部分。地表河道水流一般是明渠流，即无压流，而地下排水管网系统中的水流则相对复杂，可能是明渠流或者压力流，也可能是明满流，即明渠流与压力流共存或者交替出现。河道或者管道中的明渠流可以用一维明渠非恒定流模型描述，在压力流状态时则需要采用有压流模型。本章详细介绍一维明渠非恒定流控制方程和一维有压非恒定流控制方程的推导过程，并采用 Preissmann 狭缝假设，将两种流态的方程统一成明满流控制方程。采用 Preissmann 四点隐式差分格式对明满流控制方程进行了离散，并引入可以避免求解大规模稀疏矩阵的节点水位迭代法建立了一维明满流数值模型，最后根据下渗曲线法和非线性水库法提出了城市产汇流和地面汇流的计算方法。

4.1.2 一维明渠非恒定流模型

水力要素随时间变化且具有自由表面的管渠流动称为明渠非恒定流或者无压非恒定流，明渠流满足质量守恒定律和动量守恒定律，由此可以分别推导出明渠流的连续方程和动量方程，即圣维南方程组（Hervouet，2007；吴持恭，2008），在推导明渠非恒定流控制方程时作如下假定。

（1）河道或者管道沿水流方向的坡度很小。

（2）水为不可压缩的，即认为水的密度为常数。

（3）横断面沿水深方向的压力分布满足静水压力分布规律。

（4）水流为一维流动，不考虑水流在横向和垂向上的交换，水面线沿断面宽度方向不变。

1. 连续方程

如图 4-1 所示，在管渠中取断面 1-1 与断面 2-2 之间长度为 Δx 的水体为控制体，控制体内水的质量为 $\rho A \Delta x$，则在 Δt 时间段内，控制体内质量增量为 $\dfrac{\partial(\rho A \Delta x)}{\partial t}\Delta t$，从断面 1 流入控制体的质量为 $\rho A v \Delta t$，则由断面 2 流出的质量为 $[\rho A v + \dfrac{\partial(\rho A v)}{\partial x}\Delta x]\Delta t$，其中 ρ 为水的密度，A 为过水断面面积，v 为断面平均流速。

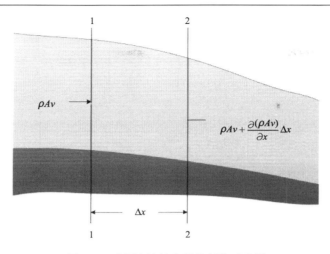

图 4-1　明渠流连续方程控制体示意图

根据质量守恒定律，流入与流出控制体的质量之差应等于控制体内质量的增量：

$$\rho A v \Delta t - [\rho A v + \frac{\partial(\rho A v)}{\partial x}\Delta x]\Delta t = \frac{\partial(\rho A \Delta x)}{\partial t}\Delta t \tag{4-1}$$

根据假定条件，水体是不可压缩的，即认为水的密度 ρ 为常数，将式（4-1）化简可以得到：

$$\frac{\partial A}{\partial t} + \frac{\partial(A v)}{\partial x} = 0 \tag{4-2}$$

由于过水断面面积 A 对水深 h 的偏导等于水面宽度 B，并且 $h = Z - Z_b$，其中 Z 为水位，Z_b 为河底高程，Z_b 不随时间变化，因而式（4-3）成立：

$$\frac{\partial A}{\partial t} = \frac{\partial A}{\partial h}\cdot\frac{\partial h}{\partial t} = B\frac{\partial h}{\partial t} = B\frac{\partial Z}{\partial t} \tag{4-3}$$

将式（4-3）代入式（4-2）中，并用流量 Q 替换 $A v$ 便可以得到以水位 Z 和流量 Q 为变量的明渠非恒定流连续方程：

$$\frac{\partial Z}{\partial t} + \frac{1}{B}\frac{\partial Q}{\partial x} = 0 \tag{4-4}$$

2. 动量方程

如图 4-2 所示，在管渠中取断面 1-1 与断面 2-2 之间的水体为控制体，则该控制体内沿水流方向动量为 $\rho A v \Delta x$，则在经过 Δt 时间后，控制体内动量增量应为

$$\Delta P = \frac{\partial(\rho A v \Delta x)}{\partial t}\Delta t = \rho\frac{\partial Q}{\partial t}\Delta x\Delta t \tag{4-5}$$

从断面 1-1 和断面 2-2 流入流出的动量分别为 $\rho Q v \Delta t$ 和 $\rho Q v \Delta t + \frac{\partial(\rho Q v \Delta t)}{\partial x}\Delta x$，则净流入控制体的动量为

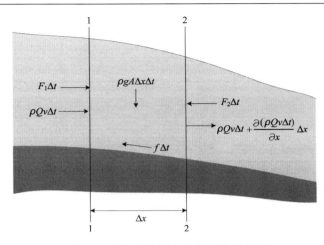

图 4-2　明渠流动量方程控制体示意图

$$P_{\text{in}} = \rho Q v \Delta t - [\rho Q v \Delta t + \frac{\partial(\rho Q v \Delta t)}{\partial x}\Delta x] = -\rho\frac{\partial(Qv)}{\partial x}\Delta t \Delta x \tag{4-6}$$

设底面与水平面的夹角为 θ，则控制体的重力在水流方向上的分量为 $\rho g A \Delta x \sin\theta$。根据河床底坡很小的假定，即认为夹角 θ 很小，因此可以近似地认为 $\sin\theta = \theta = S_0$，其中 S_0 为河道底坡，则重力在水流方向的分力可以表示为

$$F_{\text{G}} = \rho g A \Delta x S_0 \tag{4-7}$$

控制体上由河床引起的摩阻力在水流方向上的分量为

$$f = -\rho g A \Delta x S_{\text{f}} \tag{4-8}$$

式中，S_{f} 为摩阻比降，可由曼宁公式求得：

$$S_{\text{f}} = \frac{n^2 |Q| Q}{A^2 R^{4/3}} \tag{4-9}$$

式中，n 为糙率；R 为水力半径，m。

沿水深方向取厚度 $\mathrm{d}z$ 为微元，则对于某个断面，断面压力可以由下式求得：

$$F_{\text{N}} = \int_0^h \rho g B(x,z)(h-z)\mathrm{d}z \tag{4-10}$$

式中，$B(x,z)$ 为水深为 z 处的断面过水宽度，m。

由式（4-10）可以得到断面 1-1 与断面 2-2 的压力差为

$$\Delta F_{1-2} = -\frac{\partial F_{\text{N}}}{\partial x}\Delta x = -\rho g A \frac{\partial h}{\partial x}\Delta x - \int_0^h \rho g(h-z)\frac{\partial B(x,z)}{\partial x}\Delta x \mathrm{d}z \tag{4-11}$$

式中，第二项实际上是由断面变化引起的压力变化，这一部分压力与两断面之间河道（或管道）侧壁对控制体内水体在水流方向的作用力相等，两者相互抵消，所以忽略第二项，即令

$$\Delta F_{1-2} = -\rho g A \frac{\partial h}{\partial x}\Delta x \tag{4-12}$$

根据动量守恒定律，控制体动量增量应该是流入到控制体内的动量与外力作用于控

制体的冲量之和，则有

$$\Delta P = P_{in} + (F_G + f + \Delta F_{1-2})\Delta t \qquad (4\text{-}13)$$

将式（4-5）~式（4-8）及式（4-12）代入式（4-13）中化简后可以得到：

$$\frac{\partial Q}{\partial t} + \frac{\partial (Qv)}{\partial x} + gA\frac{\partial h}{\partial x} = gA(S_0 - S_f) \qquad (4\text{-}14)$$

由于 $h = Z - Z_b$，则式（4-15）成立：

$$\frac{\partial h}{\partial x} = \frac{\partial (Z - Z_b)}{\partial x} = \frac{\partial Z}{\partial x} - \frac{\partial z_b}{\partial x} = \frac{\partial Z}{\partial x} - S_0 \qquad (4\text{-}15)$$

将式（4-15）代入式（4-14）中，并将 $v = Q/A$ 代入，可以得到以水位 Z 和流量 Q 为变量的明渠非恒定流动量方程：

$$\frac{\partial Q}{\partial t} + \frac{\partial}{\partial x}\left(\frac{Q^2}{A}\right) + gA\frac{\partial Z}{\partial x} + gAS_f = 0 \qquad (4\text{-}16)$$

4.1.3　一维有压非恒定流模型

水力要素随时间变化且无自由表面的流动称为有压非恒定流，有压流又称为管流，同样满足质量守恒定律和动量守恒定律，由此可以分别推导出有压非恒定流的连续方程和动量方程（Chaudhry，1988；吴持恭，2008），在推导有压非恒定流方程时作如下假定。

（1）水流为一维流动，不考虑水流在横向方向上的流动，流速在断面上分布均匀。

（2）管道内的水和管壁均认为是线弹性的。

（3）非恒定摩阻公式可借用恒定流摩阻公式。

1. 连续方程

如图 4-3 所示，在有压管中取断面 1-1 与断面 2-2 之间长度为 Δx 的微小管段作为控制体，则该控制体内水量为 $\rho A\Delta x$，经过 Δt 时间后，控制体内水量增量为 $\frac{\partial (\rho A\Delta x)}{\partial t}\Delta t$，从断面 1-1 流入的水量为 $\rho Av\Delta t$，从断面 2-2 流出的水量为 $[\rho Av + \frac{\partial (\rho Av)}{\partial x}\Delta x]\Delta t$。

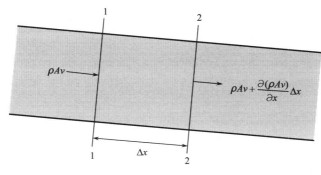

图 4-3　有压管流连续方程控制体示意图

根据质量守恒定律，从断面 1-1 流入与从断面 2-2 流出的水量差应该等于控制体内的水量增量，由此可以得到：

$$\rho A v \Delta t - \left[\rho A v + \frac{\partial(\rho A v)}{\partial x} \Delta x \right] \Delta t = \frac{\partial(\rho A \Delta x)}{\partial t} \Delta t \tag{4-17}$$

将式（4-17）化简可以得到：

$$\frac{\partial(\rho A)}{\partial t} + \frac{\partial(\rho A v)}{\partial x} = 0 \tag{4-18}$$

将式（4-18）展开并整理化简可以得到：

$$\frac{1}{A}\frac{\mathrm{d}A}{\mathrm{d}t} + \frac{1}{\rho}\frac{\mathrm{d}\rho}{\mathrm{d}t} + \frac{\partial v}{\partial x} = 0 \tag{4-19}$$

管道水击波传播速度公式可以表示成如下形式：

$$a = \frac{1}{\sqrt{\rho\left(\frac{1}{A}\frac{\mathrm{d}A}{\mathrm{d}p} + \frac{1}{\rho}\frac{\mathrm{d}\rho}{\mathrm{d}p}\right)}} \tag{4-20}$$

式中，a 为波速，m/s；p 为压强，kg/m^2。

将式（4-20）代入式（4-19）中可以得到：

$$\frac{1}{\rho a^2}\frac{\mathrm{d}p}{\mathrm{d}t} + \frac{\partial v}{\partial x} = 0 \tag{4-21}$$

由于压强 $p = \rho g(H - Z_b)$，其中 H 为测压管水头，Z_b 为管底高程，则式（4-22）成立：

$$\frac{\mathrm{d}p}{\mathrm{d}t} = \rho g\left(\frac{\mathrm{d}H}{\mathrm{d}t} - \frac{\mathrm{d}Z_b}{\mathrm{d}t}\right) = \rho g\left(\frac{\partial H}{\partial t} + v\frac{\partial H}{\partial x}\right) - \rho g\left(\frac{\partial Z_b}{\partial t} + v\frac{\partial Z_b}{\partial x}\right) \tag{4-22}$$

式中，管道底高程不随时间变化，因而 $\frac{\partial Z_b}{\partial t} = 0$，$\frac{\partial Z_b}{\partial x}$ 实际上是管道坡度，设管道倾角为 θ，则 $\frac{\partial Z_b}{\partial x} = -\sin\theta$。

将式（4-22）代入式（4-21）中可以得到有压非恒定流连续方程：

$$\frac{\partial H}{\partial t} + \frac{a^2}{g}\frac{\partial v}{\partial x} + v\left(\frac{\partial H}{\partial x} + \sin\theta\right) = 0 \tag{4-23}$$

考虑到 $\frac{\partial H}{\partial x} \ll \frac{\partial H}{\partial t}$ 及 $Q = Av$，则可以忽略管道坡度的影响，式（4-23）可以改写成：

$$\frac{\partial H}{\partial t} + \frac{a^2}{gA}\frac{\partial Q}{\partial x} = 0 \tag{4-24}$$

2. 动量方程

如图 4-4 所示，在有压管中取断面 1-1 与断面 2-2 之间的水体为控制体，则该控制体内沿水流方向的动量为 $\rho A v \Delta x$，经过 Δt 时间后，控制体内的动量增量应为

$$\Delta P = \frac{\partial(\rho A v \Delta x)}{\partial t}\Delta t = \rho\frac{\partial Q}{\partial t}\Delta x \Delta t \tag{4-25}$$

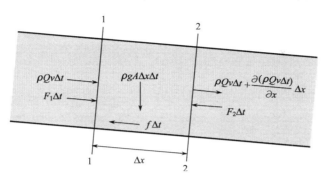

图 4-4　有压管流动量方程控制体示意图

从断面 1-1 和断面 2-2 流入流出的动量分别为 $\rho Q v \Delta t$ 和 $\rho Q v \Delta t + \frac{\partial(\rho Q v \Delta t)}{\partial x}\Delta x$，则净流入控制体的动量为

$$P_{in} = \rho Q v \Delta t - \left[\rho Q v \Delta t + \frac{\partial(\rho Q v \Delta t)}{\partial x}\Delta x\right] = -\rho\frac{\partial(Q v)}{\partial x}\Delta t \Delta x \tag{4-26}$$

设有压管道与水平面的夹角为 θ，S_0 为管道底坡，则可以近似地认为 $\sin\theta = \theta = S_0$，重力在水流方向的分力可以表示为

$$F_G = \rho g A \Delta x S_0 \tag{4-27}$$

控制体上由于管道引起的摩阻力在水流方向上的分量为

$$f = -\rho g A \Delta x S_f \tag{4-28}$$

式中，S_f 为摩阻比降，可由曼宁公式求得：

$$S_f = \frac{n^2 |Q| Q}{A^2 R^{4/3}} \tag{4-29}$$

式中，n 为糙率；R 为水力半径，m。

假定管道断面形态是均匀的，则管壁对水体在水流方向上的压力为零，断面 1-1 与断面 2-2 的压力差为

$$\Delta F_{1-2} = -\rho g A\frac{\partial(H - Z_b)}{\partial x}\Delta x = -\rho g A\frac{\partial H}{\partial x}\Delta x + \rho g A \Delta x S_0 \tag{4-30}$$

根据动量守恒定律，控制体动量增量应该是流入到控制体内的动量与外力作用于控制体的冲量之和，则有

$$\Delta P = P_{in} + (F_G + f + \Delta F_{1-2})\Delta t \tag{4-31}$$

将式（4-26）~式（4-28）和式（4-30）代入式（4-31）中，化简后可以得到：

$$\frac{\partial Q}{\partial t} + \frac{\partial(Q v)}{\partial x} + g A\frac{\partial H}{\partial x} + g A S_f = 0 \tag{4-32}$$

将 $v = Q / A$ 代入式（4-32），可以得到以水头 H 和流量 Q 为变量的有压非恒定流动

量方程：

$$\frac{\partial Q}{\partial t} + \frac{\partial}{\partial x}\left(\frac{Q^2}{A}\right) + gA\frac{\partial H}{\partial x} + gAS_f = 0 \qquad (4\text{-}33)$$

4.1.4 一维明满流模型

在城市排水管网中，随着管道流量的不断增大或者不断减少，管道水流便可能从明流（明渠流）变为满流（压力流）或者从满流变为明流，这种在管段内明流状态和满流状态在不同时间交替出现的水流称为明满过渡流；与此同时，部分管道中还可能在某些时间出现明流和满流共存的现象，如管道一端是明流，另一端是满流。这种在管道中明流和满流状态共存或者交替出现的水流称为明满流。

一般而言，明流具有自由水面，压力可以近似地认为满足静水压力假设，对于明流的模拟计算是采用明渠流控制方程，而满流不具有自由水面，压力不再满足静水压力假设，因而对于满流计算一般要采用有压流控制方程。明流和满流具有明显不同的水力性质，与单一的明流或者满流相比，明满流更加复杂，其模拟计算也是管网水力模拟中主要的难点之一。国内外众多学者对明满流问题进行了大量研究，主要模拟方法有激波拟合法和激波捕捉法（杨开林，2002；陈杨，2006；Vasconcelos and Wright，2007；陈杨和俞国青，2010；肖汉，2010）。激波拟合法将明流与满流看成两个分开流动区域，根据不同的水流流态，分别采用明渠流和有压流的基本方程来进行描述，并采用不同的数值方法分别处理有压流部分和明流部分。激波拟合法采用两套不同的控制方程，具有物理上的合理性，但需要追踪明满流分界面，而分界面通常是随时间和空间变化的，加之需要设计两套算法，这些都为模型程序开发设计带来很大困难，因此在实际应用中使用得并不是很广泛（杨开林，2002；陈杨和俞国青，2010）。另外一种思路就是基于 Preissmann 狭缝的激波捕捉法，这一方法的提出很好地解决了这一问题，其主要思路是引入一个狭缝，将明渠流方程和压力流方程在形式上进行统一，使得明流和满流可以采用同一套控制方程进行求解计算，使得模型算法和程序设计更加容易实现，因此实际应用较多（Zhong，1998；耿艳芬，2006；冯良记和张明亮，2009；Kerger et al.，2011）。

以水位 Z 和流量 Q 为变量的明渠非恒定流连续方程和动量方程如下：

$$\frac{\partial Z}{\partial t} + \frac{1}{B}\frac{\partial Q}{\partial x} = 0 \qquad (4\text{-}34)$$

$$\frac{\partial Q}{\partial t} + \frac{\partial}{\partial x}\left(\frac{Q^2}{A}\right) + gA\frac{\partial Z}{\partial x} + gAS_f = 0 \qquad (4\text{-}35)$$

以水头 H 和流量 Q 为变量的有压非恒定流连续方程和动量方程如下：

$$\frac{\partial H}{\partial t} + \frac{a^2}{gA}\frac{\partial Q}{\partial x} = 0 \qquad (4\text{-}36)$$

$$\frac{\partial Q}{\partial t} + \frac{\partial}{\partial x}\left(\frac{Q^2}{A}\right) + gA\frac{\partial H}{\partial x} + gAS_f = 0 \qquad (4\text{-}37)$$

比较明渠流控制方程式（4-34）和式（4-35）与压力流控制方程式（4-36）和式（4-37），

两套控制方程在形式上基本一致，如果将式（4-36）和式（4-37）中测压管水头 H 等同于水位 Z，并令

$$\frac{a^2}{gA} = \frac{1}{B} \tag{4-38}$$

则明渠流与压力流的控制方程可以统一为

$$\frac{\partial Z}{\partial t} + \frac{1}{B}\frac{\partial Q}{\partial x} = 0 \tag{4-39}$$

$$\frac{\partial Q}{\partial t} + \frac{\partial}{\partial x}\left(\frac{Q^2}{A}\right) + gA\frac{\partial Z}{\partial x} + gAS_f = 0 \tag{4-40}$$

式（4-39）和式（4-40）中，Z 对于明渠流而言为水位，对于压力流而言则为水头，B 对于明渠流为过水断面水面宽度，而压力流实际不存在自由水面，即其值为 0，但为了使方程有意义，假定在管道顶部存在一个如图 4-5 所示的无限长、宽度为 B 的狭缝，不计算狭缝对过水断面面积和湿周的改变，因此假定的狭缝不会增加或者减少管道的过水能力，狭缝的宽度 B 由式（4-41）计算：

$$B = \frac{gA}{a^2} \tag{4-41}$$

图 4-5　Preissmann 狭缝示意图

上面所描述的方法即 Preissmann 狭缝法，在引入这样一个假定的狭缝后，明渠流和压力流均可以采用同一套控制方程和相同的数值解法进行模拟计算。在前面几节控制方程的推导中，均未考虑旁侧入流和局部水头损失，考虑旁侧入流和局部水头损失的明满流控制方程如下：

$$B\frac{\partial Z}{\partial t} + \frac{\partial Q}{\partial x} = q_L \tag{4-42}$$

$$\frac{\partial Q}{\partial t} + \frac{\partial}{\partial x}\left(\frac{Q^2}{A}\right) + gA\frac{\partial Z}{\partial x} + gAS_f + gAh_L = 0 \tag{4-43}$$

式中，q_L 为单宽旁侧入流，m^2/s；h_L 为单元长度上的局部水头损失。

如无特别说明，本书以后章节采用的一维模型控制方程均为式（4-42）和式（4-43）所示的明渠和有压流统一的明满流模型。

4.1.5　一维明满流模型离散

由式（4-42）和式（4-43）描述的明满流模型属于非线性偏微分方程，基于现有的数学理论和方法，无法给出其精确的解析解。随着计算机技术及计算水力学理论的发展，采用数值方法求解上述方程变为可能，这些方法包括特征线法、有限差分法、有限元法、有限体积法和有限分析法等。有限差分法求解一维模型具有精度高、速度快的优点，是目前应用最为广泛且最为成熟的方法，在国内外已经有了大量的研究和应用。根据时间

项的离散方法，有限差分格式可以分为显式差分格式（如蛙跳格式和逆风格式等）和隐式差分格式（如 Abbott 六点隐式格式和 Preissmann 四点隐式格式等）。显式差分法虽然具有容易理解、便于设计和编制计算程序等优点，但由于此类方法是有条件稳定，因而采用显式方法来模拟计算河网非恒定流的研究和应用的并不是很多。隐式差分法稳定性好、收敛快，可以采用较大时间步长，从而能够提高计算效率，在河道水流数值模拟中被广泛采用，但由于一般需要求解高阶代数方程组，对于城市排水管网水流数值模拟，特别是大型排水管网系统，节点规模较大，方程组的求解比较困难。在众多的隐式离散格式中，Preissmann 四点加权隐式格式是使用最为普遍的一种，能够适应非均匀的空间步长，具有较好的稳定性和收敛性，并且边界条件的设置和处理较为简单（Freitag and Morton，2007）。为了使模型具有较好的稳定性，本章采用 Preissmann 四点加权隐式格式对明满流控制方程进行离散求解，并引入一种新的方法来避免隐式方法应用于大型管网水流计算时存在的问题，从而建立了隐式的一维明满流模型。

1. 明满流方程的离散

Preissmann 四点加权隐式格式可以用式（4-44）表示：

$$\begin{cases} \dfrac{\partial f}{\partial t} = \varPhi\left(\dfrac{f_{j+1}^{n+1} - f_{j+1}^{n}}{\Delta t}\right) + (1-\varPhi)\left(\dfrac{f_j^{n+1} - f_j^{n}}{\Delta t}\right) \\[2mm] \dfrac{\partial f}{\partial x} = \theta\left(\dfrac{f_{j+1}^{n+1} - f_j^{n+1}}{\Delta x}\right) + (1-\theta)\left(\dfrac{f_{j+1}^{n} - f_j^{n}}{\Delta x}\right) \\[2mm] f(x,t) = \dfrac{\theta}{2}(f_{j+1}^{n+1} + f_j^{n+1}) + \dfrac{(1-\theta)}{2}(f_{j+1}^{n} + f_j^{n}) \end{cases} \quad (4\text{-}44)$$

式中，$\varPhi$ 和 θ 分别为时间和空间权重系数；Δt 为时间步长，s；Δx 为空间步长，m；n 和 j 分别为时间步长和空间步长序号；f 为任意方程。

取 $\varPhi = 0.5$ 并对式（4-44）进行适当简化，可以得到简化后的 Preissmann 四点加权隐式格式：

$$\begin{cases} \dfrac{\partial f}{\partial t} = \dfrac{(f_{j+1}^{n+1} - f_{j+1}^{n}) + (f_j^{n+1} - f_j^{n})}{2\Delta t} \\[2mm] \dfrac{\partial f}{\partial x} = \theta\left(\dfrac{f_{j+1}^{n+1} - f_j^{n+1}}{\Delta x}\right) + (1-\theta)\left(\dfrac{f_{j+1}^{n} - f_j^{n}}{\Delta x}\right) \\[2mm] f(x,t) = \dfrac{1}{2}(f_{j+1}^{n} + f_j^{n}) \end{cases} \quad (4\text{-}45)$$

采用式（4-45）对明满流控制方程式（4-42）和式（4-43）进行离散，可以得到：

$$\begin{cases} Q_{j+1} - Q_j + C_1 Z_{j+1} + C_1 Z_j = C_2 \\ C_3 Q_j + C_4 Q_{j+1} + C_5 Z_{j+1} - C_5 Z_j = C_6 \end{cases} \quad (4\text{-}46)$$

式中，Q_j 和 Q_{j+1} 分别为断面 j 和断面 $j+1$ 的流量，m³/s；Z_j 和 Z_{j+1} 分别为断面 j 和断面 $j+1$ 的水位（水头），m；$C_1 \sim C_6$ 均为差分系数，可由上一时间步长状态量求得，表达式如下：

$$
\begin{cases}
C_1 = \dfrac{B_{j+1/2}^n \Delta x_j}{2\Delta t \theta} \\[2mm]
C_2 = \dfrac{q_{L,j+1/2}^n \Delta x_j}{\theta} - \dfrac{(1-\theta)}{\theta}(Q_{j+1}^n - Q_j^n) + C_1(Z_j^n + Z_{j+1}^n) \\[2mm]
C_3 = \dfrac{\Delta x_j}{2\theta\Delta t} - v_j^n + \dfrac{gn^2 \Delta x_j}{2\theta}(\dfrac{|v|}{R^{4/3}})_j^n + \dfrac{K|v_j^n|}{4\theta} \\[2mm]
C_4 = \dfrac{\Delta x_j}{2\theta\Delta t} + v_{j+1}^n + \dfrac{gn^2 \Delta x_j}{2\theta}(\dfrac{|v|}{R^{4/3}})_{j+1}^n + \dfrac{K|v_{j+1}^n|}{4\theta} \\[2mm]
C_5 = (gA)_{j+1/2}^n \\[2mm]
C_6 = \dfrac{\Delta x_j}{2\theta\Delta t}(Q_j^n + Q_{j+1}^n) - \dfrac{1-\theta}{\theta}[(vQ)_{j+1}^n - (vQ)_j^n] \\[2mm]
\qquad - \dfrac{1-\theta}{\theta}(gA)_{j+1/2}^n(Z_{j+1}^n - Z_j^n)
\end{cases}
\tag{4-47}
$$

式中，$q_{L,j+1/2}^n$ 为旁侧入流，m^2/s；下标 $j+1/2$ 表示断面 j 与断面 $j+1$ 的平均值；n 为河段或者管段的糙率；K 为局部水头损失系数；上标 n 为时间步长。

由式（4-46）可知，对于任何具有 M 个断面的河段或者管段，有 $2M$ 个未知变量，可以列出 $2(M-1)$ 个方程，未知量大于方程个数，因而需要补充河道或者管段两端的边界条件进行求解，对于内河道，即河道两端均与河道相连，不存在外边界，则需要补充节点水位平衡方程。对于单一河道或者管段，可以直接用追赶法求解，但对于大型河网而言，断面数目往往很多，因而产生的方程数目也多，导致系数矩阵过多而难以求解，为此有些学者提出了河网分级解法。

以三级解法为例（张二骏等，1982），首先根据式（4-46）所描述的递推关系得到各个断面流量与首末断面水位的关系：

$$
\begin{cases}
Q_i = \alpha_i^u + \beta_i^u Z_i + \varsigma_i^u Z^u \\[2mm]
Q_i = \alpha_i^d + \beta_i^d Z_i + \varsigma_i^d Z^d
\end{cases}
\tag{4-48}
$$

式中，α、β 和 ς 均为追赶系数，可以通过上一时间步长变量求得；上标 u 和 d 分别代表河道或者管段的上游首断面和下游末断面；Q_i 和 Z_i 分别为断面 i 的流量和水位。

根据式（4-48）可以得到：

$$
Z_i = \frac{\alpha_i^u - \alpha_i^d + \varsigma_i^u Z^u - \varsigma_i^d Z^d}{\beta_i^d - \beta_i^u}
\tag{4-49}
$$

这样任意河道或者管段各断面流量水位均可以用该河道或者管段的首末断面的水位来表示，对于大型河网计算，可以只建立节点平衡方程组，待求得节点水位后，采用式（4-48）和式（4-49）求解出各河道断面的水位和流量。与直接解法相比，采用分级解法极大地减少了系数矩阵维数，从而提高了计算效率。一个有 N 个节点的河网系统，采用分级解法会产生一个 N 维的稀疏矩阵，对于一般河网系统来说，既使是大型河网，产生的矩阵维数也都在可接受的范围内，因而分级解法自提出后得到了广泛应用。

在城市排水系统中，一个雨水口、人工井或者检查井便是一个节点，在一些管道转折处或直径变化等地方也要设置节点，节点的数目远远超过一般的河网系统，即使是采用上述的三级解法，产生的系数矩阵维数也非常大，求解也变得相对困难，一些大型的排水管网系统甚至在普通电脑上都无法进行求解。因而，一些排水模型采用了显式算法，避免产生大型系数矩阵，但显式算法的稳定性又较隐式算法下降了很多。陈永灿等（2010）提出的节点水位迭代法很好地解决了这一问题，其基本思想是在节点处给定水位边界条件，对每个河段单独求解，然后利用各河段求解结果对节点水位边界条件进行校正，反复迭代直至节点连接条件在允许误差范围内得到满足，该方法有效地避免了产生大型稀疏矩阵，同时保持了隐式算法的优点，在实际应用中取得了较好的效果（陈永灿等，2010；朱德军等，2011，2012；王智勇等，2011），具有很好的应用前景。节点水位迭代法最初是针对河网明渠非恒定渐变流提出的，但是由于一般河网节点相对较少，该方法的优点在河网应用中并没有完全发挥和体现出来，本章对节点水位迭代法略作修正将其推广到城市排水模型中，建立了无需求解大型系数矩阵隐式的一维明满流模型，并在本章下一节验证了该方法对处理压力流和明满过渡流等复杂水流的适用性。

2. 节点水位迭代法

根据水量守恒和能量守恒定律，节点水位迭代法（陈永灿等，2010）采用流入与流出节点的水量相等，以及各河道与节点相连断面的水位相等的假定，即式（4-50）成立：

$$\begin{cases} \sum_{r=1}^{m} Q_r = 0 \\ Z_1 = Z_2 = \cdots = Z_r = \cdots = Z_m \end{cases} \tag{4-50}$$

式中，Z_r 为与节点相连河段末端水位，m；Q_r 为与节点相连的第 r 条河的流量，m^3/s；m 为与节点相连的河道总数。

节点水位迭代法的基本步骤如下（陈永灿等，2010）。

（1）计算节点的净入流量 δQ。如果 δQ 小于计算容差，则终止迭代，否则进入下一步。节点净入流量采用式（4-51）计算：

$$\delta Q = \sum_{r=1}^{m} Q_r^k \tag{4-51}$$

式中，Q_r^k 为某一时间步上第 k 次迭代后第 r 条河在节点那一端的流量，m^3/s。

（2）计算节点修正后的水位。根据节点净入流量和节点当前水位，采用式（4-52）计算节点修正后的水位：

$$Z_i^{k+1} = Z_i^k + \frac{\delta Q}{A_c} \tag{4-52}$$

式中，i 为节点编号；Z_i^{k+1} 和 Z_i^k 分别为节点修正后和修正前的水位，m；A_c 为迭代参数，采用式（4-53）计算：

$$A_c = \alpha \sum \left[\left(\sqrt{gA_r B_r} - \frac{Q_r B_r}{A_r} \cdot (-1)^s \right) \right] \Delta t \tag{4-53}$$

式中，s 为特征值，河段为流入节点和流出节点时分别取值 2 和 1；α 为常数，根据模型稳定性取值，值越大模型越容易稳定，但迭代次数也随之增大，一般取 1.0~2.0。

（3）回代求解各河段各断面流量水位。第（2）步中计算的修正后的水位作为各河段上游或者下游水位边界，回代求解各断面水力要素，并重新进入第（1）步。

由于节点水位法最初是针对河网提出的，对于天然河道而言，式（4-50）中假定是完全合理的，但在应用于城市排水管网系统时，该方法需要作出部分修正：①原方法没有考虑节点蓄水能力，在城市区域往往需要模拟一些蓄水设施，因而在处理蓄水单元时，原来的假定则无能为力；②原方法假定各河段与节点相连的断面水位均与节点水位相等，这在城市排水管道中有时并不成立。

根据水量平衡原理，在考虑节点蓄水面积的情况下，节点蓄水量变化应等于与之相连的河道流入节点水量之和，因而式（4-50）中第一个式子可以改写为

$$\sum_{r=1}^{m} Q_i^r = A_i \frac{dZ_i}{dt} \tag{4-54}$$

式中，A_i 为节点蓄水面积，m^2；Z_i 为节点水位，m；Q_i^r 为与节点相连的第 r 条河或管道的流量，m^3/s；m 为与节点相连的河道或管道总数。

对应于节点水量平衡方程的修正，上述节点水位迭代法步骤（1）中式（4-51）对应修正为

$$\delta Q = \sum_{r=1}^{m} Q_r^k - \frac{(Z_i^k - Z_i^{k=0})A_i}{\Delta t} \tag{4-55}$$

式中，Z_i^k 为第 k 次迭代后的水位，m；$Z_i^{k=0}$ 为迭代初始时刻的水位，m。

对于假定与河道（或管道）在与节点相连断面的水位与节点水位相同在城市排水系统有时并不适用的问题，分两种情况进行考虑。

（1）情形一：节点水位高于与节点相连各管段的底部高程（图 4-6）。天然河道基本属于这种情况，对于城市地下排水管网，在水流较大时，基本上也属于这种类型。对于这种情形，可以认为所有河道及管段在与节点相连的那一端的水位等于节点水位，即式（4-56）成立：

$$Z_r(r=1,2,\cdots,m) = Z_i \tag{4-56}$$

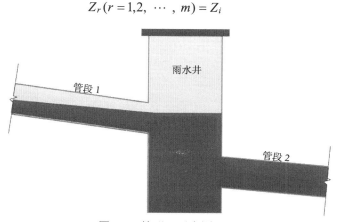

图 4-6　情形一示意图

（2）情形二：部分管段底部高程高于节点水位（图 4-7）。由于同一节点不同管道的偏移量可能不同，在流量不是特别大的条件下可能会出现节点水位低于某些管道管底高程的情况。对于这种情况，管道底部高程低于节点水位的部分管道（图 4-7 中管段 2），与节点相连那一端水位依旧认为与节点水位相等，管道底部高程高于节点水位的部分管道（图 4-7 中管段 1），采用孔口出流或者自由出流，此时流量不受节点水位影响。

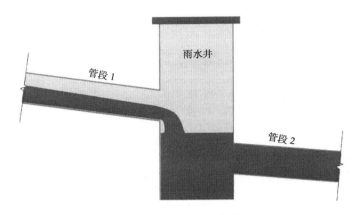

图 4-7　情形二示意图

3. 干湿边界和小水深的处理

在模型模拟计算过程中，部分管道或者河段在干湿交替或者水深极小时可能会出现数值异常，产生大流速负水深等，从而导致模型不稳定或者数值发散等。干湿边界和小水深问题的处理是一维模型，特别是一维管网模型的难点，其直接关系到模型的稳定性和精确性，为此采取以下两个措施来保证模型稳定。

（1）设置临界水深：一旦断面水深小于临界水深，该断面的水深将被重新设置为临界水深。与此同时，如果某个管段两端断面水深均等于或者小于临界水深，则这根管段将被定义为干管道，被暂时冻结，不参与计算，直到某一端节点水位与管底高程差值大于临界水深。临界水深取值为 0.01m，对于一些简单的排水系统，可以根据稳定性适当减小。

（2）忽略惯性项：当某个断面的水深低于 3 倍的临界水深或者低于 0.01 倍的管道（或河道）断面最大允许水深（如管道直径）时，该管段将被定义为低流量管段，从而忽略惯性项的影响。

数值实验和实际应用都表明，上述两个措施在有效保证模型稳定性的同时，也不会引入过多的水量误差。

4. 跨临界流的处理

在明渠非恒定流情况下，以惯性力驱动为主导（即弗汝德数大于 1）的水流通常被称为急流，以重力为主导（即弗汝德数小于 1）的水流则被定义为缓流，而在实际情况中，计算区域内往往会同时存在急流和缓流，即跨临界流。跨临界流通常出现在坡度较大的山区河流及城市中的下水道系统中，也有可能出现在一些水工建筑物中。例如，闸门的动态操作常会引起激波，即静止的或移动的水跃，其他的跨临界流形式还包括溃坝波和断面急剧收缩的河道中的水流流动等（陈杨，2006）。

跨临界流比单一的急流或者缓流复杂很多，很多常规数值方法均无法有效地处理这种流态，因而其的存在给水流数值模拟带来了一定困难。Preissmann 算法具有许多优点，但也存在一定缺陷，该算法能够有效地处理急流或缓流，但对于跨临界流问题的处理则存在一定局限性。研究表明，Preissmann 四点隐式格式在处理跨临界流时在数学上为不适定，如果计算域内存在跨临界流时为临界稳定，计算域内任何振荡都不会衰减，因此无法得到稳定解（茅泽育等，2007a）。为了使 Preissmann 算法能够有效地处理跨临界流，国内外学者进行了大量的研究并提出了许多方法，其中较为有效的方法之一就是删除动量方程中对流加速度项，该方法最初是由 Havn 等（1985）提出的，后来经过 Djordjević 等（2004）的改进，该方法能够更加准确地模拟计算跨临界流。

本章也采用了删除对流加速度项的方法，根据水流流态逐渐删除对流加速度项来解决 Preissmann 四点隐式格式无法处理跨临界流的问题。明满流控制方程组中动量方程的第二项可以作如下形式的分裂：

$$\frac{\partial}{\partial x}\left(\frac{Q^2}{A}\right) = Q\frac{\partial u}{\partial x} + u\frac{\partial Q}{\partial x} \tag{4-57}$$

引入一个折减系数，逐渐删除式（4-57）中分裂后的第一项，即 $Q\dfrac{\partial u}{\partial x}$，折减系数 α 采用式（4-58）进行求解：

$$\alpha = \begin{cases} 1 & F_r \leqslant F_{r1} \\ 1 - \left(\dfrac{F_r - F_{r1}}{F_{r2} - F_{r1}}\right)^2 & F_{r1} < F_r < F_{r2} \\ 0 & F_r \geqslant F_{r2} \end{cases} \tag{4-58}$$

式中，F_r 为弗汝德数；F_{r1} 和 F_{r2} 为常量，分别取 1.0 和 1.2。

4.1.6　地表产汇流计算

城市洪涝灾害诱因（如降雨、溃坝和外洪）有多种，对于主要由降雨因素导致的城市洪涝，在数值模拟中地表产汇流计算是其中一个重要环节，其计算精度直接影响后续水流在管网汇流及节点溢流计算的准确性。将计算区域分成若干个子汇水区，根据子汇水区特性，单独计算净雨和地表汇流，并假定某个子汇水区产流量均流入某个特定的排水管网节点。将子汇水区分为如图 4-8 所示的透水区域和不透水区域两部分，然后分别计算产流和汇流。

不透水区产流计算相对简单，只需要在降水量中扣除损失量即可，此处主要考虑不透水区注蓄量和蒸发量，在城市短历时降雨径流模拟中，蒸发量一般很小，可以忽略不计。不考虑地表注蓄量（在汇流公式中纳入考虑）的净雨计算采用式（4-59）：

$$P_{imp} = i - E \tag{4-59}$$

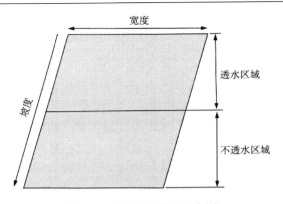

图 4-8　子汇水区划分示意图

式中，P_{imp} 为不透水区净雨强度，mm/min；i 为降雨强度，mm/min；E 为蒸发强度，mm/min。

透水区产流采用下渗曲线法，主要思路是在降雨强度大于下渗强度时才会产流，计算时主要需要考虑的是土壤下渗，不考虑地表洼蓄量（在汇流公式中需要考虑）的净雨计算方法如下：

$$P_{per} = \begin{cases} 0 & i \leqslant f_{cur} + E \\ i - f_{cur} - E & i > f_{cur} + E \end{cases} \tag{4-60}$$

式中，P_{per} 为透水区净雨强度，mm/min；f_{cur} 为当前下渗率，mm/min。

常用的土壤下渗模型有 Green-Ampt 入渗模型、Philip 入渗模型和 Horton 入渗模型，上述 3 种下渗模型的应用均较为广泛，此处采用 Horton 入渗模型。Horton 入渗模型假定下渗率在降雨初期最大，下渗率随着降雨时间的延长不断衰减，直到最后达到一个稳定的下渗率，消退的速率与剩余量成正比。根据 Horton 入渗模型假定，土壤瞬时下渗率采用式（4-61）计算：

$$f = f_c + (f_0 - f_c)e^{-kt} \tag{4-61}$$

式中，f 为当前下渗率，mm/min；f_0 为初始下渗率，mm/min；f_c 为稳定下渗率，mm/min；k 为下渗衰减系数，min^{-1}；t 为累积有效下渗时间，min。

式（4-61）给出了瞬时土壤下渗率计算公式，对式（4-61）积分可得

$$F(t) = f_c + \frac{f_0 - f_c}{k(1 - e^{-kt})} \tag{4-62}$$

则任意时段平均下渗率为

$$f_{cur} = \min\left\{ i, \max\left[\frac{F(t + \Delta t) - F(t)}{\Delta t}, f_c \right] \right\} \tag{4-63}$$

式中，t 为时段初累积有效下渗时间，min；Δt 为计算时段长，min；f_{cur} 为时段平均下渗率，mm/min。

假定某时段初累积有效下渗时间为 t_s，累积下渗为 $F(t_s)$，则时段末累积下渗量为 $F(t_s) + f_{cur}\Delta t$，设时段末累积有效下渗时间为 t_e，则式（4-64）成立：

$$F(t_{\mathrm{e}}) = F(t_{\mathrm{s}}) + f_{\mathrm{cur}}\Delta t \tag{4-64}$$

联立式（4-62）和式（4-64），可以迭代求解出时段末的累积有效下渗时间 t_{e}。

在求解出时段平均下渗率之后，即可根据式（4-60）计算出子汇水区透水部分的时段产流量。

地面汇流采用常用的、具有良好精度的非线性水库法。如图 4-9 所示，将子汇水区概化为宽度为 W、水深为 d 的矩形水库，设地表透水区或者不透水区洼蓄量为 d_{p}，则透水区或者不透水区可用于产流的净水深为 $d - d_{\mathrm{p}}$，从而可以通过式（4-65）和式（4-66）分别求出过水断面面积和水力半径：

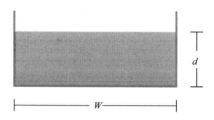

图 4-9　非线性水库示意图

$$A_{\mathrm{s}} = W(d - d_{\mathrm{p}}) \tag{4-65}$$

$$R = \frac{(d - d_{\mathrm{p}})W}{2(d - d_{\mathrm{p}}) + W} \approx \frac{(d - d_{\mathrm{p}})W}{W} = d - d_{\mathrm{p}} \tag{4-66}$$

设水库的出库流量（即子汇水区的出流量）为 Q，结合曼宁公式则有

$$Q = A_{\mathrm{s}} \times v = A_{\mathrm{s}} \times \frac{1}{n} R^{2/3} S^{1/2} \tag{4-67}$$

式中，n 为子汇水区的地表糙率；S 为子汇水区的坡度；v 为断面平均流速，m/s。

将式（4-65）和式（4-66）代入式（4-67）中可以得到：

$$Q = \frac{W}{n}(d - d_{\mathrm{p}})^{5/3} S^{1/2} \tag{4-68}$$

式中，Q 为出流量，m³/s，取大于或者等于 0 的值；d 为水库深度，m，初始值设为 0。

从式（4-68）可知，累积净雨量小于地表洼蓄量时出流量为零，根据水库蓄量、降水量及出流量三者之间的关系可知：

$$\begin{cases} \dfrac{\mathrm{d}V}{\mathrm{d}t} = Ai^* - Q \\ V = Ad \end{cases} \tag{4-69}$$

式中，V 为水库蓄量，m³；i^* 为不考虑洼蓄量的净雨强度，m/s；A 为面积，m²。

将式（4-69）进行离散，可以得到：

$$A(d - d_0) = \Delta t(Ai^* - Q) \tag{4-70}$$

式中，d_0 为时段初水库深度，为已知量，m；Δt 为计算时段，s。

联立式（4-68）和式（4-70），可以分别迭代求解出任意时段子汇水区透水区和不透水区的出流量，则子汇水区总的出流量为

$$Q = Q_{\mathrm{imp}} + Q_{\mathrm{perv}} \tag{4-71}$$

式中，Q_{perv} 和 Q_{imp} 分别为透水区和不透水区的出流量，m³/s；Q 为子汇水区的总出流量，m³/s。

4.1.7　一维模型计算流程

一维明满流模型计算流程如图 4-10 所示。

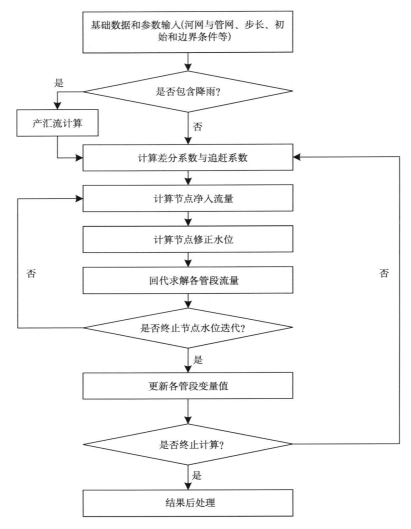

图 4-10　一维明满流模型的计算流程

4.2　一维明满流模型的验证与应用

城市排水系统中水流通常比较复杂,特别是在城市地下排水管网系统中,管道和节点数量较多,不同管道的长度、断面、坡度往往相差较大,通常存在干湿交替和小水深、无压流和有压流、急流和缓流的共存和过渡、单向流和双向流等各种水流现象。这些复杂的管渠水力状况极易造成数值不稳定,给水流的数值模拟计算带来了极大的挑战和困难，能否有效和准确地处理这些复杂的水流是判断一个城市排水模型是否可靠的重要标准。

本章采用有限差分法对明满流控制方程进行离散，基于节点水位迭代法建立了一维明满流数值模型。为了检验基于节点水位迭代法建立的一维明满流模型在河网水系和城市地下排水管网的非恒定流模拟计算中的可靠性、结果的精度，以及模型处理复杂水流流态和实际问题的能力，采用几个算例从不同方面对模型进行检验和验证。采用的算例包括室内排水实验算例、具有理论解的恒定有压流算例、树状管网算例、环状管网算例、居民小区排水算例和天然河道洪水算例，可检验模型处理无压流和有压流，处理树状管网、环状管网，以及处理具有实际地形水流等方面的能力。

4.2.1　室内排水实验

由于降雨具有极大的随机性，而且城市实际排水管网通常比较复杂，实际管道排水数据往往难以准确地观测和获取，因而许多研究者采用室内排水实验来验证模型的计算精度，本章首先采用岑国平（1995）提供的室内排水实验数据来验证一维明满流模型的精度。

如图 4-11 所示，该排水实验采用的管网由 4 根排水管道组成，管道断面均为圆形，管道之间由检查井连接，检查井共有 5 个，表 4-1 列出了实验采用管道的基本属性信息，表中附加长度为检查井及出口折算成管道的长度。在实验过程中，水流从 1 号井流入，5 号井流出，并在 3 号井的位置进行了 180° 转弯，在 1 号井处给定不同的入流条件，从而可以获得一系列不同的实验观测数据。

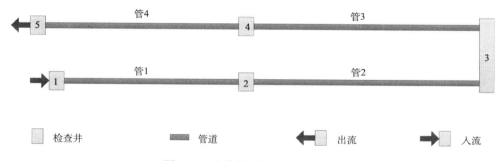

图 4-11　室内管道排水实验示意图

表 4-1　各管道属性信息

编号	长度/m	坡度/%	糙率	管径/m	起点高程/m	附加长度/m
1	6.00	0.35	0.009	0.090	1.000	0.45
2	7.10	0.24	0.010	0.100	0.969	0.65
3	7.10	0.24	0.010	0.100	0.946	0.65
4	6.90	0.15	0.010	0.108	0.921	0.65

采用前述建立的一维明满流模型模拟计算一系列实验中的两次实验（实验1与实验2），并将模型的计算结果与实测数据及文献中所建模型的计算结果进行对比。图4-12给出了两次实验入口处的流量过程线。从图4-12可以看出，实验1的入流洪峰居中，峰值为3.4L/s，整个入流过程持续480s，实验2的入流洪峰较为靠前，峰值为3.4L/s，整个入流过程持续240s。

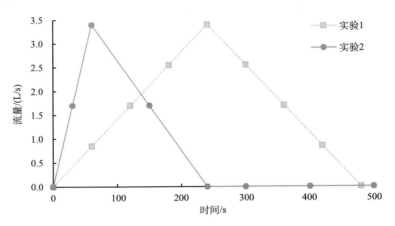

图4-12　实验1与实验2的入流过程线

图4-13和图4-14分别给出了图4-12中给定的两种不同入流条件下，本书模型计算的出口流量过程与实测流量过程的对比情况，为了与本书模型结果进行对比，两个图中也同时给出了原建立模型的计算结果。从图4-13和图4-14可以看出，本书模型计算结果总体上较为精确，与实测数据及原文献中模型的计算结果较吻合（岑国平，1995），表明本书建立的明满流模型具有良好的精度。在起涨阶段，本书模型和文献中模型的计算结果均出现一定误差，这可能是由两个模型在初始状态下为了算法稳定，给管道设置了一定初始水深，以及实验本身的一些不确定性和实验数据测量误差等造成的。

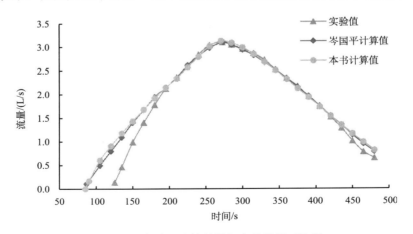

图4-13　实验1计算结果与实验结果对比图

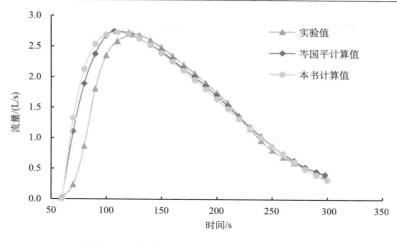

图 4-14　实验 2 计算结果与实验结果对比图

4.2.2　恒定有压流算例

恒定有压流算例具有解析解，可以检验模型处理压力流的能力和结果的精度。本算例采用如图 4-15 所示的共由 7 根管道和 6 个节点组成的环状管网系统，从图 4-15 可以看出，除节点 1 为入流节点之外，其余节点均为出流节点。表 4-2 给出了组成管网系统各管段的属性信息，表 4-3 列出了各节点高程和入流情况，表中负号表示出流。

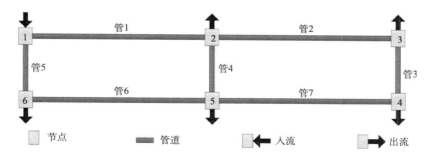

图 4-15　恒定有压流算例管网示意图

表 4-2　管网各管段属性信息

编号	长度/m	糙率	管径/m
1	600	0.014	0.25
2	600	0.014	0.15
3	200	0.014	0.10
4	200	0.014	0.10
5	200	0.014	0.20
6	600	0.014	0.15
7	600	0.014	0.15

表 4-3　管网各节点高程及入流流量

节点编号	节点高程/m	节点入流/（L/s）
1	30	220
2	25	−60
3	20	−40
4	20	−30
5	22	−50
6	25	−40

在表 4-3 给定的节点入流及出流条件下，在模拟计算一定时间后，管网水力状况将趋于稳定，稳定后的各管段均为满管有压流，各节点出流流量之和应与节点 1 入流量相等，各管段流量的理论解可由哈迪-克劳斯法（Hardy-Croos method）计算得到（马志强，2009；赵丹禄，2012；赵丹禄等，2012）。表 4-4 和表 4-5 分别给出了由本书模型计算得到的各管段流量值，以及管段两端水头差与理论解的对比情况，从表 4-4 和表 4-5 可以看出，各管道流量计算值，以及水头差与理论值均较为接近，流量和水头差的相对误差均控制在 1.0%以内，表明本书建立的一维明满流模型能够很好地模拟和处理压力流，具有良好的精度。

表 4-4　管段流量解析解与数值解

管道	理论值/（L/s）	计算值/（L/s）	绝对误差/（L/s）	相对误差/%
1	131.53	131.47	−0.06	−0.05
2	46.75	46.66	−0.09	−0.19
3	6.76	6.75	−0.01	−0.08
4	24.77	24.73	−0.04	−0.16
5	88.47	88.51	0.04	0.05
6	48.47	48.41	−0.06	−0.12
7	23.24	23.16	−0.08	−0.34

表 4-5　管段水头差解析解与数值解

管道	理论值/m	计算值/m	绝对误差/m	相对误差/%
1	34.10	34.01	−0.09	−0.26
2	65.66	65.32	−0.34	−0.52
3	3.97	3.96	−0.01	−0.33
4	53.40	53.18	−0.22	−0.41
5	16.89	16.89	0.00	0.00
6	70.56	70.30	−0.26	−0.36
7	16.23	16.09	−0.14	−0.87

4.2.3　树状管网算例

树状管网算例由如图 4-16 所示的 6 条管渠、2 个内节点和 5 个外节点组成，6 条管渠形成一个典型的树状管网排水系统，其中管 1、管 2、管 3 和管 4 为上游进水管道，管 6 为下游出水管道。树状管网算例最初由 Akan 和 Yen（1981）提出，并被广泛应用于检验河道或者管网模型计算树状排水系统问题的能力（茅泽育等，2007b；Noto and Tucciarelli，2001）。表 4-6 列出了组成管网的 6 条管渠的属性信息，所有管渠断面均为开口矩形，整个管网系统中的水流均为明渠流，因而算例也能够检验模型处理明渠流的能力。

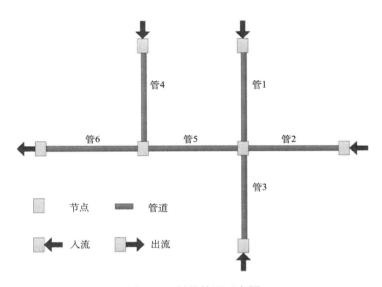

图 4-16　树状管网示意图

表 4-6　管网各管段属性信息

管道编号	长度/m	坡度/%	断面宽度/m	糙率
1	600	0.05	5	0.0138
2	600	0.05	5	0.0207
3	600	0.05	5	0.0207
4	600	0.05	5	0.0138
5	600	0.10	8	0.0141
6	600	0.10	10	0.0125

在图 4-17 给定边界的条件下，采用构建的一维明满流模型计算得到的主要管段流量过程线如图 4-18~图 4-21 所示，从这些图可以看出，本书模型计算的流量过程线总体上与文献给定值（Akan and Yen，1981）吻合得很好，表明模型能够有效地处理树状排水管网系统。管道 6 的计算结果在峰值部分比文献值略微偏低，同样偏低的现象在其他采用本算例的文献的计算结果中也存在（茅泽育等，2007b；Noto and Tucciarelli，2001）。

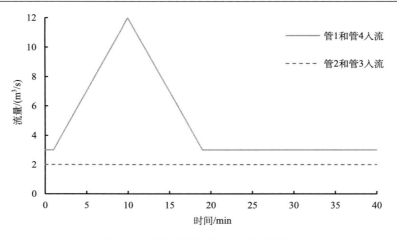

图 4-17　管网系统上游入口边界条件

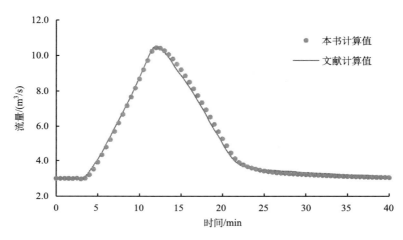

图 4-18　管道 1 流量过程线

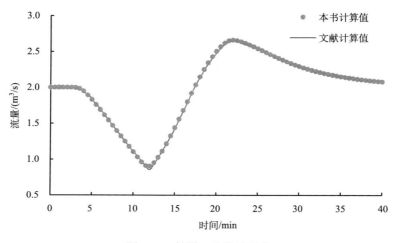

图 4-19　管道 2 流量过程线

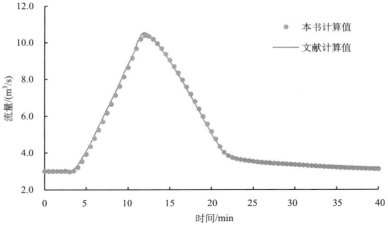

图 4-20　管道 4 流量过程线

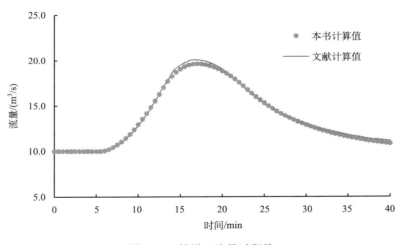

图 4-21　管道 6 流量过程线

4.2.4　环状管网算例

　　环状管网算例最初由 Zhong（1998）提出，后被广泛应用于检验排水管网或者河网模型处理环状排水系统的能力（冯良记，2009；Noto and Tucciarelli，2001）。本算例采用如图 4-22 所示的 6 条管道和 6 个节点组成的管网系统，其中管道 2、管道 4 和管道 6 组成了一个封闭的环，表 4-7 给出了所有管道的属性信息。在节点 1 和节点 3 处给定入流条件（图 4-23），下游节点 6 和节点 4 处给定水位边界条件（图 4-24），所有管道初始为干。在上述给定的初始和边界条件下，所有管道都是从最初的无水状态到有水流状态，在流量较小时为明渠流，流量较大时为有压流，部分管道会出现明满流交替现象，因而该算例也能够有效地检验模型处理管道干湿交替和计算管道明满流的能力。

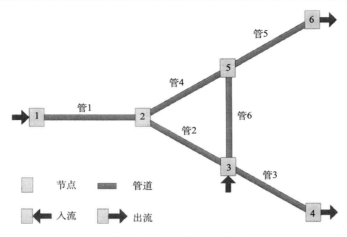

图 4-22　环状管网示意图

表 4-7　管网各管段属性信息

管道编号	长度/m	坡度/%	管径/m	糙率	起点高程/m
1	300	0.100 0	0.8	0.014 29	10.7
2	300	0.130 0	0.5	0.014 29	10.4
3	300	0.170 0	0.5	0.014 29	10.0
4	500	0.060 0	0.5	0.014 29	10.4
5	410	0.200 0	0.5	0.014 29	10.1
6	310	0.032 5	0.5	0.014 29	10.1

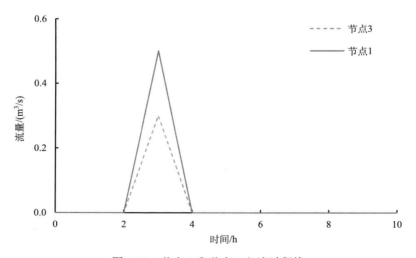

图 4-23　节点 1 和节点 3 入流过程线

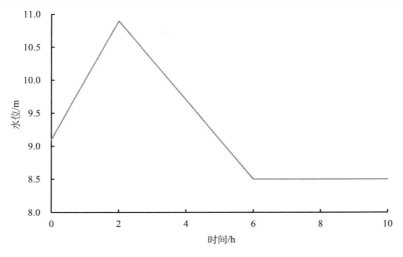

图 4-24　节点 4 和节点 6 水位过程线

采用建立的一维明满流模型模拟计算 10h，图 4-25 和图 4-26 分别给出了模型计算的管网下游两根管道（管道 3 和管道 5）的流量过程，作为对比，图 4-25 和图 4-26 中也给出了 Zhong（1998）所建模型的计算值。从图 4-25 和图 4-26 可以看出，在模拟开始后 2h 内，管道 3 和管道 5 中出现流量值为负的情况，即逆流现象，这是由于此时尚无上游来水，而下游边界给定的水位边界条件高于管底高程，因而出现水流从下游向上游流动的现象。总体上讲，本模型较好地处理了逆流和环状管网中水流的运动过程，计算值与文献计算值（Zhong，1998）吻合得较好，表明本模型能够处理类似问题，计算结果可靠。

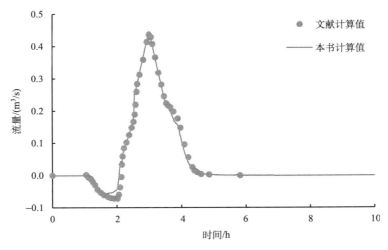

图 4-25　管道 3 的流量过程线

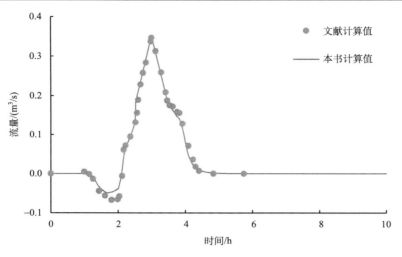

图 4-26　管道 5 的流量过程线

4.2.5　排水小区算例

　　为了进一步验证本书提出的一维明满流模型处理实际城市排水问题的能力,以及模型产汇流算法的可靠性和精度,采用任伯帜(2004)提供的长沙市某居民小区实际管网数据,模拟两场不同类型的降雨,并将本书模型计算结果与在国内外被广泛应用和检验的城市雨洪模型 SWMM 模型的计算结果进行了对比和分析。该居民小区兴建于 20 个世纪 90 年代中期,排水管道相对比较完善,为雨污分流制,小区总汇水面积为 11.7hm²,其中不透水面积约占 56%,小区平均坡度为 0.3%。本次计算将小区概化成 23 个子汇水区,并且只考虑小区主干管,一共 23 条,子汇水区与排水管道分布如图 4-27 所示。

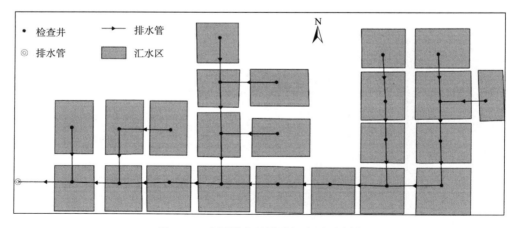

图 4-27　小区排水管道及汇水区示意图

　　分别采用本书提出的模型和 SWMM 模型模拟图 4-28 和图 4-29 中所示的两场降雨。图 4-28 所示的降雨（降雨 1）前后有两个雨峰，降雨历时 2 小时，累积降水量 58 mm，降雨间隔取 10 分钟；图 4-29 所示的降雨（降雨 2）只有一个雨峰，降雨历时 1 小时，累积降水量 75 分钟。本次模拟计算中，本书模型和 SWMM 模型采用的产汇流参数完全一致（表 4-8），下游出口边界条件均设定为自流出流。由于应用本算例的主要目的是与 SWMM 模型进行对比，因而采用的产流参数均为经验值，并没有根据实测数据进行率定，产流参数可能与实际情况有一定差别。

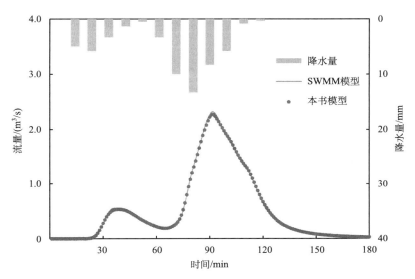

图 4-28　降雨 1 条件下小区排放口流量过程线

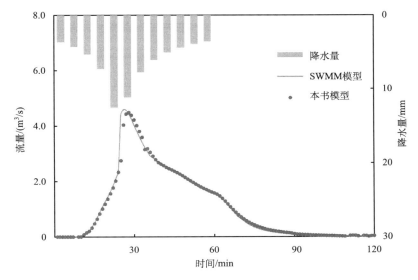

图 4-29　降雨 2 条件下小区排放口流量过程线

表 4-8　模型采用的产流参数

最大下渗率/（mm/h）	最小下渗率/（mm/h）	衰减系数/（1/h）	不透水区洼蓄深度/mm	透水区洼蓄深度/mm
36.0	3.0	3.0	2.8	0.0

图 4-28 和图 4-29 也分别给出了两个模型计算流量过程线，从图 4-28~图 4-29 中可以看出，本书模型计算的结果与 SWMM 模型计算的结果几乎完全吻合，表明本书提出的管网模型的产汇流计算方法是可靠的。两个模型计算流量峰值有一定细微的差别，这可能是由于两个模型在管道汇流部分采用不同的数值方法造成的。

4.2.6　北江下游洪水算例

北江位于广东省中部偏北，北江干流全长 573km，流域总集水面积为 52 068km^2，占珠江流域总面积的 10.3%。北江飞来峡至石角段是北江下游防洪的重点河段，其流经清远市主城区，对清远市防洪意义非常重大，同时也是广州市外围防洪工程的重要组成部分（欧剑，2004；张浩，2014）。为了进一步检验一维模型处理实际问题的能力，将本书模型应用于北江飞来峡至石角段洪水模拟计算。计算区段洪水来源包括 5 部分，分别为飞来峡水利枢纽下泄来水、滘江流域产汇流来水、滨江流域产汇流来水、大燕河流域产汇流来水，以及北江干流飞来峡至石角段沿程旁侧入流。北江下游河流众多，本次模拟只选取主要的 5 条主干河道建立河网模型（图 4-30），这 5 条河流分别是北江干流、滘江、大燕河、滨江和正江等。飞来峡下游约 1km 处的飞来峡水文站、位于清远市区内的清远水文站及下游的石角水文站均有长序列观测资料，能够为模型提供边界条件，以及对模型计算结果进行检验。

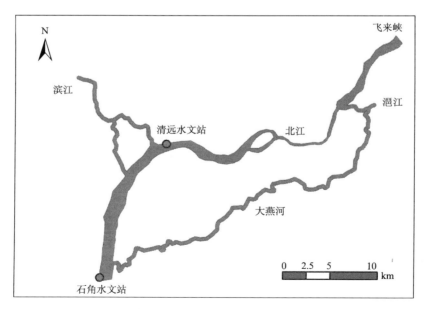

图 4-30　北江中下游河网示意图

北江干流的上边界采用飞来峡水文站实测下泄流量过程,下边界采用石角水文站实测水位过程,河网其他支流(滨江和潖江)上边界采用流量边界,由新安江模型根据降雨数据计算得到,这部分流量相对于北江干流总流量而言,所占比例较小。选择了 2005~2008 年两场实测洪水(20050620 次洪水和 20080610 次洪水)进行模拟计算,并采用清远水文站实测水位数据对模型计算结果进行检验。图 4-31 和图 4-32 分别给出了两场洪水的飞来峡实测下泄流量过程,图 4-33 和图 4-34 分别给出了两场洪水石角水文站实测水位过程,图 4-35 和图 4-36 分别给出了两场洪水模型计算结果与实测数据对比。从图 4-35 和图 4-36 可以看出,模型较为准确地模拟了清远水文站水位过程,表明本书提出的模型具有良好的精度和处理实际地形和实际问题的能力。模型计算结果与实测数据也存在一定误差,这可能是由模型采用的断面数据因北江河道下切等与洪水发生时的实际断面有一定差距,以及潖江分洪没有纳入模型计算等造成的。

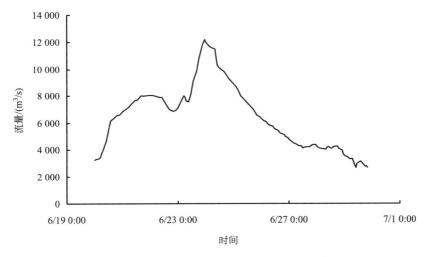

图 4-31 飞来峡流量过程线(20050620 次洪水)

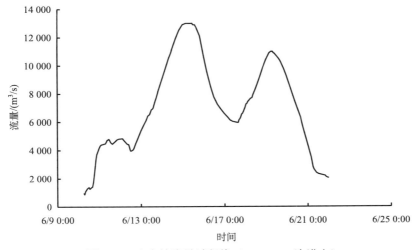

图 4-32 飞来峡流量过程线(20080610 次洪水)

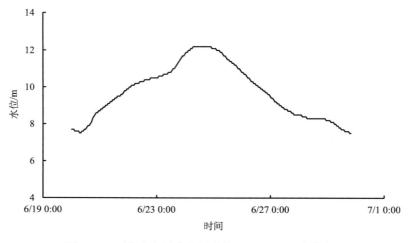

图 4-33　石角水文站水位过程线（20050620 次洪水）

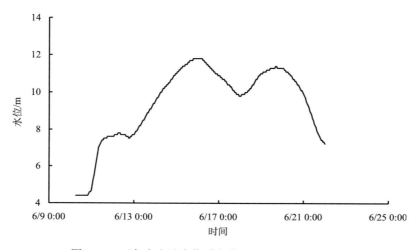

图 4-34　石角水文站水位过程线（20080610 次洪水）

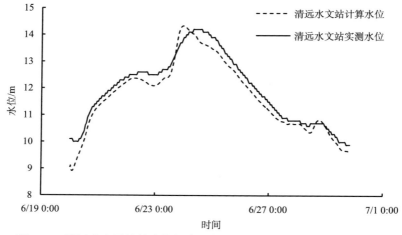

图 4-35　清远水文站计算水位与实测水位过程对比图（20050620 次洪水）

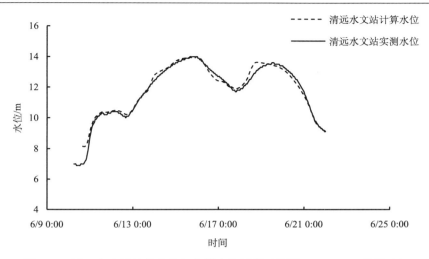

图 4-36　清远水文站计算水位与实测水位过程对比图（20080610 次洪水）

4.3　二维地表水动力学模型

城市降雨径流或者洪水在正常情况下会通过城市排水系统排除，采用一维明满流模型即可进行模拟计算，但若出现如城区溃堤、排水系统能力不足导致降雨径流无法通过排水管网及时排除或者水流从河道或管网中溢到地面等情况时，则会造成明显的地面积水或者地表行洪等现象，而这些地表洪水往往是造成各类损失的主要原因，因而也是人们关注的重点。城市地表洪水一般没有固定的路径和方向，其具有明显的二维甚至三维流动特征，传统的水文学方法和一维水动力学模型显然无法有效地处理这类问题。为了更精确地计算城市洪水造成的淹没深度和影响范围，通常需要建立二维地表水动力学模型进行模拟计算。

本节在详述了纳维-斯托克斯（Navier-Stokes）方程的基础上，推导了二维浅水流动控制方程，并基于非结构网格的 Godunov 型有限体积法，将隐式的双时间步法应用于求解二维浅水方程，采用 HLLC 格式求解界面数值通量，建立了一个高效稳定、时空均具有二阶精度的二维非恒定流水动力学模型。

4.3.1　二维浅水方程

不可压缩黏滞性流体运动可以采用 Navier-Stokes 方程描述（周雪漪，1995；吴持恭，2008），其包括的连续方程和运动方程可分别由质量守恒定律和动量守恒定律推导得到，具体如式（4-72）和式（4-73）所示：

$$\frac{\partial u}{\partial x} + \frac{\partial v}{\partial y} + \frac{\partial w}{\partial z} = 0 \tag{4-72}$$

$$\frac{\partial u}{\partial t}+u\frac{\partial u}{\partial x}+v\frac{\partial u}{\partial y}+w\frac{\partial u}{\partial z}=f_x-\frac{1}{\rho}\frac{\partial p}{\partial x}+\frac{1}{\rho}\left(\frac{\partial \tau_{xx}}{\partial x}+\frac{\partial \tau_{yx}}{\partial y}+\frac{\partial \tau_{zx}}{\partial z}\right)$$

$$\frac{\partial v}{\partial t}+u\frac{\partial v}{\partial x}+v\frac{\partial v}{\partial y}+w\frac{\partial v}{\partial z}=f_y-\frac{1}{\rho}\frac{\partial p}{\partial y}+\frac{1}{\rho}\left(\frac{\partial \tau_{xy}}{\partial x}+\frac{\partial \tau_{yy}}{\partial y}+\frac{\partial \tau_{zy}}{\partial z}\right) \qquad (4\text{-}73)$$

$$\frac{\partial w}{\partial t}+u\frac{\partial w}{\partial x}+v\frac{\partial w}{\partial y}+w\frac{\partial w}{\partial z}=f_z-\frac{1}{\rho}\frac{\partial p}{\partial z}+\frac{1}{\rho}\left(\frac{\partial \tau_{xz}}{\partial x}+\frac{\partial \tau_{yz}}{\partial y}+\frac{\partial \tau_{zz}}{\partial z}\right)$$

式中，t 为时间，s；x、y 和 z 为坐标系；u、v 和 w 分别为 x、y 和 z 方向的流速分量，m/s；f_x、f_y 和 f_z 分别为 x、y 和 z 方向的质量力，m/s^2；ρ 为流体密度，kg/m^3；p 为压力，kg；τ_{xx}、τ_{yy} 和 τ_{zz} 均为法向应力；τ_{yx}、τ_{xy}、τ_{zx}、τ_{xz}、τ_{zy} 和 τ_{yz} 均为侧向应力。

现有的数学方法暂时还无法给出 Navier-Stokes 方程的解析解，其求解一般需要采用数值方法，而求解完整的 Navier-Stokes 方程计算量非常大，算法设计也比较复杂，因而在实际应用中，一般根据水流的具体特点，对方程进行适当简化。大部分情况下，地表及沿海近岸水流运动一般为浅水运动，即具有自由表面的浅水体在重力作用下的流动，可以用二维浅水方程来描述。二维浅水方程可以由 Navier-Stokes 方程在垂直方向上积分简化后得到，其能够满足工程实践中绝大部分的应用需求，所以在国内外浅水研究中得到了广泛应用（Brufau and Garcia-Navarro，2000；王昆，2009；敖静，2005；吴钢锋，2014）。在推导二维浅水运动控制方程时，作以下假定（谭维炎，1998）。

（1）水体的垂直方向尺度远小于水平方向尺度。一般近似地认为水深 h 与水波长 l 的比值 h/l 小于 0.4 的水体为浅水问题。

（2）水平流速沿垂向近似呈均匀分布，可用其平均值代替。

（3）垂向速度及垂向加速度可忽略不计，沿水深方向的压力分布满足静水压力分布规律。

（4）水面渐变，水底坡度较小。设底坡为 θ，则应有 $\theta \approx \sin\theta \approx \tan\theta$ 成立。

1. 连续方程

对式（4-72）沿水深方向积分并取平均值可以得到：

$$\frac{1}{h}\int_b^{h+b}\frac{\partial u}{\partial x}\mathrm{d}z+\frac{1}{h}\int_b^{h+b}\frac{\partial v}{\partial y}\mathrm{d}z+\frac{1}{h}\int_b^{h+b}\frac{\partial w}{\partial z}\mathrm{d}z=0 \qquad (4\text{-}74)$$

式中，b 为水底高程，m；h 为水深，m。

应用 Leibnitz 法则可以得到：

$$\frac{\partial}{\partial x}\left(\frac{1}{h}\int_b^{h+b}u\mathrm{d}z\right)=-\frac{1}{h^2}\frac{\partial h}{\partial x}\left(\int_b^{h+b}u\mathrm{d}z\right)+\frac{1}{h}\left(\int_b^{h+b}\frac{\partial u}{\partial x}\mathrm{d}z\right)+\frac{1}{h}\left[u\mid_{z=h+b}\frac{\partial(h+b)}{\partial x}-u\mid_{z=b}\frac{\partial b}{\partial x}\right]$$

$$(4\text{-}75)$$

对式（4-75）进行移项，由此可以得到：

$$\frac{1}{h}\left(\int_b^{h+b}\frac{\partial u}{\partial x}\mathrm{d}z\right)=\frac{1}{h^2}\frac{\partial h}{\partial x}\left(\int_b^{h+b}u\mathrm{d}z\right)-\frac{1}{h}\left[u\mid_{z=h+b}\frac{\partial(h+b)}{\partial x}-u\mid_{z=b}\frac{\partial b}{\partial x}\right]+\frac{\partial}{\partial x}\left(\frac{1}{h}\int_b^{h+b}u\mathrm{d}z\right)$$

$$(4\text{-}76)$$

同样地，在 y 和 z 方向有

$$\frac{1}{h}\left(\int_b^{h+b}\frac{\partial v}{\partial y}\mathrm{d}z\right)=\frac{1}{h^2}\frac{\partial h}{\partial y}\left(\int_b^{h+b}v\mathrm{d}z\right)-\frac{1}{h}\left[v\,|_{z=h+b}\,\frac{\partial(h+b)}{\partial y}-v\,|_{z=b}\,\frac{\partial b}{\partial y}\right]+\frac{\partial}{\partial y}\left(\frac{1}{h}\int_b^{h+b}v\mathrm{d}z\right)$$

$$(4\text{-}77)$$

$$\frac{1}{h}\left(\int_b^{h+b}\frac{\partial w}{\partial z}\mathrm{d}z\right)=\frac{1}{h^2}\frac{\partial h}{\partial z}\left(\int_b^{h+b}w\mathrm{d}z\right)-\frac{1}{h}\left[w\,|_{z=h+b}\,\frac{\partial(h+b)}{\partial z}-w\,|_{z=b}\,\frac{\partial b}{\partial z}\right]+\frac{\partial}{\partial z}\left(\frac{1}{h}\int_b^{h+b}w\mathrm{d}z\right)$$

$$(4\text{-}78)$$

由于 h 和 b 均只是 x、y 和 t 的函数，与 z 无关，则式（4-78）可以化简为

$$\frac{1}{h}\left(\int_b^{h+b}\frac{\partial w}{\partial z}\mathrm{d}z\right)=\frac{\partial}{\partial z}\left(\frac{1}{h}\int_b^{h+b}w\mathrm{d}z\right)=\frac{1}{h}(w\,|_{z=h+b}-w\,|_{z=b}) \qquad (4\text{-}79)$$

根据假定，不考虑流速垂向分布，可以得到垂向平均流速：

$$\tilde{u}=\frac{1}{h}\int_b^{h+b}u\mathrm{d}z$$

$$\tilde{v}=\frac{1}{h}\int_b^{h+b}v\mathrm{d}z \qquad (4\text{-}80)$$

在自由水面上，式（4-81）成立：

$$w\,|_{z=h+b}=\frac{\mathrm{d}(h+b)}{\mathrm{d}t}=\frac{\partial(h+b)}{\partial t}+\frac{\partial(h+b)}{\partial x}u\,|_{z=h+b}+\frac{\partial(h+b)}{\partial y}v\,|_{z=h+b} \qquad (4\text{-}81)$$

在水底面上，式（4-82）成立：

$$w\,|_{z=b}=\frac{\mathrm{d}(h+b)}{\mathrm{d}t}\bigg|_{z=b}=\frac{\partial(h+b)}{\partial t}+\frac{\partial(h+b)}{\partial x}u\,|_{z=b}+\frac{\partial(h+b)}{\partial y}v\,|_{z=b}=\frac{\partial b}{\partial x}u\,|_{z=b}+\frac{\partial b}{\partial y}v\,|_{z=b} \qquad (4\text{-}82)$$

在定床情况下，将式（4-76）、式（4-77）、式（4-79）~式（4-82）代入式（4-74），整理后可以得到二维浅水方程的连续方程：

$$\frac{\partial h}{\partial t}+\frac{\partial h\tilde{u}}{\partial x}+\frac{\partial h\tilde{v}}{\partial y}=0 \qquad (4\text{-}83)$$

2. 运动方程

忽略风力及科氏力，则式（4-73）中质量力可以由式（4-84）计算：

$$f_x=0,\ f_y=0,\ f_z=\rho g \qquad (4\text{-}84)$$

式中，g 为重力加速度，m/s^2。

忽略垂向加速度，并将（4-84）代入式（4-73）中，则可以得到：

$$\frac{\partial u}{\partial t}+u\frac{\partial u}{\partial x}+v\frac{\partial u}{\partial y}+w\frac{\partial u}{\partial z}=-\frac{1}{\rho}\frac{\partial p}{\partial x}+\frac{1}{\rho}(\frac{\partial\tau_{xx}}{\partial x}+\frac{\partial\tau_{yx}}{\partial y}+\frac{\partial\tau_{zx}}{\partial z})$$

$$\frac{\partial v}{\partial t}+u\frac{\partial v}{\partial x}+v\frac{\partial v}{\partial y}+w\frac{\partial v}{\partial z}=-\frac{1}{\rho}\frac{\partial p}{\partial y}+\frac{1}{\rho}(\frac{\partial\tau_{xy}}{\partial x}+\frac{\partial\tau_{yy}}{\partial y}+\frac{\partial\tau_{zy}}{\partial z}) \qquad (4\text{-}85)$$

$$\frac{\partial p}{\partial z}=\rho g$$

将式（4-85）第一个式子左侧部分沿水深方向积分并取平均，可以得到：

$$\frac{1}{h}\int_{b}^{b+h}\left(\frac{\partial u}{\partial t}+u\frac{\partial u}{\partial x}+v\frac{\partial u}{\partial y}+w\frac{\partial u}{\partial z}\right)\mathrm{d}z$$

$$=\frac{1}{h}\int_{b}^{b+h}\left[\frac{\partial u}{\partial t}+\frac{\partial u^2}{\partial x}+\frac{\partial uv}{\partial y}+\frac{\partial uw}{\partial z}-u\left(\frac{\partial u}{\partial x}+\frac{\partial v}{\partial y}+\frac{\partial w}{\partial z}\right)\right]\mathrm{d}z \qquad (4\text{-}86)$$

$$=\frac{1}{h}\int_{b}^{b+h}\left(\frac{\partial u}{\partial t}+\frac{\partial u^2}{\partial x}+\frac{\partial uv}{\partial y}+\frac{\partial uw}{\partial z}\right)\mathrm{d}z$$

同样地，将式（4-85）第一个式子右侧部分沿水深方向积分并联合式（4-86），则有

$$\frac{1}{h}\int_{b}^{b+h}\left(\frac{\partial u}{\partial t}+\frac{\partial u^2}{\partial x}+\frac{\partial uv}{\partial y}+\frac{\partial uw}{\partial z}\right)\mathrm{d}z=-\frac{1}{\rho h}\int_{b}^{b+h}\left(\frac{\partial p}{\partial x}-\frac{\partial\tau_{xx}}{\partial x}+\frac{\partial\tau_{yx}}{\partial y}+\frac{\partial\tau_{zx}}{\partial z}\right)\mathrm{d}z \quad (4\text{-}87)$$

各点在 x 和 y 方向的流速可以分解为两项：垂向平均流速及实际流速与平均流速的差值，设该差值分别为 Δu、Δv，则各点在 x 和 y 方向的流速可以表示为

$$u=\tilde{u}+\Delta u$$
$$v=\tilde{v}+\Delta v \qquad (4\text{-}88)$$

显然，$\int_{b}^{b+h}\Delta u\mathrm{d}z=0$ 和 $\int_{b}^{b+h}\Delta v\mathrm{d}z=0$ 成立。

应用 Leibnitz 法则可以得到：

$$\frac{1}{h}\int_{b}^{b+h}\frac{\partial uv}{\partial y}\mathrm{d}z=\frac{\partial\widetilde{uv}}{\partial y}+\frac{\widetilde{uv}}{h}\frac{\partial h}{\partial y}-\frac{1}{h}\left[(uv)\,|_{z=h+b}\,\frac{\partial(h+b)}{\partial y}-(uv)\,|_{z=b}\,\frac{\partial b}{\partial y}\right]$$
$$+\frac{\partial\widetilde{\Delta u\Delta v}}{\partial y}-\frac{\widetilde{\Delta u\Delta v}}{h}\frac{\partial h}{\partial y} \qquad (4\text{-}89)$$

同样地，可以得到：

$$\frac{1}{h}\int_{b}^{b+h}\frac{\partial uu}{\partial x}\mathrm{d}z=\frac{\partial\widetilde{uu}}{\partial x}+\frac{\widetilde{uu}}{h}\frac{\partial h}{\partial x}-\frac{1}{h}\left[(uu)\,|_{z=h+b}\,\frac{\partial(h+b)}{\partial x}-(uu)\,|_{z=b}\,\frac{\partial b}{\partial x}\right]$$
$$+\frac{\partial\widetilde{\Delta u\Delta u}}{\partial x}-\frac{\widetilde{\Delta u\Delta u}}{h}\frac{\partial h}{\partial x} \qquad (4\text{-}90)$$

类似于式（4-76），下列各式成立：

$$\frac{1}{h}\int_{b}^{b+h}\frac{\partial uw}{\partial z}\mathrm{d}z=\frac{\partial\widetilde{uw}}{\partial z}+\frac{\widetilde{uw}}{h}\frac{\partial h}{\partial z}-\frac{1}{h}\left[(uw)\,|_{z=h+b}\,\frac{\partial(h+b)}{\partial z}-(uw)\,|_{z=b}\,\frac{\partial b}{\partial z}\right]+\frac{\partial\widetilde{\Delta u\Delta w}}{\partial z}$$
$$-\frac{\widetilde{\Delta u\Delta w}}{h}\frac{\partial h}{\partial z}=\frac{\partial\widetilde{uw}}{\partial z}+\frac{\partial\widetilde{\Delta u\Delta w}}{\partial z}=\frac{1}{h}[(uw)\,|_{z=h+b}-(uw)\,|_{z=b}] \qquad (4\text{-}91)$$

$$\frac{1}{h}\int_{b}^{b+h}\frac{\partial u}{\partial t}\mathrm{d}z=\frac{\partial\tilde{u}}{\partial t}+\frac{\tilde{u}}{h}\frac{\partial h}{\partial t}-\frac{1}{h}\left[u\,|_{z=h+b}\,\frac{\partial(h+b)}{\partial t}-u\,|_{z=b}\,\frac{\partial b}{\partial t}\right] \qquad (4\text{-}92)$$

$$\frac{1}{h}\int_{b}^{b+h}\frac{\partial p}{\partial x}\mathrm{d}z=\frac{\partial\tilde{p}}{\partial x}+\frac{\tilde{p}}{h}\frac{\partial h}{\partial x}-\frac{1}{h}\left[p\,|_{z=h+b}\,\frac{\partial(h+b)}{\partial x}-p\,|_{z=b}\,\frac{\partial b}{\partial x}\right] \qquad (4\text{-}93)$$

$$\frac{1}{h}\int_b^{b+h}\frac{\partial \tau_{xx}}{\partial x}\mathrm{d}z=\frac{\partial \tilde{\tau}_{xx}}{\partial x}+\frac{\tilde{\tau}_{xx}}{h}\frac{\partial h}{\partial x}-\frac{1}{h}\left[\tau_{xx}\mid_{z=h+b}\frac{\partial(h+b)}{\partial x}-\tau_{xx}\mid_{z=b}\frac{\partial b}{\partial x}\right] \tag{4-94}$$

$$\frac{1}{h}\int_b^{b+h}\frac{\partial \tau_{yx}}{\partial y}\mathrm{d}z=\frac{\partial \tilde{\tau}_{yx}}{\partial y}+\frac{\tilde{\tau}_{yx}}{h}\frac{\partial h}{\partial y}-\frac{1}{h}\left[\tau_{yx}\mid_{z=h+b}\frac{\partial(h+b)}{\partial y}-\tau_{yx}\mid_{z=b}\frac{\partial b}{\partial y}\right] \tag{4-95}$$

$$\frac{1}{h}\int_b^{b+h}\frac{\partial \tau_{zx}}{\partial z}\mathrm{d}z=\frac{\partial \tilde{\tau}_{zx}}{\partial z}+\frac{\tilde{\tau}_{zx}}{h}\frac{\partial h}{\partial z}-\frac{1}{h}\left[\tau_{zx}\mid_{z=h+b}\frac{\partial(h+b)}{\partial z}-\tau_{zx}\mid_{z=b}\frac{\partial b}{\partial z}\right] \tag{4-96}$$

$$=\frac{\partial \tilde{\tau}_{zx}}{\partial z}=\tau_{zx}\mid_{z=h+b}-\tau_{zx}\mid_{z=b}$$

将式（4-85）中第三个式子积分可以得到：

$$p=\rho gh \tag{4-97}$$

将式（4-89）~式（4-97）代入式（4-87），忽略高阶项，可以得到：

$$\frac{\partial h\tilde{u}}{\partial t}+\frac{\partial \widetilde{huu}}{\partial x}+\frac{\partial \widetilde{huv}}{\partial y}=-gh\frac{\partial(h+b)}{\partial x}+\frac{1}{\rho}\left(\frac{\partial h\tilde{\tau}_{xx}}{\partial x}+\frac{\partial h\tilde{\tau}_{yx}}{\partial y}+\tau_{zx}\mid_{z=h+b}-\tau_{zx}\mid_{z=b}\right) \tag{4-98}$$

同样地，在 y 方向上可以得到：

$$\frac{\partial h\tilde{v}}{\partial t}+\frac{\partial \widetilde{huv}}{\partial x}+\frac{\partial \widetilde{hvv}}{\partial y}=-gh\frac{\partial(h+b)}{\partial y}+\frac{1}{\rho}\left(\frac{\partial h\tilde{\tau}_{xy}}{\partial x}+\frac{\partial h\tilde{\tau}_{yy}}{\partial y}+\tau_{zy}\mid_{z=h+b}-\tau_{zy}\mid_{z=b}\right) \tag{4-99}$$

将应力与应变的本构关系代入式（4-98）和式（4-99）中，并忽略高阶项，则可以得到：

$$\frac{\partial h\tilde{u}}{\partial t}+\frac{\partial \widetilde{huu}}{\partial x}+\frac{\partial \widetilde{huv}}{\partial y}=-gh\frac{\partial(h+b)}{\partial x}+\frac{1}{\rho}\left[2\frac{\partial}{\partial x}\left(hv_t\frac{\partial u}{\partial x}\right)+\frac{\partial}{\partial y}\left(hv_t\frac{\partial u}{\partial y}+hv_t\frac{\partial v}{\partial x}\right)\right]$$
$$+\frac{1}{\rho}(\tau_{zx}\mid_{z=h+b}-\tau_{zx}\mid_{z=b}) \tag{4-100}$$

$$\frac{\partial h\tilde{v}}{\partial t}+\frac{\partial \widetilde{huv}}{\partial x}+\frac{\partial \widetilde{hvv}}{\partial y}=-gh\frac{\partial(h+b)}{\partial y}+\frac{1}{\rho}\left[2\frac{\partial}{\partial y}\left(hv_t\frac{\partial v}{\partial y}\right)+\frac{\partial}{\partial x}\left(hv_t\frac{\partial v}{\partial x}+hv_t\frac{\partial u}{\partial y}\right)\right]$$
$$+\frac{1}{\rho}(\tau_{zy}\mid_{z=h+b}-\tau_{zy}\mid_{z=b}) \tag{4-101}$$

式（4-100）和式（4-101）即为二维浅水方程的动量方程。

3. 矩阵形式

将由式（4-83）、式（4-100）和式（4-101）描述的二维浅水流动的控制方程改写，并忽略扩散项，则可以得到二维守恒型浅水方程的矩阵形式：

$$\frac{\partial \boldsymbol{U}}{\partial t}+\frac{\partial \boldsymbol{E}}{\partial x}+\frac{\partial \boldsymbol{G}}{\partial y}=\boldsymbol{S} \tag{4-102}$$

$$\boldsymbol{U}=\begin{bmatrix}h\\hu\\hv\end{bmatrix} \qquad \boldsymbol{E}=\begin{bmatrix}hu\\hu^2+gh^2/2\\huv\end{bmatrix} \qquad \boldsymbol{G}=\begin{bmatrix}hv\\huv\\hv^2+gh^2/2\end{bmatrix}$$

$$S = S_b + S_f = \begin{bmatrix} 0 \\ gh\left(S_{ox} - S_{fx}\right) \\ gh\left(S_{oy} - S_{fy}\right) \end{bmatrix} \tag{4-103}$$

式中，t 为时间变量，s；x 和 y 为坐标；h 为水深，m；u 和 v 分别为 x 和 y 方向的流速，m/s；g 为重力加速度，取 9.81m/s^2；S_{ox} 和 S_{oy} 分别为 x 和 y 方向的底坡项分量，其表达式为

$$S_{ox} = -\partial b/\partial x \qquad S_{oy} = -\partial b/\partial y \tag{4-104}$$

S_{fx} 和 S_{fy} 分别为 x 和 y 方向的摩阻项分量，采用曼宁公式计算摩阻坡降，则 S_{fx} 和 S_{fy} 可以表示为

$$S_{fx} = \frac{n^2 u \sqrt{u^2 + v^2}}{h^{4/3}}, \; S_{fy} = \frac{n^2 v \sqrt{u^2 + v^2}}{h^{4/3}} \tag{4-105}$$

式中，n 为曼宁糙率。

在数值离散方程时采用斜底三角单元网格及中心型底坡项计算方法时，如果采用由式（4-102）和式（4-103）描述的二维浅水方程，则需要构造动量能量校正项才能保证模型的和谐性，即在静水条件下，模型计算结果能维持流速为零。为避免计算修改项，采用如下改进形式的控制方程（Song et al.，2011）：

$$\frac{\partial U}{\partial t} + \frac{\partial E}{\partial x} + \frac{\partial G}{\partial y} = S \tag{4-106}$$

$$U = \begin{bmatrix} h \\ hu \\ hv \end{bmatrix} \qquad E = \begin{bmatrix} hu \\ hu^2 + g(h^2 - b^2)/2 \\ huv \end{bmatrix} \qquad G = \begin{bmatrix} hv \\ huv \\ hv^2 + g(h^2 - b^2)/2 \end{bmatrix}$$

$$S = S_b + S_f = \begin{bmatrix} 0 \\ g\left(h+b\right)S_{ox} - ghS_{fx} \\ g\left(h+b\right)S_{oy} - ghS_{fy} \end{bmatrix} \tag{4-107}$$

改进后的控制方程通量的雅可比矩阵如下：

$$J = \begin{bmatrix} 0 & n_x & n_y \\ (gh - u^2)n_x - uvn_y & 2un_x + vn_y & un_y \\ (gh - v^2)n_y - uvn_x & vn_x & 2vn_y + un_x \end{bmatrix} \tag{4-108}$$

上述雅可比矩阵的 3 个特征值分别为

$$\begin{aligned} \lambda_1 &= un_x + vn_y + \sqrt{gh} \\ \lambda_2 &= un_x + vn_y \\ \lambda_3 &= un_x + vn_y - \sqrt{gh} \end{aligned} \tag{4-109}$$

由式（4-109）可知，在 $\sqrt{gh} > 0$ 时，即在水深不为零的情况下，通量雅可比矩阵的 3 个特征值互不相等，由此可以判定由式（4-106）和式（4-107）描述的改进后的控制方程依然为双曲守恒型偏微分方程。

4.3.2　数值离散方法

　　二维浅水方程属于双曲型偏微分方程，基于目前的数学理论还无法求解其精确的解析解，只能采用数值方法求解其近似解。在过去几十年中，国内外研究者基于有限差分法、有限元方法和有限体积法等数值方法，为建立二维非恒定流水动力学模型做了大量研究工作。有限差分法在一维非恒定流模拟中有着广泛的应用，但在应用于二维水流计算时则存在一定的局限性，由于方程离散是基于结构网格，使得边界拟合存在一定缺陷。有限体积法由于其具有明确的物理意义，能够准确地描述急流、间断解，最大限度地保持了有限差分法的简单性和有限元法的精确性，在边界处拟合较好等诸多优点，在二维非恒定流数值模拟计算中得到了广泛而成功的应用（Anastasiou and Chan，1997；Bradford and Sanders，2002；Liang，2010；夏军强等，2010；Singh et al.，2011；宋利祥等，2011；Hou et al.，2013；吴钢锋等，2013）。

　　大部分现有的基于有限体积法的模型中，控制方程中时间项的离散一般都采用较为简易的显式格式，如欧拉法（Singh et al.，2011；吴钢锋等，2013）、Runge-Kutta 格式（Yoon and Kang，2004；夏军强等，2010）、Hancock 预测校正格式（Begnudelli and Sanders，2006；宋利祥等，2011）。由于稳定性方面的问题，模型采用显式格式将导致时间步长只能取得很小，进而导致计算效率很低。在城市区域经常会出现一些地形变化剧烈、网格单元尺度差异极度悬殊的情况，采用显式格式的水动力学模型的时间步长受最小尺度网格单元的限制则更为明显。隐式格式允许采用更大的时间步长，但大部分隐式格式在每一步求解过程中往往需要进行大量运算，同时隐式算法复杂、编程困难，实际应用中一般都会采用诸如线性化、近似因子分解和显式边界处理等一些近似处理方法，这些近似处理都会严重损失计算结果的时间精度，使得这类隐式方法在实际应用中缺少吸引力（Jameson，1991；Zhao et al.，2002）。

　　Jameson（1991）提出的隐式双时间步法很好地解决了上述问题，使非定常问题的求解得到了巨大发展。双时间步法的主要思路是采用两个时间步：物理时间步和虚拟时间步，将所求解问题在每一时间步上转化为一个定常问题进行迭代求解。双时间步法具有诸多优点：格式无条件稳定；时间步长是基于计算精度给定的，而不依赖于计算格式的稳定性，因而可以取得很大；由于将求解的问题转化为定常问题，一些用来加速定常问题收敛的方法，如预处理、当地时间步长、残值修正、多重网格等均可以应用于计算。双时间步法自提出后得到了广泛应用并取得了良好效果（Jameson，1991；Zhao et al.，2002；Zhang and Wang，2004；Helenbrook and Cowles，2008；汪洪波等，2010），但大部分研究基本集中于气体动力学方面，在水动力学上的应用研究较为少见，真正将双时间步法应用于处理实际洪水问题的研究则几乎没有。本书基于非结构网格的有限体积法，将双时间步法引入水动力学，并将其应用于求解二维浅水方程，建立适合城市区域的二维水动力学模型。

1. 双时间步法

　　基于非结构的三角单元网格，采用单元中心格式的有限体积法对式（4-106）进行积分，可以得到：

$$\int_{\Omega} \frac{\partial \boldsymbol{U}}{\partial t} \mathrm{d}\Omega + \int_{\Omega} \left(\frac{\partial \boldsymbol{E}}{\partial x} + \frac{\partial \boldsymbol{G}}{\partial y} \right) \mathrm{d}\Omega = \int_{\Omega} \boldsymbol{S} \mathrm{d}\Omega \qquad (4\text{-}110)$$

式中，Ω 为控制体。

采用 Green 公式，将式（4-110）中的面积分改写为线积分，则方程可改写为

$$A_i \frac{\mathrm{d}\boldsymbol{U}_i}{\mathrm{d}t} + \sum_{k=1}^{3} \boldsymbol{F}_{i,k} \cdot \boldsymbol{n}_{i,k} l_{i,k} - A_i \boldsymbol{S}_i = 0 \qquad (4\text{-}111)$$

式中，A_i 为单元格面积；i 为单元格编号；$\boldsymbol{n}$ 为向外的单元法向量；k 和 l 分别为单元 i 侧边的序号与长度；$\boldsymbol{F}_{i,k}$ 为数值通量，可以通过求解黎曼问题得到。

采用二阶向后差分格式对式（4-111）的时间项进行离散，以获取二阶时间精度，则方程可改写为

$$\frac{3\boldsymbol{U}_i^{n+1} - 4\boldsymbol{U}_i^n + \boldsymbol{U}_i^{n-1}}{2\Delta t} + \frac{1}{A_i}\left(\sum_{k=1}^{3} \boldsymbol{F}_{i,k} \cdot \boldsymbol{n}_{i,k} l_{i,k} - A_i \boldsymbol{S}_i \right) = 0 \qquad (4\text{-}112)$$

式中，上标 n 为物理时间步；Δt 为物理时间步长；$\boldsymbol{U}_i^n$ 和 $\boldsymbol{U}_i^{n-1}$ 为前一步和当前步的数值解，均为已知量；$\boldsymbol{U}_i^{n+1}$ 为下一时间步的数值解，为待求量。

式（4-112）可通过引入一个虚拟时间 τ 求解，将式（4-112）改写成如下形式：

$$\mathrm{d}\boldsymbol{U}_i / \mathrm{d}\tau + \boldsymbol{R}(\boldsymbol{U}_i) = 0 \qquad (4\text{-}113)$$

式中，$\boldsymbol{R}(\boldsymbol{U}_i)$ 为残差，表达式如下：

$$\boldsymbol{R}(\boldsymbol{U}_i) = \frac{3\boldsymbol{U}_i^{n+1} - 4\boldsymbol{U}_i^n + \boldsymbol{U}_i^{n-1}}{2\Delta t} + \frac{1}{A_i}\left(\sum_{k=1}^{3} \boldsymbol{F}_{i,k} \cdot \boldsymbol{n}_{i,k} l_{i,k} - A_i \boldsymbol{S}_i \right) \qquad (4\text{-}114)$$

当由式（4-113）定义的定常问题的解收敛时，式（4-115）成立：

$$\frac{\mathrm{d}\boldsymbol{U}_i}{\mathrm{d}\tau} = 0 \quad \boldsymbol{R}(\boldsymbol{U}_i) = 0 \qquad (4\text{-}115)$$

由式（4-115）可知，当定常问题式（4-113）的解收敛时，式（4-112）的解也由 $\boldsymbol{U}_i^n$ 更新到了 $\boldsymbol{U}_i^{n+1}$。此定常问题一般需要进行迭代求解，这个过程称为内迭代。通常认为，当残差为零时定常问题达到稳定态，即可停止迭代，但是一般情况下很难也没有必要使残差达到零。为了使算法达到更高的求解效率，采用阈值和最大迭代次数来共同控制内迭代过程。阈值和最大迭代次数的选择对模型效率和精度有很大影响，通过数值实验，本书采用式（4-116）来判定是否达到终止迭代的标准：

$$\varepsilon_i = \frac{\left| h_i^{s+1} - h_i^s \right|}{\max(h_i^{s+1}, h_i^s)} \qquad (4\text{-}116)$$

式中，s 为虚拟时间步；h_i^{s+1} 和 h_i^s 为单元格内迭代过程中的水深，m。

只要 ε_i 小于 10^{-4}，该单元格的状态变量即终止迭代。由于每次迭代过程中都会有部分单元格终止迭代，因而随着内迭代次数的增加，需要进行迭代的单元格数量会有所减少，计算量也因此会逐步减少。

2. LU-SGS 隐式算法

在虚拟时间步推进过程中，定常问题式（4-113）解的收敛速度直接决定了双时间步法的效率，收敛速度过慢将导致双时间步法的优势无法体现。对于虚拟时间步上的定常问题，本书采用 LU-SGS（lower-upper symmetric Gauss-Seidel）隐式格式（Jameson and Yoon，1987）进行迭代求解，只需前后进行两次扫描即可完成一次迭代，具有高效、占用内存少等优点。

采用欧拉法，在虚拟时间步上，对方程式（4-113）进行离散，并设 $\Delta U_i^s = U_i^{s+1} - U_i^s$，则可以得到：

$$\frac{\Delta U_i^s}{\Delta \tau} + R(U_i^{s+1}) = 0 \tag{4-117}$$

将式（4-117）中的残值项 $R(U_i^{s+1})$ 进行线性化处理，忽略高阶项，则方程可以改写成如下形式：

$$\frac{\Delta U_i^s}{\Delta \tau} + R(U_i^s) + \left(\frac{\partial R}{\partial U}\right)_i^s \Delta U_i^s = 0 \tag{4-118}$$

将式（4-118）进行合并和移项后，可以得到式（4-119）：

$$\left[\frac{I}{\Delta \tau} + \left(\frac{\partial R}{\partial U}\right)_i^s\right] \Delta U_i^s = -R(U_i^s) \tag{4-119}$$

式中，I 为单位矩阵。

设通过界面的垂直通量为 $\widehat{F}_{i,j}$，可以分裂成如下形式：

$$\widehat{F}_{i,j} = \frac{1}{2}[F(\widehat{U}_i) + F(\widehat{U}_j) - \rho_{ij}(\widehat{U}_j - \widehat{U}_i)] \tag{4-120}$$

式中，ρ_{ij} 为界面处雅可比矩阵的谱半径。

将式（4-120）代入式（4-119），化简后可以得到：

$$D\Delta U_i^s = -\frac{1}{2}\sum_{j=1}^3 T^{-1}\left(\frac{\partial \widehat{F}_{i,j}}{\partial \widehat{U}_{i,j}} - \rho_{ij}I\right)l_j\Delta\widehat{U}_j - R(U_i^s) \tag{4-121}$$

式中，T^{-1} 为雅可比矩阵的逆矩阵；$\widehat{U}_{i,j}$ 为旋转后的守恒向量；D 的定义如下：

$$D = \left(\frac{A_i}{\Delta \tau} + \frac{1}{2}\sum_{j=1}^3 \rho_{ij}l_j\right) \tag{4-122}$$

式（4-121）中的 $\frac{\partial \widehat{F}_{i,j}}{\partial \widehat{U}_{i,j}}$ 采用式（4-123）计算：

$$\frac{\partial \widehat{F}}{\partial \widehat{U}} = \begin{vmatrix} 0 & 1 & 0 \\ gh-u_N^2 & 2u_N & 0 \\ -u_N v_T & v_T & u_N \end{vmatrix} \tag{4-123}$$

式中，u_N 和 v_T 分别为垂直与平行于单元界面处的流速；h 为水深；h、u_N 和 v_T 均为单元界面处两侧的平均值。

式（4-121）可以采用以下前后两轮扫描进行求解。

向前扫描：

$$\Delta \boldsymbol{U}_i^* = D^{-1}\left[-\boldsymbol{R}(\boldsymbol{U}_i) - \frac{1}{2}\sum_{j\in L} T^{-1}\left(\frac{\partial \widehat{\boldsymbol{F}}_{i,j}}{\partial \widehat{\boldsymbol{U}}_{i,j}} - \rho_{ij}\boldsymbol{I}\right) l_j \Delta \widehat{\boldsymbol{U}}_j^*\right] \quad (4\text{-}124)$$

向后扫描：

$$\Delta \boldsymbol{U}_i = \Delta \boldsymbol{U}_i^* - \frac{1}{2}D^{-1}\sum_{j\in U} T^{-1}\left(\frac{\partial \widehat{\boldsymbol{F}}_{i,j}}{\partial \widehat{\boldsymbol{U}}_{i,j}} - \rho_{ij}\boldsymbol{I}\right) l_j \Delta \widehat{\boldsymbol{U}}_j \quad (4\text{-}125)$$

更新变量：

$$\boldsymbol{U}_i^{s+1} = \boldsymbol{U}_i^s + \Delta \boldsymbol{U}_i \quad (4\text{-}126)$$

式中，L 和 U 分别对应邻居单元编号比计算单元编号小与大的单元集合。

对于定常问题式（4-113），只要最终收敛即可，在中间过程中解的精度并不重要，因而内迭代的初始值本书采用只具有一阶精度但较为简单的一阶外差，$\boldsymbol{U}_i^{s=0} = \boldsymbol{U}_i^n$。

3. 通量计算方法

单元界面处的对流数值通量计算是基于有限体积法的水动力学模型的基础，其求解计算一般有两种不同的思路（陈丕翔，2007）：一种是基于连续思想，认为物理量在界面上是连续的，先假设物理量的分布曲线，插值求得界面处的变量值，然后把该值代入通量表达式求得数值通量；另一种则是基于间断思想，认为单元界面两侧物理量不同，从而在界面处构成一个局部黎曼问题，通过求解这个黎曼问题，进而求得界面处的对流数值通量。以黎曼问题的解为基础来构造计算单元物理量的思想最早是在 1959 年由 Godunov 在其博士学位论文中提出的，因而采用这种思路的求解格式通常被称为 Godunov 型格式（Godunov，1959）。

由于 Godunov 格式具有模拟大梯度流动和自动捕捉激波的能力，自 20 世纪 70 年代以来，其在计算流体力学领域得到了广泛的关注和应用。采用 Godunov 格式时，Riemann 问题求解可以采用精确解也可以采用近似解，前者需要迭代求解，计算量较后者大（Toro and Garcia-Navarro，2007），因而许多学者提出和采用一些近似方法来求解 Riemann 问题，常用的 Riemann 问题求解器包括 Osher 格式、Roe 格式、HLL 格式和 HLLC 格式等（Toro，2001）。

选择实现难易程度相对较低、精度和效率都较高且能够自动适应干湿界面的 HLLC 黎曼求解器求解界面通量，界面通量采用式（4-127）来计算：

$$\boldsymbol{F}(\boldsymbol{U}_L, \boldsymbol{U}_R) = \begin{cases} \boldsymbol{F}_L & \text{if } S_L \geqslant 0 \\ \boldsymbol{F}_L^* & \text{if } S_L < 0 \leqslant S_M \\ \boldsymbol{F}_R^* & \text{if } S_M < 0 < S_R \\ \boldsymbol{F}_R & \text{if } S_R \leqslant 0 \end{cases} \quad (4\text{-}127)$$

式中，S_L、S_M 和 S_R 分别为左波、接触波和右波的估计值；$\boldsymbol{F}_L$ 和 $\boldsymbol{F}_R$ 由式（4-128）来计

算；　F_L^* 和 F_R^* 由式（4-129）给出：

$$F(U) \cdot n = \begin{bmatrix} hu_N \\ huu_N + g(h^2 - b^2)n_x / 2 \\ hvu_N + g(h^2 - b^2)n_y / 2 \end{bmatrix} \tag{4-128}$$

$$F_L^* = \begin{bmatrix} H_1 \\ H_2 n_x - u_{T,L} H_1 n_y \\ H_2 n_y + u_{T,L} H_1 n_x \end{bmatrix} \quad F_R^* = \begin{bmatrix} H_1 \\ H_2 n_x - u_{T,R} H_1 n_y \\ H_2 n_y + u_{T,R} H_1 n_x \end{bmatrix} \tag{4-129}$$

式中，$u_{T,L}$ 和 $u_{T,R}$ 分别为界面左侧和界面右侧平行于界面的流速；H_1 和 H_2 分别为向量 H 的前两项，H 采用 HLL 方程计算（Harten et al.，1983）：

$$H = \frac{S_R E(\widehat{U}_L) - S_L E(\widehat{U}_R) + S_L S_R (\widehat{U}_R - \widehat{U}_L)}{S_R - S_L} \tag{4-130}$$

接触波 S_M 采用式（4-131）计算（Toro，2001）：

$$S_M = \frac{S_L h_R (u_{N,R} - S_R) - S_R h_L (u_{N,L} - S_L)}{h_R (u_{N,R} - S_R) - h_L (u_{N,L} - S_L)} \tag{4-131}$$

左波和右波分别采用式（4-132）计算（George，2008）：

$$S_L = \begin{cases} \min(u_{N,L} - \sqrt{gh_L}, u_{N,*} - \sqrt{gh_*}) & \text{if } h_L > 0\text{和} h_R > 0 \\ u_{N,R} - 2\sqrt{gh_R} & \text{if } h_L = 0 \\ u_{N,L} - \sqrt{gh_L} & \text{if } h_R = 0 \end{cases}$$

$$\tag{4-132}$$

$$S_R = \begin{cases} \max(u_{N,R} + \sqrt{gh_R}, u_{N,*} + \sqrt{gh_*}) & \text{if } h_L > 0\text{和} h_R > 0 \\ u_{N,R} + \sqrt{gh_R} & \text{if } h_L = 0 \\ u_{N,L} + 2\sqrt{gh_L} & \text{if } h_R = 0 \end{cases}$$

式中，h_* 和 $u_{N,*}$ 分别采用式（4-133）计算：

$$h_* = \frac{1}{2}(h_R + h_L) \quad u_{N,*} = \frac{\sqrt{h_L} u_{N,L} + \sqrt{h_R} u_{N,R}}{\sqrt{h_L} + \sqrt{h_R}} \tag{4-133}$$

4. 物理变量重构

对于单元中心格式的有限体积算法，如果直接采用单元中心的物理量来计算界面通量，即认为变量在单元格内为常数分布，则算法只具有一阶空间精度。为了获取更高的空间精度，需要对界面两侧物理变量进行重构，然后基于重构后的状态变量求解界面处的对流数值通量。常用的变量重构格式主要包括 ENO 格式（Harten et al.，1987）及其改进形式的 WENO 格式（Liu et al.，1994），UPWIND 型格式（Anastasiou and Chan，1997）及 Van Leer 提出的分片线性逼近的 MUSCL 格式等（Leer，1977，1979）。ENO 格式或 WENO 格式在结构网格中应用较多，在非结构网格上应用起来较为困难，UPWIND 型格式计算量较大（张大伟，2008），MUSCL 格式不仅能够基本上避免非物理振荡，同时还能提高数值解的精度和分辨率，是之后很多种非线性高阶格式的基础，所以其在科学计算领域得到了广泛应用（杨水平和罗迪凡，2007；Begnudelli et al.，2008；宋利祥，2012）。采用分片线性逼近的 MUSCL 格式结合限制函数来进行状态变量的空间重构，对于任意界面的变量重构值采用式（4-134）计算：

$$U_{i,k} = U_i^c + \nabla_i^l \cdot r \qquad (4\text{-}134)$$

式中，$U_{i,k}$ 为单元 i 的第 k 条边的重构值；U_i^c 为单元 i 中心的变量值；r 为界面中心相对单元中心的位置矢量；∇_i^l 为限制梯度，由式（4-135）给定：

$$\nabla_i^l = \min_{k=1,2,3} (\alpha_k) \nabla_i^{un} \qquad (4\text{-}135)$$

式中，∇_i^{un} 为未受限制的梯度，由单元 3 个顶点的变量来计算；α_k 为限制函数，采用式（4-136）计算（Hubbard，1999）：

$$\alpha_k = \begin{cases} \min\left[1, \dfrac{\max(0, U_{i,k}^{nc} - U_i^c)}{U_{i,k}^{un} - U_i^c}\right] & \text{if } U_{i,k}^{un} - U_i^c > 0 \\[3mm] 1 & \text{if } U_{i,k}^{un} - U_i^c = 0 \\[3mm] \min\left[1, \dfrac{\min(0, U_{i,k}^{nc} - U_i^c)}{U_{i,k}^{un} - U_i^c}\right] & \text{if } U_{i,k}^{un} - U_i^c < 0 \end{cases} \qquad (4\text{-}136)$$

式中，$U_{i,k}^{nc}$ 为与单元 i 的第 k 条边共边的相邻单元中心处的变量值。

5. 底坡项处理

底坡项处理对模型的稳定性、和谐性及守恒性均有着重要影响。采用单元中心型有限体积法一般需要进行通量校正，以保证模型的和谐性。由于本书采用的是改进形式的控制方程，不需要计算额外的校正项。

底坡项引起的源项如下：

$$S_b = \begin{bmatrix} 0 \\ g(h+b)S_{ox} \\ g(h+b)S_{oy} \end{bmatrix} = \begin{bmatrix} 0 \\ -g(h+b)\dfrac{\partial b}{\partial x} \\ -g(h+b)\dfrac{\partial b}{\partial y} \end{bmatrix} \qquad (4\text{-}137)$$

对底坡项在单元 V 上进行积分可以得到：

$$\int_V S_b \mathrm{d}V = \int_\Omega \begin{bmatrix} 0 \\ g(h+b)S_{ox} \\ g(h+b)S_{oy} \end{bmatrix} \mathrm{d}V = \begin{bmatrix} 0 \\ -g(h+b)A\dfrac{\partial b}{\partial x} \\ -g(h+b)A\dfrac{\partial b}{\partial y} \end{bmatrix} \qquad (4\text{-}138)$$

式中，A 为单元面积，m^2；h 为单元中心处水深，m；b 为单元中心处高程，m；$\dfrac{\partial b}{\partial x}$ 和 $\dfrac{\partial b}{\partial y}$ 分别为单元在 x 和 y 方向的坡度，采用式（4-139）计算：

$$\frac{\partial b}{\partial x} = \frac{1}{2A}\left[(y_2 - y_3)b_1 + (y_3 - y_1)b_2 + (y_1 - y_2)b_3\right] \tag{4-139}$$

$$\frac{\partial b}{\partial y} = \frac{1}{2A}\left[(x_3 - x_2)b_1 + (x_1 - x_3)b_2 + (x_2 - x_1)b_3\right] \tag{4-140}$$

式中，$(x_k，y_k)$ 为单元第 k 个顶点坐标；b_k 为顶点高程，m；k 为单元顶点按逆时针顺序排列时的序号。

4.3.3　边界条件

边界类型可以分为固壁边界和开边界，开边界又分为单宽流量边界、流量边界、水位边界、自由出流边界等。设边界上的水深为 h^*，x 和 y 方向的流速分别为 u^* 和 v^*，则边界上的通量为

$$F^* = \begin{bmatrix} h^* u_{\mathrm{N}}^* \\ h^* u^* u_{\mathrm{N}}^* + \dfrac{1}{2}\left[(h^*)^2 - (b^*)^2\right]n_x \\ h^* v^* u_{\mathrm{N}}^* + \dfrac{1}{2}\left[(h^*)^2 - (b^*)^2\right]n_y \end{bmatrix} \tag{4-141}$$

式中，u_{N}^* 为边界边中点的法向流速，m/s；n_x 和 n_y 分别为边界上外法向向量在 x 和 y 方向的分量；b^* 为边界边中点的高程，m。

根据特征线理论，沿着正负特征线方向有特征不变量：

$$\begin{cases} R^+ = u + 2\sqrt{gh} \\ R^- = u - 2\sqrt{gh} \end{cases} \tag{4-142}$$

R^+ 和 R^- 沿特征线不变，即存在如下关系：

$$\begin{cases} \dfrac{\mathrm{d}(u + 2\sqrt{gh})}{\mathrm{d}t} = 0, \quad \dfrac{\mathrm{d}x}{\mathrm{d}t} = u + \sqrt{gh} \\ \dfrac{\mathrm{d}(u - 2\sqrt{gh})}{\mathrm{d}t} = 0, \quad \dfrac{\mathrm{d}x}{\mathrm{d}t} = u - \sqrt{gh} \end{cases} \tag{4-143}$$

假定边界边右侧在计算区域外，左侧在计算区域内，根据式（4-143）可以得到：

$$u_{\mathrm{N}}^* + 2\sqrt{gh^*} = u_{\mathrm{N,L}} + 2\sqrt{gh_{\mathrm{L}}} \tag{4-144}$$

式中，h_{L} 和 $u_{\mathrm{N,L}}$ 分别为边界左侧单元中心的水深和法向流速，m 和 m/s。

在求解边界通量时，作如下假定：

$$u_{\mathrm{T}}^* = u_{\mathrm{T,L}} \tag{4-145}$$

式中，u_{T}^* 和 $u_{\mathrm{T,L}}$ 分别为边界边上和单元中心的切同速度，m/s。

1. 固壁边界

在固壁边界处，采用无滑移边界条件，即边界上法向与切向流速均为 0，边界上的水深等于单元中心处水深，即 $h^* = h_L$，则固壁边界的通量为

$$F^* = \begin{bmatrix} 0 \\ \dfrac{1}{2}[h_L{}^2 - (b^*)^2]n_x \\ \dfrac{1}{2}[h_L{}^2 - (b^*)^2]n_y \end{bmatrix} \tag{4-146}$$

2. 自由出流边界

对于自由出流边界，边界上的水深流速采用边界边左侧单元的水深流速值，即

$$\begin{aligned} h^* &= h_L \\ u^* &= u_L \\ v^* &= v_L \end{aligned} \tag{4-147}$$

3. 水位边界条件

对于水位（水深）边界条件，边界上的水位（或水深）是给定的，即 h^* 可以通过给定的水位边界减去边界中点高程获得，为已知量。根据式（4-144）则有

$$u_N^* = u_{N,L} + 2\sqrt{gh_L} - 2\sqrt{gh^*} \tag{4-148}$$

4. 单宽流量边界条件

对于给定的法向单宽流量 $q(t)$，式(4-149)成立：

$$q(t) = h^* u_N^* \tag{4-149}$$

将式（4-149）代入式（4-144）可以得到：

$$2(\sqrt{gh^*})^3 - (u_{N,L} + 2\sqrt{gh_L})(\sqrt{gh^*})^2 + gq(t) = 0 \tag{4-150}$$

根据式（4-150）可以迭代求解出 h^*，进而根据式（4-149）求解出 u_N^*。根据 u_N^* 和式（4-145），即可求得 u^* 和 v^*，代入式（4-141）可以求解边界通量。

5. 流量边界条件

设边界上有 n 条边，则对于给定的流量边界 $Q(t)$ 存在如下关系：

$$Q(t) = \sum_{i=1}^{n}(ql)_i = \sum_{i=1}^{n}(h^* u_N^* l)_i \tag{4-151}$$

式中，l 为第 i 条边的长度，m；q 为第 i 条边上的单宽流量，m^2/s。

根据曼宁公式，流速与水深的 2/3 次方成正比，则有

$$\left(\frac{u_N^*}{h^{*2/3}}\right)_1 = \left(\frac{u_N^*}{h^{*2/3}}\right)_2 = \cdots = \left(\frac{u_N^*}{h^{*2/3}}\right)_n \tag{4-152}$$

联立式（4-151）和式（4-152），可以得到任意边上分配到的流量：

$$Q_k = \frac{Q(t)(h^{*5/3}l)_k}{\sum\limits_{i=1}^{n}(h^{*5/3}l)_i} \tag{4-153}$$

则任意边上的单宽流量和法向流速为

$$q_k = \frac{Q_k}{l_k} = \frac{Q(t)(h^{*5/3})_k}{\sum\limits_{i=1}^{n}(h^{*5/3}l)_i} \tag{4-154}$$

$$u_{N,k}^* = \frac{q_k}{h_k^*} = \frac{Q(t)(h^{*2/3})_k}{\sum\limits_{i=1}^{n}(h^{*5/3}l)_i} \tag{4-155}$$

在求得每条边上的单宽流量后，即可按照单宽流量边界条件处理。

4.3.4　动边界的处理

二维水动力模型在处理复杂地形上的水流问题时，一些网格单元可能会出现部分淹没或者干湿交替现象，即动边界问题，这对模型计算的稳定性和准确性带来了巨大挑战（宋利祥，2012）。能否有效地应对和处理动边界问题是模型能否处理实际问题的一个重要标准。根据单元自身及周围单元格水深，将计算范围内的单元格划分成不同类型，不同类型的单元格采用不同的应对策略。

如图 4-37 所示，根据单元界面两侧重构后的水深情况，将界面定义为湿界面和干界面，如果界面有一侧水深或者两侧水深大于湿水深（h_{flood}），则将该界面定义为湿界面[（图 4-37（a）~图 4-37（c）]，否则为干界面[图 4-37（d）~图 4-37（f）]。

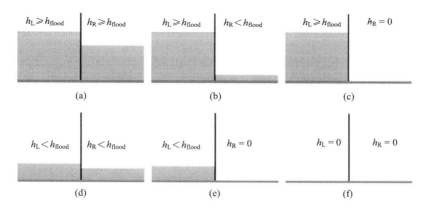

图 4-37　干湿界面示意图

根据单元格 3 个界面的淹没类型，将单元格划分成以下 4 种类型。

（1）全淹类型：单元格的 3 个界面均为湿界面。全淹类型单元格同时计算动量与水量交换。

（2）全干类型：单元格的 3 个界面均为干界面，且单元格水深小于或者等于干水深（h_{dry}）。对于全干类型的单元格，暂时冻结计算，既不更新水量也不更新动量。

（3）半淹类型：单元格 3 个界面中至少有 1 个界面为湿界面。对于半淹类型的单元格，只计算水量交换，而忽略动量交换。

（4）其他类型：单元格 3 个界面均为干界面，但单元格水深大于干水深。对于这种类型的单元格，将其水量分配到周围半淹类型的单元格中。

上述判断干湿状态所采用的阈值（干水深和湿水深）的取值需要根据实际的计算条件来设置和调整，一般情况下可以设置成如下值：

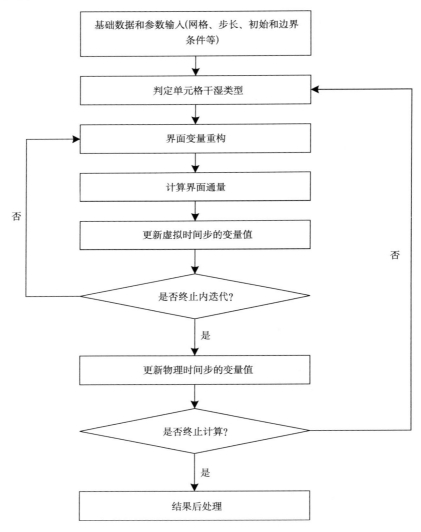

图 4-38　地表二维水动力学模型计算流程

$$h_{\mathrm{dry}} = 0.001\mathrm{m}, \qquad h_{\mathrm{flood}} = 0.05\mathrm{m} \tag{4-156}$$

4.3.5　二维模型计算流程

地表二维水动力学模型的计算过程如图 4-38 所示。

4.4　地表二维模型的验证与应用

4.4.1　概述

城市地表洪水模拟计算存在诸多难点：①由于城市下垫面复杂，以及受城市地形、街道、建筑物和其他市政设施等因素的影响，地表可能存在着各种复杂的水流流态；②城市洪水计算往往需要关注一些特定地区，也需要进行网格局部细化，另外不同的街道和广场等尺度相差较大，也会造成不同地方网格单元尺寸差异较大且形状极度不规则等问题出现；③城市区域在地表流动的水量往往不是很大，存在着大量水深较小甚至极小的网格。上述存在的这些问题对模型的稳定性、效率和精度都提出了极高的要求，能否有效地应对和处理这些问题是模型能否成功地应用于城市洪水计算的关键。

根据城市具体的特点，基于双时间步法建立了一个隐式的二维非恒定流水动力学模型。采用恒定流、Stocker 溃坝、非平底溃坝、斜水跃、静水、室内溃坝、城市洪水淹没实验及 Malpasset 溃坝 8 个不同算例，对模型处理复杂流态水流、捕捉激波、和谐性、守恒性，以及处理城市区域密集建筑物和实际地形等方面的能力进行检验，将本模型计算结果与理论值、实验值及其他模型计算值进行对比，从而对二维模型的精度进行了验证。

为了对采用的隐式双时间步法的效率与精度进行验证，在部分算例中将其与在实际应用中使用较为广泛、效率较高的显式 MUSCL-Hancock 预测校正格式（Leer，1984）进行对比。为了保证对比的有效性，两个模型数值方法除了时间项离散格式不一样之外，其他如通量计算、空间重构及摩阻项处理方法完全一样。

MUSCL-Hancock 预测校正格式分为预测步和时间步，分别采用式（4-157）和式（4-158）计算：

$$\eta_i^p = \eta_i - \frac{\Delta t}{2}(u\overline{\delta_x h} + h\overline{\delta_x u} + v\overline{\delta_y h} + h\overline{\delta_y v})_i$$

$$u_i^p = u_i - \frac{\Delta t}{2}(u\overline{\delta_x u} + g\overline{\delta_x \eta} + v\overline{\delta_y u} + gn^2 h^{-3/4} u^p \sqrt{u^2 + v^2})_i \tag{4-157}$$

$$v_i^p = v_i - \frac{\Delta t}{2}(u\overline{\delta_x v} + g\overline{\delta_y \eta} + v\overline{\delta_y v} + gn^2 h^{-3/4} v^p \sqrt{u^2 + v^2})_i$$

式中，上标 p 代表预测步结果；η 代表水位。

$$\boldsymbol{U}_i^{t+\Delta t} = \boldsymbol{U}_i^t + \frac{\Delta t}{A_i}\left(-\sum_{k=1}^{3} \boldsymbol{F}_{i,k} \cdot \boldsymbol{n}_{i,k} l_{i,k} + \boldsymbol{S}_i\right) \tag{4-158}$$

式中，$\boldsymbol{F}_{i,k}$ 为界面通量，在预测步的基础上进行计算。

4.4.2　恒定流算例

恒定流模拟可以有效地检验模型的适应性、结果精度及收敛速度，采用具有抛物型底坎的恒定流算例对本书所构建的二维水动力学模型处理恒定流的精度进行验证，并采用此算例对比分析双时间步法与传统显式方法在收敛速度方面的优越性。该算例作为国际水利学工程与研究协会（IAHR）溃坝水流模型工作组的基准测试算例，被国内外研究者广泛地应用于检验模型性能（Rogers et al., 2003；Mohamadian et al., 2005；Singh et al., 2011；Song et al., 2011）。算例采用的计算区域为长 25m、宽 1m 的河道，河道断面为矩形，底部地形采用式（4-159）计算：

$$b = \max[0, 0.2 - 0.05(x-10)^2] \tag{4-159}$$

依据上、下游给定的初始条件和边界条件的不同，可以形成不同的流态或者混合流态，计算其中 3 种组合：缓流、无激波混合流和有激波混合流，各种不同边界条件下恒定流的理论解均可以通过伯努利方程求解：

$$H = b + h + \frac{q^2}{2gh^2} \tag{4-160}$$

式中，H 为上游总水头，m；b 为底高程，m；h 为水深，m；q 为单宽流量，m²/s。

在计算过程中，采用总水深相对误差 E_h 作为结果收敛的判断标准，当 E_h 小于 10^{-6} 时，认为结果收敛，定义

$$E_h = \sqrt{\sum_{i=1}^{N_c} \left(\frac{h_i^n - h_i^{n-1}}{h_i^n} \right)^2} \tag{4-161}$$

式中，N_c 为单元格总数；h_i^n 和 h_i^{n-1} 分别为第 n 步和第 $n-1$ 步的水深，m。

1）缓流

上游边界条件给恒定单宽流量 4.42m²/s，下游边界条件给恒定水位 2m，计算区域初始水位为 2m，x 方向初始流速为 2.21m/s，y 方向流速为 0。图 4-39 和图 4-40 分别给出了稳定后水位和单宽流量数值解与理论解的对比情况，从图 4-39 和图 4-40 可以看出，

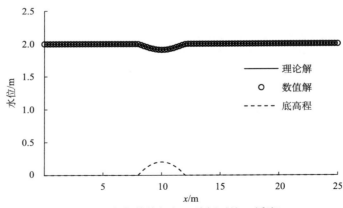

图 4-39　水位数值解与理论解对比（缓流）

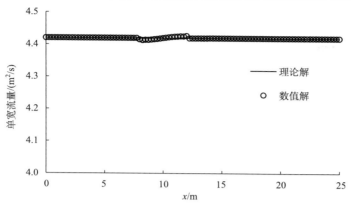

图 4-40　单宽流量数值解与理论解对比（缓流）

模型计算结果与理论解吻合得较好，在底高程凸起处存在一定误差，这种数值误差在许多类似的二维数值模型中均存在。

2）无激波混合流

上游边界条件给定单宽流量 1.53m²/s，下游边界采用急流边界条件，初始水位为 0.66m，x 方向初始流速为 2.32m/s，y 方向流速为 0。无激波混合流在底坎前为缓流，在底坎后为急流。图 4-41 和图 4-42 分别给出了稳定后水位和单宽流量的数值解与理论解的对比情况，从图 4-41 和图 4-42 可以看出，模型较好地模拟了流态的过渡，除了在底高程凸起处存在一定误差外，总的来说，计算结果与理论解吻合得较好。

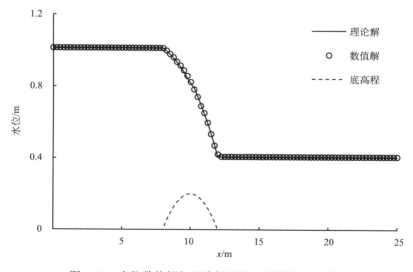

图 4-41　水位数值解与理论解对比（无激波混合流）

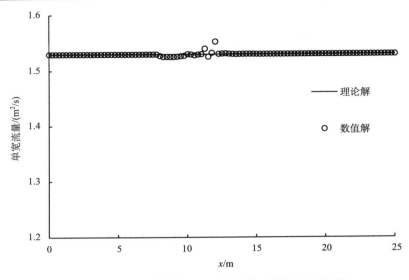

图 4-42　单宽流量数值解与理论解对比（无激波混合流）

3）有激波混合流

上游边界条件给定单宽流量 $0.18m^2/s$，下游边界采用急流边界条件，初始水位给定为 $0.33m$，x 方向初始流速为 $0.55m/s$，y 方向流速为 0。有激波混合流在底坎前和底坎后均为缓流，在底坎处为急流。图 4-43 和图 4-44 分别给出了稳定后水位和单宽流量的数值解与理论解的对比情况，从图 4-43 和图 4-44 可以看出，模型的计算结果与理论解吻合得较好，表明模型具有很好地处理复杂混合流的能力。

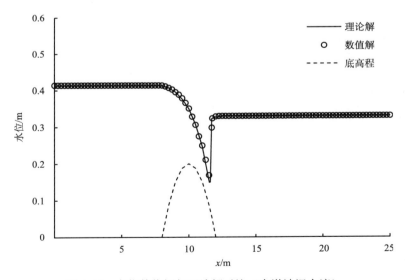

图 4-43　水位数值解与理论解对比（有激波混合流）

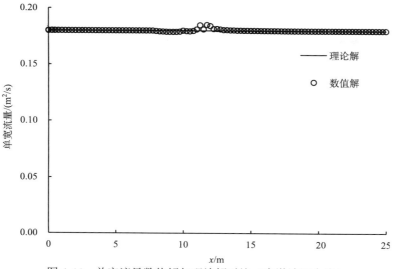

图 4-44 单宽流量数值解与理论解对比（有激波混合流）

为对比双时间步法（DTS）与显式的 MUSCL-Hancock 预测校正方法（MHS）的收敛速度，以及时间步长和内迭代次数对模型效率、精度及收剑速度的影响，分别采用不同的时间步长、内迭代次数对 3 种流态的水流进行了计算，各种情形计算结果见表 4-9。表 4-9 中 i、ii 和 iii 分别代表缓流、有激波混合流和无激波混合流。采用相对计算耗时，即双时间步法计算耗时与显式格式计算耗时之比作为效率评估的依据，显式格式取为 1.0，精度评估则采用计算区域面平均误差 L_c，其表达式为

$$L_c = \frac{1}{A_c} \sum_{i=1}^{N_c} A_i \left| h_i u_i - h_i^* u_i^* \right| \tag{4-162}$$

式中，A_c 为计算区域总面积，m^2；h_i 和 u_i 分别为水深和流速的数值解，m 和 m/s；h_i^* 和 u_i^* 分别为水深和流速的理论解，m 和 m/s。

表 4-9 不同参数设置下模型计算效率与精度

算法	最大迭代次数	时间步长/s			相对计算耗时			$L_1(hu) / (10^{-4} m^2/s)$		
		i	ii	iii	i	ii	iii	i	ii	iii
MHS	—	0.005	0.012	0.007	1.00	1.00	1.00	7.22	4.30	6.65
DTS	1	0.050	0.050	0.050	0.25	0.30	0.29	7.10	3.69	6.50
DTS	1	0.250	0.250	0.250	0.21	0.17	0.23	7.10	3.69	6.50
DTS	2	0.250	0.250	0.250	0.21	0.18	0.24	7.10	3.69	6.50
DTS	3	0.250	0.250	0.250	0.22	0.20	0.25	7.10	3.69	6.50
DTS	1	0.500	0.500	0.500	0.20	0.17	0.22	7.10	3.69	6.50
DTS	1	1.000	1.000	1.000	0.20	0.16	0.22	7.10	3.69	6.50

从表 4-9 可以看出，处理恒定流问题时，在计算结果精度相当的情况下，双时间步法的时间步长能取到显式格式的 10 倍以上，计算耗时减少了 75% 以上，计算效率得到明显提升，表明基于隐式双时间步法建立的模型收敛速度远高于显式格式。对比时间步

长为 0.250s 的 3 种情况可以发现，增加内迭代次数对精度没有任何改善，反而会降低效率，因而在计算恒定流时，只需要一次内迭代即可满足要求。同时，可以发现，随着时间步长的增大，计算精度几乎没有改变，计算效率会提高，但步长超过一定范围后，计算效率的提升将不再明显。

4.4.3　Stocker 溃坝算例

Stocker 溃坝算例模拟计算在平底、无阻力假定下的溃坝水流运动，其理论解是由 Stocker 于 1957 年推导出的，由于其具有理论解，所以被广泛应用于检验水动力学模型解的精度（谭维炎，1998；魏文礼和郭永涛，2007；史英标等，2012）。为了验证本模型处理非恒定流的精度，分析双时间步法的物理时间步长、最大内迭代次数及内迭代收敛阈值对解的精度和效率的影响，采用基于双时间步法的模型和采用显式时间格式的模型分别计算了本算例。如图 4-45 所示，整个模拟区域为 100m×1000m 的矩形河道，假定一个厚度为 0 的大坝位于 x=500m 处，坝上游水深 5m，坝下游水深 0.2m，坝在 t=0s 时溃决。整个计算区域被划分成 8836 个计算单元来进行模拟计算。

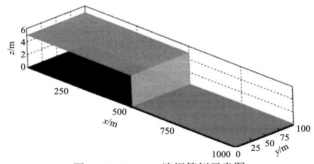

图 4-45　Stocker 溃坝算例示意图

图 4-46~图 4-48 分别给出了溃坝后 20 秒、40 秒和 60 秒时的水位数值解与理论解的对比情况，图 4-49~图 4-51 分别给出了溃坝后 20 秒、40 秒和 60 秒时的流速数值解与理论解的对比情况。从这些图中可以看出，除了激波附近存在一定的误差外，水位和流速的数值解与理论解都吻合得比较好，表明建立模型的计算结果精度较高，能够有效地捕捉激波和间断。

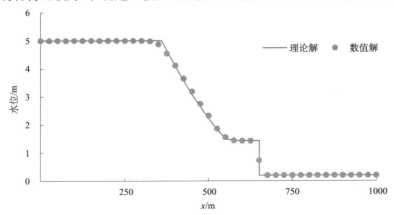

图 4-46　t = 20s 时水位数值解与理论解对比

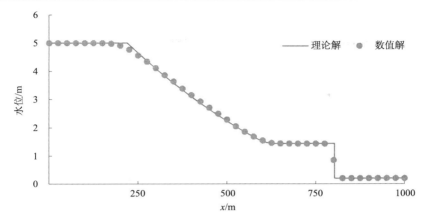

图 4-47　$t = 40$s 时水位数值解与理论解对比

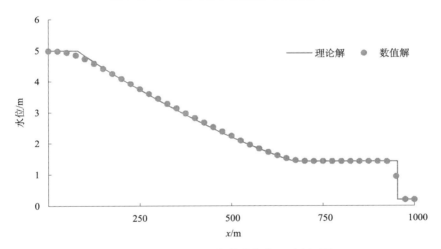

图 4-48　$t = 60$s 时水位数值解与理论解对比

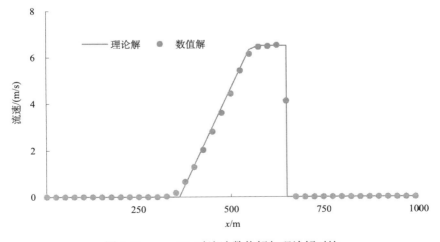

图 4-49　$t = 20$s 时流速数值解与理论解对比

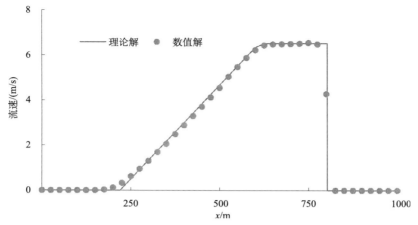

图 4-50　$t = 40\text{s}$ 时流速数值解与理论解对比

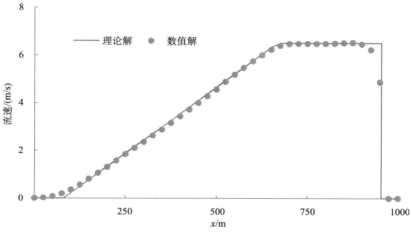

图 4-51　$t = 60\text{s}$ 时流速数值解与理论解对比

　　为了进一步评估影响模型精度和效率的因素，将显式的 MUSCL-Hancock 预测校正格式也应用于此算例。两种方法计算结果的相对误差采用式（4-163）来评估：

$$E_r = \frac{1}{A_{\text{total}}} \sum_{i=1}^{N_c} \frac{A_i \left| h_i - h_i^* \right|}{h_i^*} \qquad (4\text{-}163)$$

式中，h_i 和 h_i^* 分别为单元 i 的数值解与理论解，m。

　　表 4-10 列出在不同物理时间步长、最大迭代次数及迭代收敛阈值的情况下，模型计算效率和精度与显式格式的对比情况。采用相对计算耗时，即双时间步法计算耗时与显式格式计算耗时之比作为效率评估的依据，显式格式取为 1.0。

表 4-10　不同参数设置下模型计算效率与精度

时间步长/s	最大迭代次数	收敛阈值	相对计算耗时	相对误差/%
0.17*	—	1.0×10^{-4}	1.00	1.77
0.50	4	1.0×10^{-4}	0.85	1.73

续表

时间步长/s	最大迭代次数	收敛阈值	相对计算耗时	相对误差/%
0.50	5	1.0×10^{-4}	0.93	1.65
0.50	6	1.0×10^{-4}	1.01	1.65
1.00	6	1.0×10^{-4}	0.60	2.29
1.50	6	1.0×10^{-3}	0.42	4.93
1.50	6	1.0×10^{-4}	0.45	2.99
1.50	6	1.0×10^{-5}	0.60	2.93
1.50	6	1.0×10^{-6}	0.63	2.93

*由 MHS 计算。

从表 4-10 可以得出如下结论：①与显式格式相比，双时间步法在不损失任何精度的情况下，计算耗时减少了 15%，如果允许微少的误差增加，计算效率可以提高 50% 以上。由于本算例不涉及地形变化，所以所采用的网格单元大小尺寸相差并不大，在尺寸差异较大的情况下，双时间步法的优势将会更加明显。②分析对比表中由双时间步法计算时间步长为 0.5~1.5s 的 3 种情形可以看出，随着物理时间步长的增加，模型效率不断提升，但精度有所下降而且需要更多次数的内迭代，说明物理时间步长对模型效率与精度的影响较大。经过数值实验，将 Courant 数设为 4.0~5.0 较为合适。③对比 Δt=0.5s 的 3 种情形可以看出，在内迭代大概收敛的情况下，增加内迭代次数对精度改善十分有限。一般情况下，根据不同的物理时间步长，5~8 次内迭代即可满足要求。④对比时间步长为 1.5s 的 4 种情况可以发现，当阈值从 10^{-4} 降低到 10^{-6} 时没有明显的精度改善，但计算时间却增加了 15%，说明在超过一定范围后，采用更小的迭代收敛阈值对精度的改善有限，但却会降低模型效率。通过对比分析，采用 10^{-4} 作为迭代是否完成的阈值较为合适。

4.4.4　非平底溃坝算例

非平底溃坝算例最初由 Kawahara 和 Umetsu（1986）提出，通过模拟溃坝洪水在包含一座直径为 20m、高 3m 的大山和两座直径为 13m、高 1m 的小山的计算区域内的演进过程，可以有效地检验模型处理动边界问题的能力，以及在干湿界面交替出现的情况下水量守恒的能力，因而其被广泛用于检验二维水动力学模型（Brufau et al.，2002；Liang and Borthwick，2009；岳志远等，2011）。

非平底溃坝算例所采用的计算区域为一长 75m、宽 30m 的矩形，区域内地形由式（4-164）给定：

$$b(x) = \max[0, 1 - 0.125\sqrt{(x-30)^2 + (y-6)^2},$$
$$1 - 0.125\sqrt{(x-30)^2 + (y-24)^2}, \qquad (4\text{-}164)$$
$$3 - 0.3\sqrt{(x-47.5)^2 + (y-15)^2}]$$

如图 4-52 所示，在 x=16m 处有一个坝，坝内初始水位为 1.88m，均为静水，即初始流速为 0，坝下游初始为干，整个计算区域四周均为固边界。将计算区域划分成由 8392 个单元和 4337 个节点组成的格网，假定坝的厚度可以忽略不计，在 t=0s 时溃决，采用本模型模拟计算了溃坝后 300s 的洪水演进过程，计算时整个区域统一采用曼宁系数 0.018 s/m$^{1/3}$。

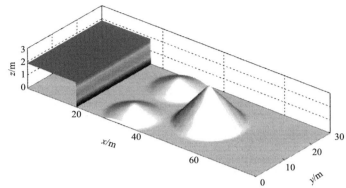

图 4-52　计算区域地形与初始水深示意图

图 4-53 分别给出了溃坝后 2s、6s、12s 和 300s 时计算区域内的水位分布和流场图，从图 4-53 中可以看出：①在 $t=2s$ 时，溃坝洪水波已经到达小山处；②在 $t=6s$ 时，两座

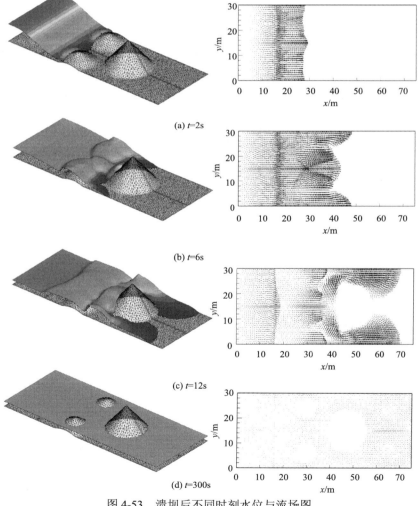

(a) $t=2s$

(b) $t=6s$

(c) $t=12s$

(d) $t=300s$

图 4-53　溃坝后不同时刻水位与流场图

小山已经完全被洪水淹没，此时洪水波已经到达大山处；③在 t =12s 时，洪水已经从大山两侧流到大山背后的区域；④t=300s 时，由于能量耗尽，流速已经基于趋于零，水位也基本不再变化，此时小山只露出顶部区域。整个洪水演进过程几乎跟其他一些文献（Brufau et al.，2002；Liang and Borthwick，2009；岳志远等，2011）中模型模拟结果一致。

　　为了研究模型水量误差的影响因素，采用不同的时间步长、内迭代次数及内迭代收敛阈值分别计算本算例，各种情况下的模型计算完成后的水量误差见表 4-11。从表 4-11中可以看出，随着物理时间步长的增加，水量相对误差有所增加，较多的内迭代次数和较小的收敛阈值有利于减少水量误差，这是由内迭代更加充分所致。总的来讲，模型计算过程中水量误差都控制在相对较小的范围内。

表 4-11　不同参数下水量相对误差

时间步长/s	最大内迭代次数	收敛阈值	水量相对误差
0.05	8	1.0×10^{-4}	-5.57×10^{-4}
0.10	8	1.0×10^{-5}	-1.08×10^{-3}
0.10	8	1.0×10^{-4}	-1.92×10^{-3}
0.10	6	1.0×10^{-4}	-5.54×10^{-3}

4.4.5　斜水跃算例

　　斜水跃算例被广泛地应用于检验模型算法的收敛性能以及处理高速水流间断问题的能力（Hager et al.，1994；Brufau et al.，2002；Pan et al.，2006；潘存鸿和徐昆，2006）。本算例假定水流以超临界流速流过一个长 40m、左侧宽 30m、右侧宽 25.275m 的区域，其中左侧为上边界，右侧为下边界，整个区域的高程设为 0。如图 4-54 所示，计算区域在下侧 10m 处以 α=8.95°的角度收缩形成斜壁。初始条件及上边界条件的水深 h=1m，流速 u=8.75m/s，v=0m/s，下边界条件采用自由出流。在上述给定的初始条件和边界条件下，

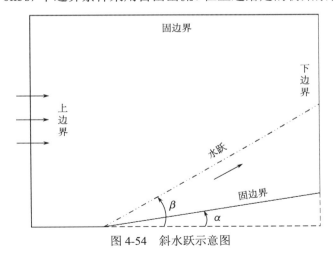

图 4-54　斜水跃示意图

上游水流为急流，当通过收缩段时，从斜壁边界反射的水波经过叠加，斜壁附近（图 4-54 中虚线所示的水跃边界与下侧固边界之间区域）的水面变高，形成水跃。本算例具有理论解，水跃前后的水深满足以下条件：

$$\frac{h_2}{h_1}=\frac{1}{2}(\sqrt{1+8F_r^2\sin^2\beta}-1) \qquad (4\text{-}165)$$

式中，h_1 为跃前水深，m；h_2 为跃后水深，m；F_r 为跃前弗汝德数。

Hager 等（1994）给出了斜水跃算例的理论解，即当水流达到稳定态后，超临界流与斜壁作用会形成一个角度 $\beta=30°$ 的水跃将区域分成两部分，水跃两侧水位分别为 1.0m 和 1.5m，水跃后的流速为 7.9556m/s。如图 4-55 所示，将计算区域划分为 8718 个三角网格单元进行模拟计算。模型计算结果如图 4-56 所示，水跃后的水深 $h=1.498$m，流速 $V=7.952$m/s，$\beta\approx30°$。模型计算结果与理论解十分接近，表明建立的二维水动力模型可以准确地捕捉激波和处理高速水流间断问题。

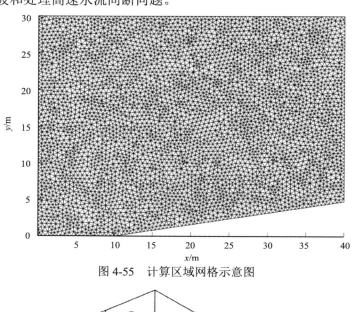

图 4-55　计算区域网格示意图

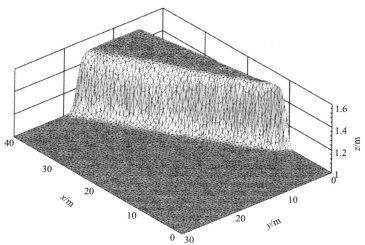

图 4-56　斜水跃稳定后水位轮廓

4.4.6　静水算例

为了检验模型的和谐性，即计算静水时仍能保持计算区域内水为静止状态，而不产生虚假流速的能力，将二维水动力模型应用于具有干湿界面的静水算例。静水算例的计算区域为边长 1m 的正方形，区域内底高程由式（4-166）给定（Brufau et al.，2002；吕彪，2010）：

$$b = \max\{0,\ 0.25[(x-0.5)^2 + (y-0.5)^2]\} \qquad (4\text{-}166)$$

式中，b 为底高程，m；x 和 y 为某点的坐标。

由式（4-166）定义的区域地形如图 4-57 所示，从图 4-57 中可以看出，计算区域内存在一个高 0.25m 的小山，除小山之外，其他地方高程均为 0。初始水位设为 0.1m，全场流速均为 0，四周均为固边界，即区域内均为静水。在给定的初始水位下，小山部分被淹没，即存在部分干湿界面，如果模型底坡项处理不恰当，将无法维持静水状态，因而本算例被广泛应用于检验水动力模型的和谐性。

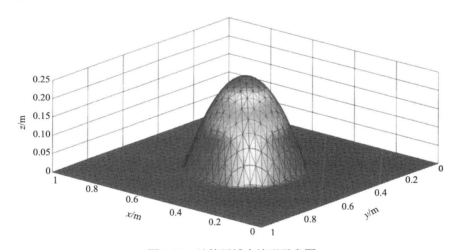

图 4-57　计算区域内地形示意图

将计算区域划分为 4096 个三角单位，计算 300s 后，整个区域内流速均为 0，区域内水位分布如图 4-58 所示。从图 4-58 可以看出，水位与初始水位相比没有任何变化，表明模型能够满足和谐性要求。

4.4.7　室内对称溃坝实验

Fraccarollo 和 Toro（1995）进行的室内对称溃坝实验的数据被广泛应用于检验二维水动力模型（夏军强等，2010；宋利祥，2012），为了进一步检验模型精度，将算例应用于本模型。如图 4-59 所示，整个实验区域分为两部分，上游为长 1m、宽 2m 的水库，下游为长 3m、宽 2m 的平原。上下游初始水深分别为 0.6m 和 0m。水库与滩地之间的大坝长 2m，厚度忽略不计，在大坝中间存在一个长 0.4m 对称的溃口，水流通过溃口流向下流滩地，滩地除大坝那一边设为固边界外，其余三条边均设为开边界，采用自由出流。

表 4-12 给出了各个观察点的坐标与编号。将实验区域划分成 45 996 个三角网格单元，网格平均面积为 $1.7 \times 10^{-4} \mathrm{m}^2$。假定大坝在 $t=0\mathrm{s}$ 时瞬间溃决，模型模拟计算了溃坝后 10 秒内的水流演进过程。

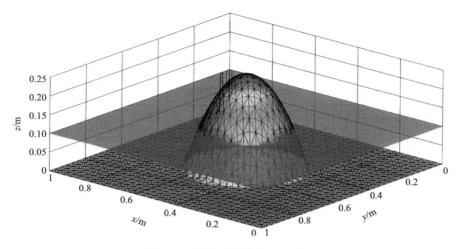

图 4-58　计算区域内水面示意图

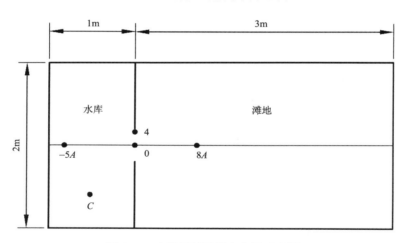

图 4-59　实验区域及测点位置示意图

表 4-12　测点位置坐标

测点	$-5A$	C	4	0	$8A$
x/m	0.18	0.48	1.00	1.00	1.72
y/m	1.00	0.40	1.16	1.00	1.00

图 4-60 给出了溃坝后 $t=4\mathrm{s}$ 时计算区域水位分布的情况，从图 4-60 中可以看出，此时水库内的水位已经降到 0.4m 以下。图 4-61~图 4-65 分别给出了 5 个测点处水位计算值与实验值的对比情况。从这些图中可以看出，模型计算水位与实验值总体上吻合得比较

好。由于溃口处的水流具有很强的三维属性，采用二维浅水方程来描述具有一定的局限性，所以在前 2s，测点 4 和测点 0 处的计算水位值略低于实测水位。

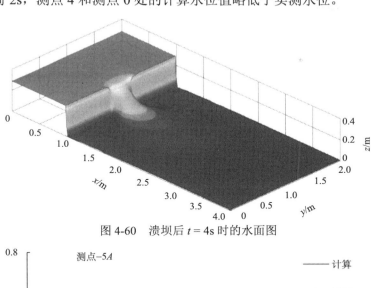

图 4-60　溃坝后 t = 4s 时的水面图

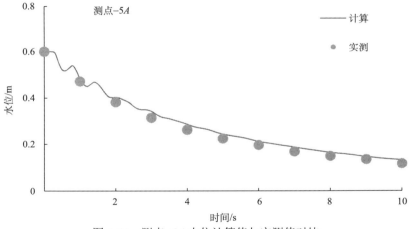

图 4-61　测点–5A 水位计算值与实测值对比

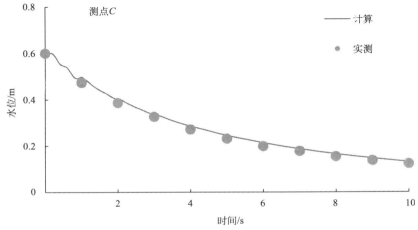

图 4-62　测点 C 水位计算值与实测值对比

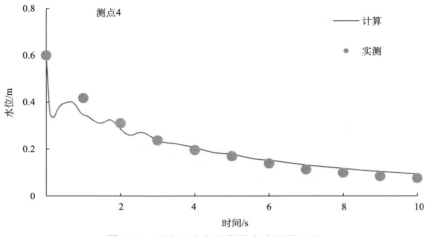

图 4-63　测点 4 水位计算值与实测值对比

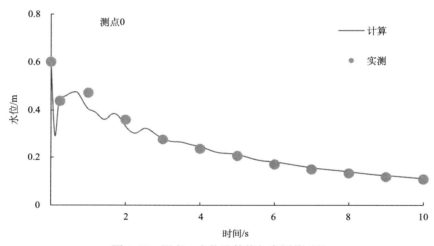

图 4-64　测点 0 水位计算值与实测值对比

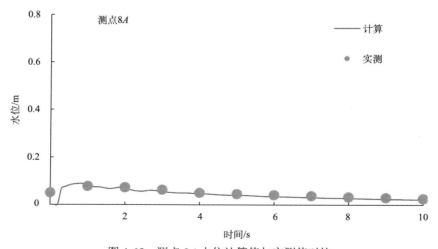

图 4-65　测点 8A 水位计算值与实测值对比

4.4.8 城市洪水淹没实验

城市区域往往存在大量密集的建筑物，其对地表洪水产生了阻碍作用，为了研究城市区域洪水演进的特点，为城市洪水数值模型提供验证数据，意大利 CESI（Centro Elettrotecnico Sperimentale Italiano）做了一系列城区洪水模拟试验（Testa et al.，2007），后来被广泛应用于检验模型在城市区域的适用性（耿艳芬，2006；张大伟，2008；Kim et al.，2014；Bellos and Tsakiris，2015）。图 4-66 给出了物理实验上游布置及电子测量装置图。根据所采用的地形、上游入流条件，以及假定的城市建筑物分布（规则或不规则）的不同，实验共进行了若干组，此处选取其中一组数据用来检验本二维水动力学模型处理城市密集建筑区域洪水问题的能力。图 4-67 和图 4-68 分别给出了选取的实验系列所采用的地形数据，以及建筑物分布和河道上游的入流情况。

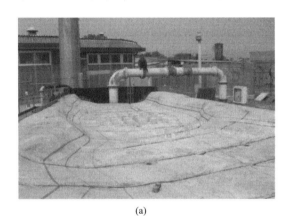
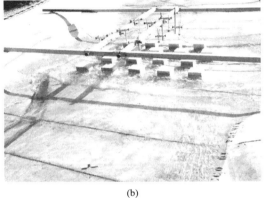

(a)   (b)

图 4-66 实验上游布置及电子测量装置（Testa et al.，2007）

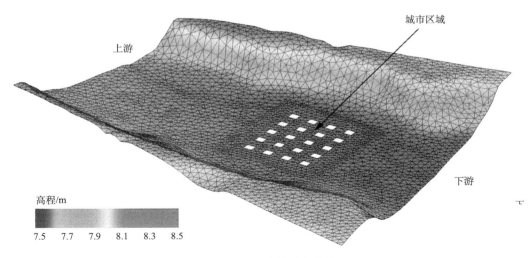

图 4-67 地形与建筑群分布情况

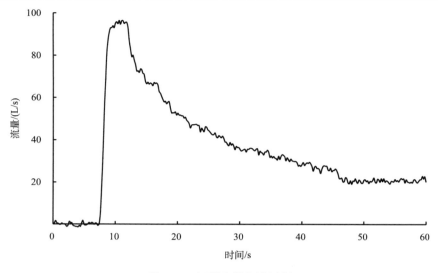

图 4-68　河道上游入流过程

在洪水模拟计算时，建筑物处理方式一般有 3 种（Schubert et al.，2008）：加大糙率法、真实地形法和固壁边界法。加大糙率法通过加大建筑物所在位置的糙率来反映建筑物对洪水的影响；真实地形法将建筑物顶部高程作为区域实际参与计算的地形，因而可以考虑洪水高过屋顶时的演进过程；固壁边界法是将建筑物当作不过水区域，不参与计算。真实地形法和固壁边界法精度较高，反映的流场也较为真实。由于城市洪水高过屋顶的情况比较罕见，此处采用固壁边界法，并在建筑物区域进行网格加密处理（图 4-67）。

整个实验区域初始为干，在图 4-67 所示的地形及建筑物分布情况下和图 4-68 给定的上游入流情况下，采用建立的二维水动力学模型模拟计算了 60s，并将本模型的计算结果与实测值（Testa et al.，2007），以及 Kim 等（2014）基于非结构三角网格计算的结果进行对比，分别选取了位于建筑物上游的 2 个测点（P3 和 P4），位于建筑物之间及建筑物下游的测点各 1 个（P9 和 P10）进行验证与对比，分别如图 4-69~图 4-72 所示。从

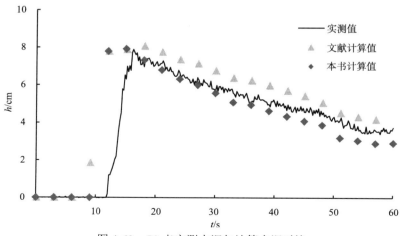

图 4-69　P3 点实测水深与计算水深对比

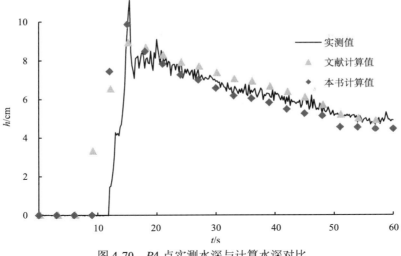

图 4-70　P4 点实测水深与计算水深对比

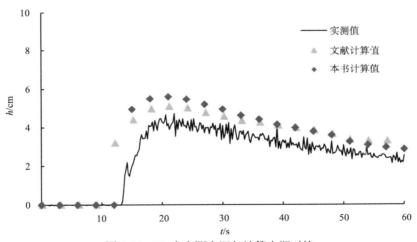

图 4-71　P9 点实测水深与计算水深对比

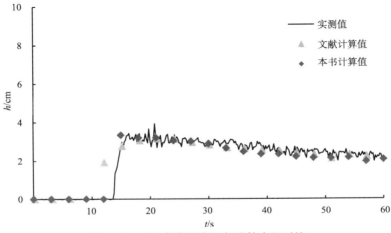

图 4-72　P10 点实测水深与计算水深对比

4 个测点的对比情况来看，本模型总体上与实测数据及文献值吻合得较好，具有良好的精度，但由于模型只具有二阶精度，同时二维浅水方程对短波的描述具有一定的局限性，因而本模型及文献中模型（Kim et al.，2014）的计算结果对于短时间内水位的快速减少与增加并没有很好地反映出来，这与其他基于二维浅水方程建立的数学模型的计算结果比较类似（Soares-Frazão et al.，2008；Wang and Geng，2013）。图 4-73~图 4-75 分别给出了 $t=15s$、$t=30s$、$t=45s$ 时计算区域的水位与流场分布图，从流场分布规律来看，模型总体上反映出了建筑物的阻水作用，是比较符合实际情况的。

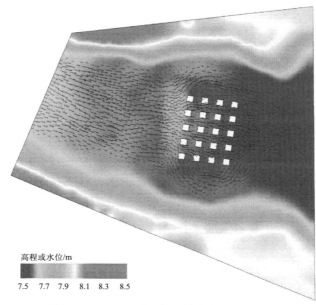

图 4-73　$t=15s$ 时计算区域水位与流速分布

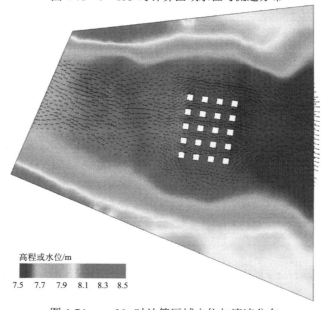

图 4-74　$t=30s$ 时计算区域水位与流速分布

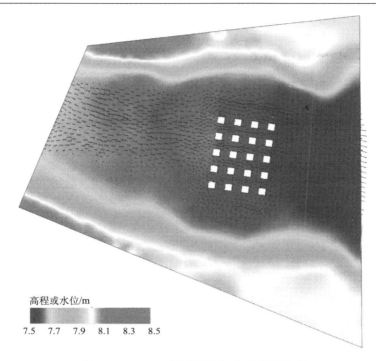

高程或水位/m

7.5　7.7　7.9　8.1　8.3　8.5

图 4-75　*t*=45s 时计算区域水位与流速分布

4.4.9　Malpasset 溃坝算例

马尔帕塞（Malpasset）大坝位于法国南部的莱朗河（Reyran）上，是一个双曲薄拱坝，坝高 66.55m，坝体长 222.7m。坝上水库主要用于农业灌溉和城市供水，其最大蓄水量约为 $5.53 \times 10^7 \mathrm{m}^3$。1959 年 11 月下旬，莱朗河流域遭遇连续强降雨，库区水位暴涨，大坝在 12 月 2 日晚上 9 点左右突然溃决，造成下游地区 421 人死亡，损失高达 300 亿法郎。溃坝事故发生后，当地警察部门对溃坝洪水进行了比较详细的调查，根据洪水痕迹记录了下游河道两岸一些位置的最高洪水位。与此同时，位于下游的 3 个变压器因被洪水破坏而自动关闭的时间被记录了下来，可以认为是洪水到达变压器处的时间。1964 年，为了进一步对溃坝事故进行分析，法国电力公司（EDF）下属的国家水力学实验室建立了比例尺为 1：400 的物理模型对溃坝洪水进行了研究。法国电力公司提供了当时事故发生后实际调查的 17 个测点（P1～P17），物模实验中布置的 14 个测点中位于大坝下游的 9 个测点（G6～G14），以及 3 个变压器（A、B 和 C）的数据，这些测点的位置和计算区域地形如图 4-76 所示。由于有较为详尽的实测、实验和地形数据（Goutal，1999），该算例被广泛地应用于检验二维数学模型的精度、稳定型及处理实际地形的能力（Valiani et al.，2002；夏军强等，2010；Singh et al.，2011；Hou et al.，2013）。

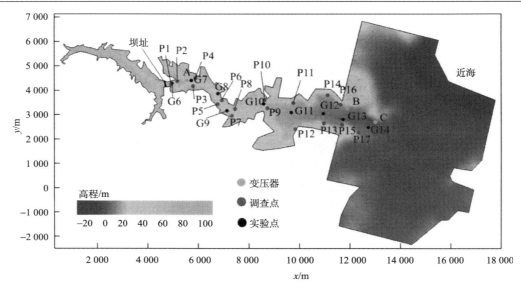

图 4-76　计算区域地形及各测点的位置示意图

　　如图 4-77 所示，采用非结构网格对整个区域进行离散，约划分成 26 000 个网格单元。大坝上游区域初始水位设为 100m，近海区域初始水位设为 0，下游其余部分均设置成初始为干，糙率全场取统一值 0.033。图 4-78 给出了溃坝 2000s 后洪水的淹没范围，从图 4-78 中可以看出，此时溃坝洪水波已经到达下游平原区域。图 4-79 和图 4-80 分别给出了本模型计算结果与现场调查数据和物理实验结果的对比情况，作为对比，图 4-79 和图 4-80 中也给出了 Yoon 和 Kang（2004）与 Hou 等（2013）的计算结果。表 4-13 列出了模型计算和实际记录的洪水到达 3 个变压器的时间，以及在变压器之间的传播时间，

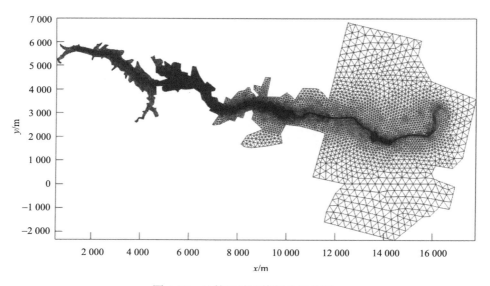

图 4-77　计算区域网格剖分示意图

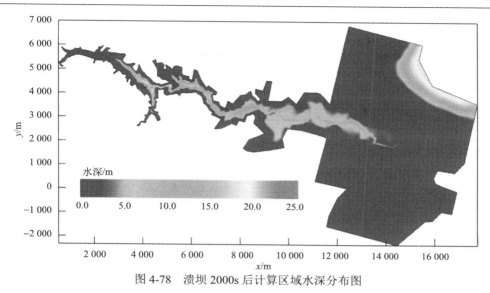

图 4-78　溃坝 2000s 后计算区域水深分布图

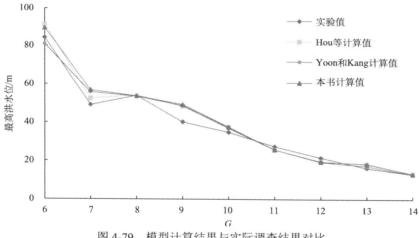

图 4-79　模型计算结果与实际调查结果对比

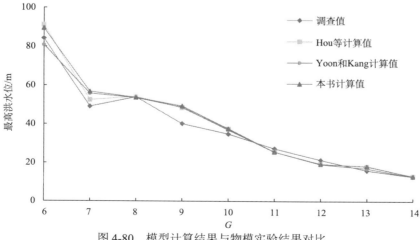

图 4-80　模型计算结果与物模实验结果对比

表 4-13 同时也列出了 Yoon 和 Kang（2004）与 Valiani 等（2002）的计算结果。从图 4-79
和图 4-80 可以看出，模型计算结果与实测和实验值较为吻合，与 Yoon 和 Kang（2004）
与 Hou 等（2013）的计算结果也比较接近，部分测点误差较大可能是由调查与实验数据
的不确定性，二维模型本身的局限性及整个区域采用统一糙率等原因造成的。从表 4-13
可以看出，模型准确地模拟了洪水到达变压器处的时间，以及在变压器之间的传播时间。
另外，也利用显式 MUSCL-Hancock 预测校正格式计算了本算例，在结果没有明显差异
的情况下，隐式双时间步方法计算消耗时间仅为显式格式的 40%。

表 4-13　洪水到达变压器处的时间

变压器	记录时间/s	Yoon 和 Kang 计算时间/s	Valiani 等计算时间/s	本模型计算时间/s
A	100	103（+3.0%）	98（−2.0%）	102（+2.0%）
B	1240	1273（+2.7%）	1305（+5.2%）	1271（+2.5%）
C	1420	1432（+0.8%）	1401（−1.3%）	1457（+2.6%）
A-B	1140	1170（+2.6%）	1207（+5.9%）	1169（+2.5%）
B-C	180	159（−11.7%）	96（−46.7%）	186（+3.3%）

总体上讲，基于隐式双时间步法建立的二维水动力学模型能够高效准确地模拟复杂
地形上的洪水运动过程，也可以处理实际洪水问题。

4.5　一维和二维模型耦合研究

4.5.1　概述

一般来讲，城市排水系统主要包括河网水系、地下排水管网及一些附属设施。在正
常情况下，暴雨形成的径流会通过房屋及街道的雨水收集系统汇入地下排水管网，进而
由城市排水系统排出区域外。在城市遭遇强降雨、外江洪水入侵或者一些突发事故如城
区溃坝等情况下，由于洪量过大、河道堤防标准偏低及排水设施能力不足等，会出现洪
水或暴雨径流无法及时进入排水系统，甚至从排水系统中溢出进入地表的情形，如洪水
从河道两岸溢出（图 4-81）、降雨径流从排水管网雨水口或检查井溢出（图 4-82）等，
导致地表积水或者街道行洪等现象出现，由此引发城市洪涝问题。在降雨强度降低或者
洪水逐渐消退后，一旦地下管网的排水负荷降低，那些来不及进入排水系统及从排水系
统中溢出从而在地表上流动的水流又可以通过雨水口流回地下排水管网或者从河道两岸
汇入河道。由此可知，无论是由外江洪水入浸及城区溃堤造成的城市洪涝问题，还是由
强降雨造成的城市洪涝问题，一般都包含地表漫流及河道和管网排水，涉及非常复杂的
地表与河道、地表与地下管网的水流交换机制。

由于一维水动力学模型效率高，所需要的地形资料也相对较少，同时能够很方便地
处理一些水工建筑物（如闸门、涵洞、泵站和堰等），因而被广泛地应用于河道和城市地
下排水管网水流模拟计算中，然而在处理一些如无固定路径的地表洪水演进，街道交叉
口处水流等具有明显二维属性的水流时，一维模型结果精度则会显著下降，其具有很大

图 4-81　外江洪水漫堤

图 4-82　地下管网水流溢出

的局限性。二维水动力模型在处理复杂水流上具有明显的优势，不仅结果精度更高，而且还能够给定计算区域内的水深流速分布情况，但是二维水动力模型也有一定缺点，如计算效率较一维模型低，不便于处理一些常见水工建筑物，以及需要更多的地形资料作为支撑。由此可见，一维模型和二维模型具有各自的优势与适用范围，而城市地表往往同时存在一维特征明显的水流（如河道和管网行洪）及二维特征明显的水流（如广场和街道行洪），这些水流之间也存在着各种形式的交换，将一维和二维模型进行耦合，应用于各自最适合的情形是一个很好的甚至是必然的选择（Lin et al.，2007；张大伟等，2010b；Seyoum et al.，2011；周浩澜，2012；Ghostine et al.，2013）。

　　在前述已建立的一维非恒定明满流模型及二维非恒定流水动力学模型的基础上，研究一维模型和二维模型在水平方向上和垂直方向上的耦合问题，建立一维、二维耦合的城市洪涝数值模型。

4.5.2　水平方向耦合

　　一、二维模型在水平方向的耦合连接，即地表一、二维模型耦合主要是针对河道与地面的水流交换问题。如图 4-83 所示，根据水流交换方式的不同，地表一、二维耦合可以分为两种连接：侧向连接和正向连接。侧向连接是指水流从河道两岸流向二维区域或者从二维模型计算区域经由两岸流入河道，而正向连接则通常是指水流通过河道两端与二维计算区域进行水流交换。两种水流交换方式中，由于一维模型处理的水流和二维模

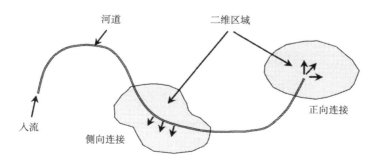

图 4-83　水平方向水流交换的两种连接方式

型处理的水流的方向具有明显差异，侧向连接时二维区域中水流方向在连接处一般与河道中水流形成一定的夹角，且不涉及河道边界条件问题，而正向连接时二维区域中水流方向与河道中水流方向在连接处通常是一致的，涉及河道上游或者下游的边界条件问题，因而两种不同的连接方式通常需要采取不同的连接策略和计算方法。

　　常用的水平连接计算方法主要包括堰流公式法（张大伟等，2010）、水量平衡法（Morales-Hernández et al.，2013）、黎曼问题法（陈文龙等，2014）和互相提供边界法（Lin et al.，2007）等。堰流公式法采用堰流公式计算交换流量，具有形式简单的优点；水量平衡法通过流入、流出耦合区域的水量平衡关系来迭代求解耦合区域的水位，能够保证耦合区域水量守恒；黎曼问题法通过构建一维黎曼问题来求解数值通量，优势是可以较为方便地计算动量交换；互相提供边界法采用一、二维模型互为对方提供边界条件的思想，该方法的优点是无需额外的计算，比较容易实现，一般用来计算水平连接中的正向连接。此处采用较为简单、使用最为广泛的堰流公式法来计算侧向连接的水流交换问题，正向连接则采用互为提供边界条件的方式。

1. 侧向连接

　　如图 4-84 所示，侧向连接即河道通过两岸与二维模型计算区域进行水流交换，处理这种连接类型的关键是计算两个模型在耦合边界处的交换水量。

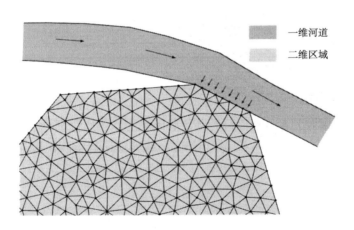

一维河道
二维区域

图 4-84　侧向连接示意图

　　一、二维模型水流交换均通过从源项中加入或者扣除对应的交换水量来实现。由于采用源项交换的方式，二维模型在交换边界上的网格边均设为固边界，即不过水边界，一维模型在此处则无需作任何处理。假设某时刻河道与二维区域通过侧向交换的方式交换的流量为 Q，采用堰流公式近似计算交换流量的方法如下（Dutta et al.，2007；张大伟等，2010）：

$$Q = \begin{cases} 0.35 b_{\mathrm{e}} h_{\max} \sqrt{2g h_{\max}} & \text{if } \dfrac{h_{\min}}{h_{\max}} \leqslant \dfrac{2}{3} \\ 0.91 b_{\mathrm{e}} h_{\min} \sqrt{2g\left(h_{\max} - h_{\min}\right)} & \text{if } \dfrac{2}{3} < \dfrac{h_{\min}}{h_{\max}} \leqslant 1 \end{cases} \tag{4-167}$$

式中，$h_{\max}$ 和 $h_{\min}$ 分别采用式（4-168）计算：

$$h_{\max} = \max\left(Z_{\mathrm{r}}, Z_{\mathrm{c}}\right) - Z_{\mathrm{e}}$$
$$h_{\min} = \min\left(Z_{\mathrm{r}}, Z_{\mathrm{c}}\right) - Z_{\mathrm{e}} \tag{4-168}$$

式中，Z_{r} 和 Z_{c} 分别为堰上、下游水位，分别取河道和二维网格单元的水位值，m；Z_{e} 为堰的高程，一般取河堤岸的高程，m；b_{e} 为堰的宽度，一般取单元格与河道相连边的边长，m。

在计算交换水量时，通常以二维区域中与河道相连的网格为单位进行计算。式（4-168）中，Z_{c} 为与河道相连单元的水位，Z_{r} 为单元格对应位置河道的水位，通过对该单元处河道上、下游断面水位进行插值得到，根据不同的水位组合，存在以下 4 种情况：①Z_{c} 和 Z_{r} 均小于 Z_{e}，则不计算交换水量，即 $Q = 0$；②$Z_{\mathrm{c}} > Z_{\mathrm{r}}$ 且 $\max(Z_{\mathrm{c}}, Z_{\mathrm{r}}) > Z_{\mathrm{e}}$，则水流从二维单元流向河道；③$Z_{\mathrm{c}} < Z_{\mathrm{r}}$ 且 $\max(Z_{\mathrm{c}}, Z_{\mathrm{r}}) > Z_{\mathrm{e}}$，则水流从河道流向二维单元；④$Z_{\mathrm{c}} = Z_{\mathrm{r}} > Z_{\mathrm{e}}$，此时依旧有水流交换，但是需要根据二维单元的流速方向来判定水流是流出还是流入。

2. 正向连接

如图 4-85 所示，正向连接即水流通过河道两端与二维区域进行水流交换，处理这种连接关系的关键是计算连接处两个模型的边界条件。

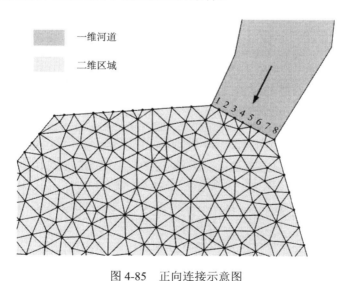

图 4-85　正向连接示意图

采用一、二维模型互为对方提供边界条件的方式进行两个模型正向连接的耦合（Lin et al.，2007），具体思路和步骤如下。

第一步：一维河道模型为二维模型提供流量边界。将河道与二维区域相连的那一端的断面流量作为边界条件提供给二维模型，即

$$Q_{1D}^n = \sum_{k=1}^{M} q_k^{n+1} l_k \tag{4-169}$$

式中，Q_{1D}^n 为河道与二维区域连接断面的流量，m^3/s；M 为二维区域与河道连接的单元边数目；l_k 为单元边的边长，m；q_k 为单元边的单宽流量，m^2/s。

类似于二维模型中处理流量边界的方法，根据曼宁公式将流量分配到每个单元边上（图 4-85 中的 8 个与河道相连的二维单元边）：

$$q_i^{n+1} = \frac{Q_{1D}^n (h^{5/3})^i}{\sum_{k=1}^{M} (h^{5/3} l)^k} \tag{4-170}$$

第二步：根据给定的边界条件，二维模型从当前时间步更新至下一时间步。

第三步：二维模型为一维模型提供水位边界条件。根据二维模型更新后的单元值，将与河道相连单元的水位作为边界提供给一维模型并作为一维模型的边界条件：

$$Z_{1D}^{n+1} = \sum_{k=1}^{M} \frac{z_k^{n+1} l_k}{L} \tag{4-171}$$

式中，Z_{1D}^{n+1} 为河道下一时间步的水位边界条件，m；z_k^{n+1} 为更新后的单元水位值，m；L 为垂向连接边界的总长度，m。

从以上步骤可以看出，在计算正向连接的水流交换时，二维模型总是领先一维模型一个时间步。由于二维模型计算时采用的时间步长一般都不会太长，所以两个模型错开一个时间步并不会造成很大误差。

4.5.3 垂直方向耦合

一、二维模型在垂直方向的耦合连接，即一、二维模型地表地下耦合主要是针对城市地下排水管网与地面的水流交换问题。假定地表地下水流的交换主要通过节点（雨水井、检查井和雨水篦等），设节点水位为 Z_{nod}，地表对应位置的水位为 Z_{suf}，如图 4-86 所示，一维模型与二维模型在垂直方向的水流交互可以分为 3 种情况：①排水能力不足时，排水系统中水流溢出进入地表流动，即水流从一维模型处理区域进入二维模型处理区域，此时 $Z_{nod} > Z_{suf}$；②排水系统有空余排水能力，水流从地表回流至地下排水管网，即水流从二维模型处理区域进入一维模型处理区域，此时 $Z_{nod} < Z_{suf}$；③当地表水位与节点水位相等时，即 $Z_{nod} = Z_{suf}$，或者是地表无水，节点水位低于节点顶部高程，此时地表地下水流不交换，因而需要计算的主要是前两种情况。

相比于水平方向连接计算方法的多样性，垂向连接的计算方法并不成熟，还有待于进一步研究，目前主要包括堰流公式法或简化的堰流公式法，孔口出流法或其他简化公式。现有的这些计算方法一般根据当前时间步地表水位和管网节点水位来计算节点溢流量或者回流量，或者直接将高于地表水位部分的水量作为溢流量，然后将其代入模型中作为下一时间步的交换水量。这种思路没有考虑下一时间步管网的水流情况，具有一定

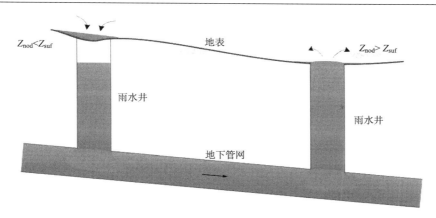

图 4-86　地表地下耦合方式示意图

局限性，如果估算的回流量过大可能会导致下一步节点溢流。针对这些问题，提出一种计算垂直方向水量交换的新方法，并基于该方法建立一、二维模型的垂向连接。

1. 节点溢流

如图 4-87 所示，当节点水位高于地表对应位置的水位时，水流从管网流向地表，即节点溢流。模型耦合的关键是计算从管道中流向地表的水量，即溢流量大小。

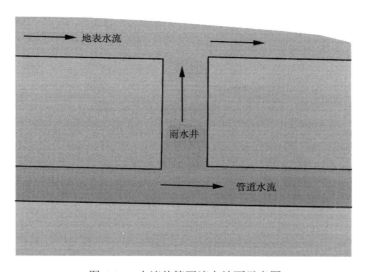

图 4-87　水流从管网流向地面示意图

采用固定节点水位的方法来计算溢流量，将管网下一时间步的水流状况考虑在内，该方法的主要步骤如下。

（1）计算节点水位值。假定节点不溢流，计算节点水位，此时节点水量平衡主要考虑各管段流入、流出节点的水量及节点蓄水量的变化值。

（2）比较节点与地表水位。如果节点水位低于地表水位，则节点不溢流，终止计算溢流量。如果节点水位高于地表水位，认为节点出现溢流，则重置节点水位，将节点水位重新设置为与地表水位相等，即令 $Z_{nod} = Z_{suf}$，以此计算与节点相连各管段的流量。

（3）计算交换水量。假设与节点相连的管道有 m 条，节点流向地表的交换流量为 $Q_{n \to s}$，则有

$$Q_{n \to s} = \sum_{i=1}^{m} Q_i \Delta t - \frac{A_{nod}(Z_{nod}^{n+1} - Z_{nod}^{n})}{\Delta t} \qquad (4\text{-}172)$$

式中，A_{nod} 为节点蓄水面积，m^2；Z_{nod}^{n+1}、Z_{nod}^{n} 分别为节点当前时间步与上一时间步的水位值，m；Q_i 为与节点相连的第 i 条管段的流量，入流为正，出流为负，m^3/s。

为了保证模型的稳定性，需要对节点溢流量进行限制，超过最大允许流量 Q_{em}，则溢流量取值为 Q_{em}，此时不再对节点水位进行限制。将溢流量代入节点的迭代求解过程中，直到节点水位流量收敛。

（4）将计算的溢流量作为源项代入二维模型中，从而更新至下一时间步。

2. 节点回流

如图 4-88 所示，当节点水位低于地表对应位置水位时，水流从地表流向管网，即节点回流。模型耦合的关键是计算从地表流向节点的水量，即回流量大小。

垂直方向的水量交换往往难以精确计算，现有的一些方法往往根据上一时间的水力要素来估算节点回流量，如果估算的回流量过大又可能导致下一步节点溢流，为了克服这一问题，采用一种预估校正的方法计算回流量，即采用堰流公式估算最大可能的回流量，然后代入模型进行迭代求解，如果节点水位低于地表水位，未出现溢流情况，则无需校正，否则根据溢流量校正回流量，具体步骤如下。

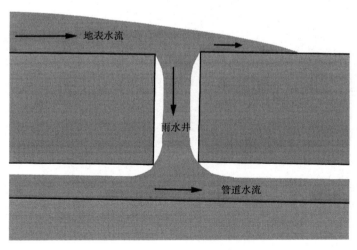

图 4-88　水流从地面流向管网示意图

（1）预估回流量。根据当前时间步的地表与节点的水位差，采用堰流公式估算最大可能回流量：

$$Q_{s \to n}^{un\_pro} = \begin{cases} m_1 \varepsilon C_{nod} h_{sur} \sqrt{2 g h_{sur}} & \text{if } \dfrac{h_{nod}}{h_{suf}} \leqslant \dfrac{2}{3} \\ m_2 \varepsilon C_{nod} h_{nod} \sqrt{2 g (h_{sur} - h_{nod})} & \text{if } \dfrac{2}{3} < \dfrac{h_{nod}}{h_{suf}} \leqslant 1 \end{cases} \tag{4-173}$$

式中，m_1 和 m_2 均为流量系数，取值范围为[0,1]；ε 为侧收缩系数；$Q_{s \to n}^{un\_pro}$ 为未经限制的预估的节点回流量，m^3；h_{sur} 和 h_{nod} 分别为地表水位和节点水位与地表高程之差，m；C_{nod} 为节点的周长或者雨水口的宽度，m。

为了保证模型的稳定性，采用式（4-174）对回流量进行限制：

$$Q_{s \to n}^{pro} = \min(Q_{s \to n}^{un\_pro}, Q_{em}) \tag{4-174}$$

式中，$Q_{s \to n}^{pro}$ 为预估的节点回流量，m^3；Q_{em} 为最大允许交换流量，根据模型稳定性和节点实际情况给定，m^3。

（2）计算回流校正量。将预估的回流量代入一维模型的节点水位迭代过程中，根据节点溢流量校正回流量：

$$Q_{s \to n} = \begin{cases} Q_{s \to n}^{pro} & \text{if } Q_{n \to s}^{cor} = 0 \\ Q_{s \to n}^{pro} - Q_{n \to s}^{cor} & \text{if } Q_{n \to s}^{cor} > 0 \text{ 和 } Q_{n \to s}^{cor} \geqslant Q_{s \to n}^{pro} \end{cases} \tag{4-175}$$

式中，$Q_{n \to s}^{cor}$ 为可能出现的溢流量，m^3；$Q_{s \to n}$ 为校正后的回流量，m^3。

如果出现 $Q_{n \to s} < Q_{s \to n}^{pro}$ 的情况，即节点溢流量大于回流量，则意味着不仅不会回流，还会产生溢流，此时校正后的回流量和溢流量根据式（4-176）计算：

$$\begin{aligned} Q_{s \to n} &= 0 \\ Q_{n \to s} &= Q_{n \to s}^{cor} - Q_{s \to n}^{pro} \end{aligned} \tag{4-176}$$

（3）将校正后的回流量作为源项代入二维模型中，更新至下一时间步。

从节点溢流和回流计算过程可以看出，模型垂向耦合都是先更新一维模型，二维模型落后一个时间步。无论是节点溢流的迭代求解还是节点回流的预估校正计算，本书采用的求解方法都是在节点水位迭代求解过程中实现的，无需额外迭代求解，这样既保证了结果的准确性，同时又不降低模型效率。

严格来讲，地表地下的垂向交换还包括地下管网与地表河道的水流交换，但本书提出的一维明满流模型能够同时处理地下管网和地表河道的水流及其水流交换，因而这里主要考虑地下管网模型与地表二维模型之间的水流交换。

4.5.4　一、二维耦合模型计算流程

一、二维耦合模型的计算流程如图 4-89 所示。

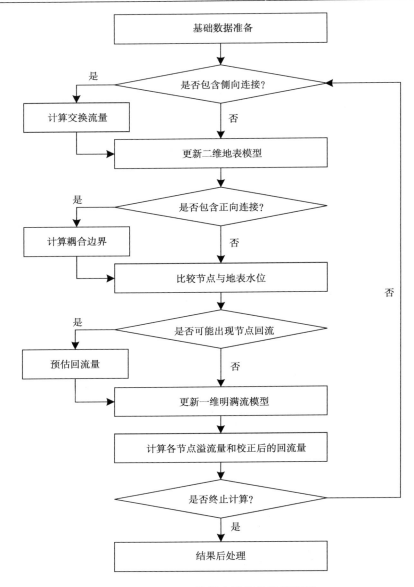

图 4-89　一、二维耦合模型的计算流程

4.6　一、二维耦合模型的验证与应用

4.6.1　概述

本书分别建立了一维明满流模型和二维地表非恒定流水动力学模型,两个模型各方面的性能均经过一系列测试和检验,可以分别单独地处理河网(管网)水流和地表漫流,4.5 节将一维模型与二维模型进行了水平方向和垂直方向上的连接,建立了一维、二维地表地下耦合的城市洪涝数值模型,能够同时模拟计算水流在地表、河道和排水管网中的运动,

以及三者之间的水流交互问题。本节采用两个水平连接算例和一个垂直连接算例对耦合模型连接方法的合理性、适用性及耦合模型结果的可靠性进行验证，并将模型应用于城区溃坝、城市雨洪案例的数值模拟中，以检验耦合模型处理实际城市洪涝问题的能力。

4.6.2 水平连接算例

水平连接算例最初是由 Lin 等（2007）提出的，包括正向连接和侧向连接两个算例。图 4-90 给出了两个连接算例的示意图。图 4-90 中平原区域是边长为 200m 的正方形，平原与一条长 360m、宽 4m 的河道相连，根据连接方式不同，分为正向连接[图 4-90（a）]和侧向连接[图 4-90（b）]。在两个算例中，河道和平原糙率均分别设为 0.02 和 0.05。

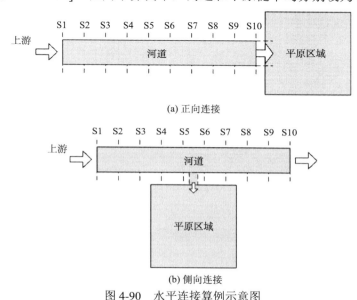

(a) 正向连接

(b) 侧向连接

图 4-90 水平连接算例示意图

1. 正向连接

如图 4-90（a）所示，正向连接中，河道下游断面（S10）与平原区域相连。河道和平原区域的高程均设为 0，初始水位均设为 0.5m，初始流速均为 0m/s。河道上游入流流量在最初 10s 内从 0 逐渐提高到 $4m^3/s$，最后保持不变。

为了对耦合模型的计算结果进行检验，同时采用全二维模型计算了此算例，即包括河道和平原在内的整个区域都采用二维模型计算。图 4-91 给出了河道沿程各断面初始水位（$t=0$）及计算 30min 后（$t=30min$）的水位。图 4-92 和图 4-93 分别给出河道断面 1 及断面 10 的水位随时间变化的过程图。从这些图中可以看出，模型计算结果与全二维模型的计算结果及 Lin 等（2007）的计算结果较为一致，表明本书建立的一、二维耦合模型的计算结果具有良好的精度，但需要注意的是，在一、二维耦合处，耦合模型的计算结果与全二维模型的计算结果还存在一定差异（图 4-93），这主要是由于一维河道模型的精度本身不及二维水动力模型，而且在一、二维耦合边界条件处采用的耦合方法又导致了一定的误差。

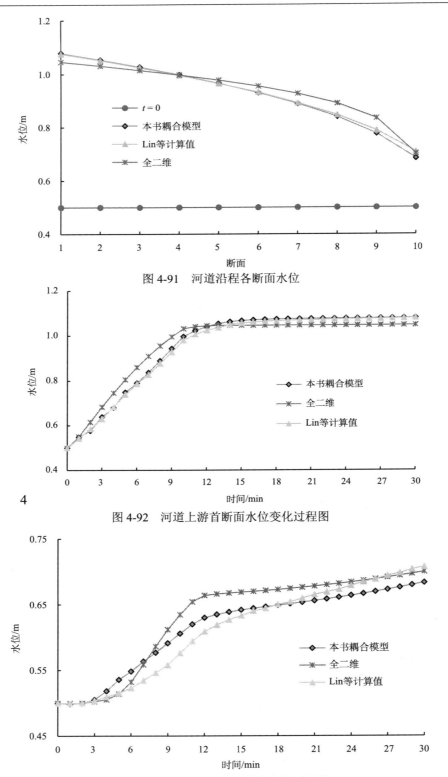

图 4-91　河道沿程各断面水位

图 4-92　河道上游首断面水位变化过程图

图 4-93　河道下游末断面水位变化过程图

　　图 4-94 给出了 t=30min 时平原区域的水位分布图，从图 4-94 可以看出，在一、二维耦合边界处，水位坡度有个急剧变化过程，这主要由水流从狭窄的河道流入平原后立刻扩散，相当于过水断面立刻变大很多，从而水位下降所致。

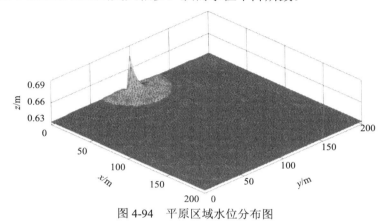

图 4-94　平原区域水位分布图

2. 侧向连接

　　如图 4-90（b）所示，在侧向连接中，河道和平原高程分别设为 0 和 1.8m，河道上游的入流量固定为 4.0m³/s，下游边界水位固定为 2.2m。将在上述给定的边界条件下的河道最终的稳定态作为河道的初始条件，平原区域初始设为干。假定 t=0 时，在断面 5 和断面 6 的中间位置形成一个宽 8m 的溃口，溃口处高程为 2m。

　　侧向连接中，在溃口处存在一个高程为 2m、宽为 8m 的堰，不便于像正向连接一样建立全二维模型作为对比，所以在侧向连接中只将本书模型结果与另外两文献中模型的计算结果进行对比分析。同样地，采用耦合模型计算溃堤后 30 分钟内洪水演进过程。图 4-95 给出了河道上游首断面的水位变化过程，从图 4-95 中可以看出，在溃堤后的前 15 分钟内，水位经历了几次大的波动和一系列小幅度波动，在 30 分钟后，水位便趋于稳定。

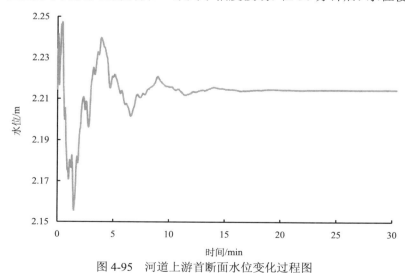

图 4-95　河道上游首断面水位变化过程图

　　图 4-96 给出了河道沿程各断面初始水位及 t=30min 时的水位图，从图 4-96 可以看出，在断面 5 之前，水位坡度与初始时相同，而在断面 5 和断面 6 之间则有一个水位上升过程，这是由于在断面 5 和断面 6 之间的溃口分走了部分流量，在断面 6 处的流速小于断面 5 处，为了保持能量平衡，应升高断面 6 处的水位。从图 4-96 几个模型的计算结果的对比情况可以看出，本书模型的计算结果与图中其他几个模型的计算结果的规律较为一致，几个模型的计算结果也较为接近。由于采用了相同的侧向连接计算方法，本书模型与张大伟等（2010）的模型的计算结果更为接近，相差较小。

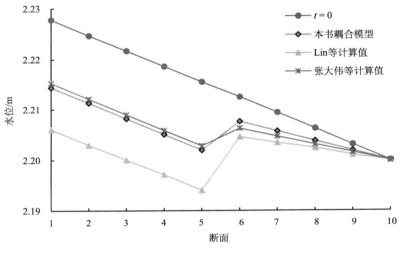

图 4-96　河道沿程各断面水位图

　　从水量守恒的角度来看，如果忽略河道中水量变化，从断面 1 流入的总水量应该近似等于从断面 10 流出的总水量与流入平原区域的总水量之和。图 4-97 给出了总入流、

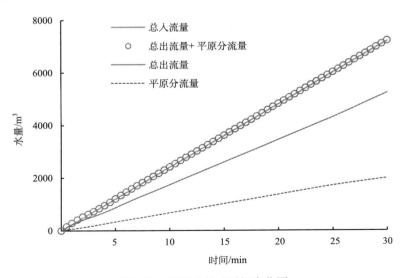

图 4-97　累积水量随时间变化图

总出流及流入平原区域的水量随时间变化的过程，从图 4-97 可以看出，平原区域分流量与河道出口总出流量之和与河道总入流量曲线基本重合，表明本书建立的耦合模型很好地保持了水量守恒。

在侧向连接中有两种常用思路：一种是直接将交换水量作为源项添加至二维模型中（方法一），即本书所采用的方法；另一种思路是采用开边界方法，即将二维模型中的耦合边界处视为开边界（方法二），将一维区域的交换流量作为二维模型的流量边界。为了对比这两种方法，同时将这两种方法应用于这个算例。图 4-98 给出了两种不同方法计算的在 t=30min 时的沿程断面水位对比情况。从图 4-98 中可以看出，采用方法一计算的水位要大于方法二，这是由于方法二采用开边界，交换水流的动量被考虑，进入平原区域的水更多，从而导致河道中的水位相对较低。总的来说，两种方法计算的结果的差异性较小，由此造成的差异远小于由于采用不同的堰流公式造成的差异。

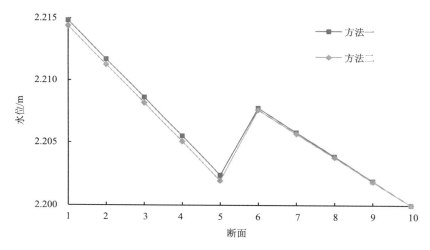

图 4-98　两种不同耦合方法计算的断面水位对比

4.6.3　垂向连接算例

垂向连接算例采用如图 4-99 所示的由 6 个节点和 6 条管道组成的管网系统，除节点 1 和节点 6 之外，其余节点均允许溢流或者回流，即可以与地表进行水流交换，表 4-14 和表 4-15 分别给出了管道和节点的属性信息。如图 4-99 所示，在节点 2、节点 3、节点 4 和节点 5 的顶部存在一个边长为 200 的方形闭合平原区域，该平原区域的高程为 0，糙率为 0.025，可以与位于区域内的 4 个节点进行水流垂向交换。在节点 1 处给流量边界，入流流量在最初 10 分钟内由 0 逐渐增加至 1.0m³/s，然后保持恒定不变，节点 6 处采用自由出流边界，管道和顶部方形区域初始均为干。

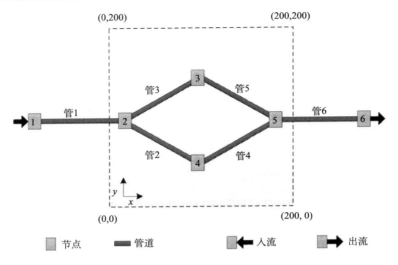

图 4-99　垂向连接算例示意图

表 4-14　管道属性信息

管道编号	上游节点	下游节点	直径/m	长度/m	糙率
1	1	2	1.0	100	0.013
2	2	4	0.6	100	0.013
3	2	3	0.6	100	0.013
4	4	5	0.7	100	0.013
5	3	5	0.7	100	0.013
6	5	6	1.0	100	0.013

表 4-15　节点属性信息

节点编号	坐标 x	坐标 y	底部高程/m	顶部高程/m	顶部直径/m	蓄水面积/m²
1	−70.7107	100.0000	−1.1586	0.0	1.0	4.0
2	29.2893	100.0000	−1.2586	0.0	1.0	0.8
3	100.0000	170.7107	−1.3293	0.0	1.0	0.8
4	100.0000	29.2893	−1.3293	0.0	1.0	0.8
5	170.7107	100.0000	−1.4000	0.0	1.0	0.8
6	270.7107	100.0000	−1.5000	0.0	1.0	0.8

　　采用一、二维耦合模型对本算例进行模拟，模拟计算 48h，与本书模型对比时也采用国内外被广泛认可的城市排水模型 InfoWorks ICM，由于 InfoWorks ICM 同样包含了一维管网模型和二维地表模型，所以也可以建立耦合的地表地下模型。

　　图 4-100 给出了管网出口（管 6 的末断面）流量过程线，从图 4-100 可以看出，出

口流量在最初几分钟内从 0 上涨到了 0.85m³/s 左右，之后变化较为缓慢，管道水流在 48h 之后已经基本趋于稳定，出口流量最后稳定在 1.0m³/s。

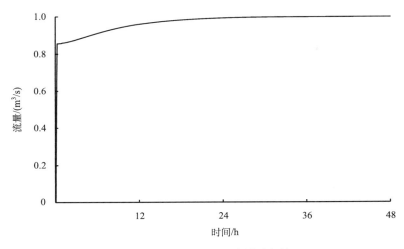

图 4-100　管网出口处流量过程线

表 4-16 和表 4-17 分别给出了稳定后各管道内流量及管网各个节点水深。从表 4-16 可以看出：①由于管道 2 和管道 3 流量之和小于管道 1 流量，表明有部分水从节点 2 溢出，溢流量为 0.176m³/s；②管道 2 流量小于管道 4 流量，表明在节点 4 处有外部流量流入，即地表回流，回流量为 0.059m³/s，同理在节点 3 处也有部分回流，回流量为 0.058m³/s；③管道 4 和管道 5 流量之和小于管道 6 流量，表明节点 5 处也存在节点回流，回流量为 0.059m³/s。由于本算例采用的排水管网是完全对称的，理论上讲，管道 4 和管道 5 流量应该完全相同，但由于地表模型采用的非结构网格并非完全对称，导致管道 4 和管道 5 流量有细微差别，同样地，表 4-17 中 InfoWorks ICM 计算的节点 3 和节点 4 水深也略有不同。

表 4-16　稳定后各管道流量计算值

管道编号	本书模型/（m³/s）	InfoWorks ICM/（m³/s）	绝对差值/（m³/s）	相对差值/%
1	1.000	1.000	0.000	0.00
2	0.412	0.413	0.002	0.24
3	0.412	0.413	0.002	0.24
4	0.471	0.471	0.000	0.00
5	0.470	0.472	0.002	0.42
6	1.000	1.000	0.000	0.00

从以上分析可知，由于管道 2 和管道 3 的管径相对较小，排水能力不足，管网中水流将从节点 2 的顶部溢出，在地面上流动，并经节点 3、节点 4 和节点 5 处重新汇入管道，在管网溢流量和回流量达到平衡后，管道顶部平原区域中水流最终将趋于平衡状态。从模拟情况来看，模型结果总体上符合规律，具有一定的合理性。

表 4-17　稳定后各节点水深计算值

节点编号	本书模型/m	InfoWorks ICM/m	绝对差值/m	相对差值/%
1	1.463	1.500	−0.037	−2.54
2	1.388	1.396	−0.008	−0.54
3	1.008	0.991	0.017	1.75
4	1.008	0.990	0.018	1.82
5	0.821	0.779	0.042	5.39
6	0.573	0.574	−0.001	−0.17

从表 4-16 和表 4-17 中本书模型与 InfoWorks ICM 计算结果的对比情况可以看出，两个模型计算的管道流量和节点水深基本上比较吻合，表明本书建立的耦合模型的计算结果是可靠的。相比于节点水深差别，两个模型计算的管道流量结果相差更小，基本不到 0.5%。由于一、二维模型及地表地下耦合算法，以及划分和采用的网格不同，本书模型和 InfoWorks ICM 软件的计算结果有一定差异，除个别节点水深相差较大外，总体上差异并不大，处于合理范围内。

图 4-101 和图 4-102 分别给出了稳定后地表方形区域内的水面分布图和流场图，从图 4-101 可以看出，在处于稳定态后，地表方形区域内水深约 0.12m，在节点 2 的顶部区域水位较高，在节点 3、节点 4 和节点 5 处，水位略低于平均水位，稳定后除这 4 个节点顶部区域外，其他区域水位基本相等。从图 4-102 也可以明显地看出，在节点 2 处存在溢流，且附近流速相对较大，在节点 3、节点 4 和节点 5 处存在回流，3 个节点处流速的大小基本相同，这与图 4-101 及表 4-16 中的结果比较吻合。

从水量平衡角度来看，由于平原区域最初为干，因而所有节点溢出的总水量应该等于平原区域内总水量与所有节点回流量之和。同样地，如果忽略管道中水量变化，管网入口（节点 1）的进水量应该等于管网出口（节点 6）的出水量与地表水量之和。图 4-103

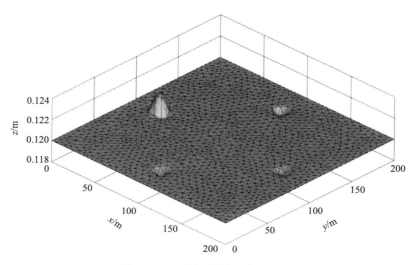

图 4-101　平原区域内水位分布图

分别给出了地表水量、节点累积溢流量和累积回流量随时间的变化过程，图 4-104 给出了管网入口累积进水量、地表水量和出水量之和随时间的变化过程，由于量级相差较大，地表水量相对较小，因而其随时间的变化过程未单独绘制在图中。从图 4-103 和图 4-104 可以看出，累积回流量与地表水量之和与累积溢流量曲线完全重合，管网进水量曲线基本上也与地表水量和管网出水量之和曲线完全重合，两者都表明模型很好地保持了水量平衡。

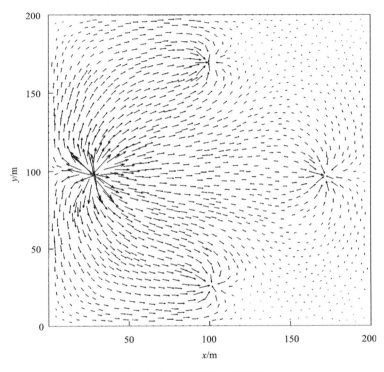

图 4-102　平原区域内流场图

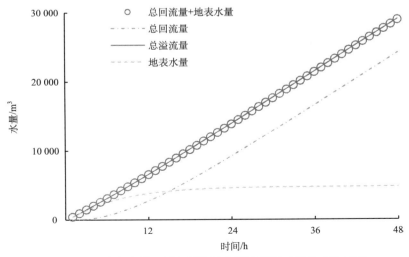

图 4-103　地表水量、累积溢流量和回流量随时间的变化过程

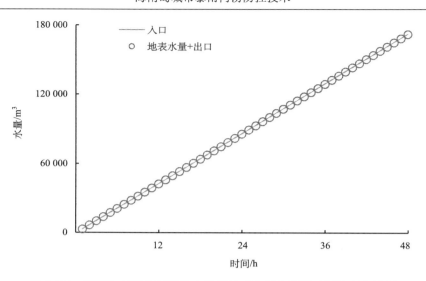

图 4-104　管网入口及出口累计水量和地表水量之和随时间的变化过程

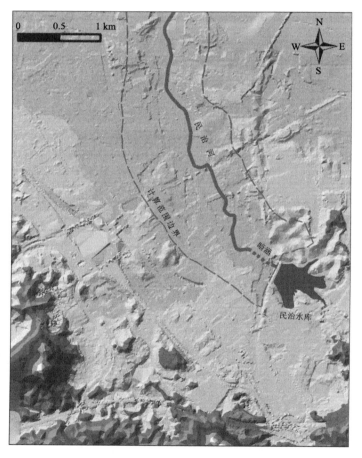

图 4-105　计算范围示意图

4.6.4　城区溃坝洪水模拟

民治水库位于深圳市宝安区民治河上游，集雨面积 4.5km^2，正常库容 271 万 m^2，总库容 404 万 m^3。民治水库下游为居民区，承受着一定的溃坝风险。为了评估民治水库溃坝洪水对下游民治社区可能造成的洪水风险，检验本书提出的耦合模型处理实际问题的能力，将耦合模型应于此算例。图 4-105 给出了计算范围示意图，图中虚线为根据地形事先划定的可能淹没范围。民治水库通过一根暗涵与下游民治河相连，暗涵为长 68m、直径为 0.8m 的圆管，由于其过流能力相对地表的溃坝流量而言非常小，在溃坝演算时，根据其过流能力，在暗涵的上游直接给定 3m^3/s 的入流量。

采用本书建立的耦合模型，其中洪水在民治河中的演进采用一维明满流模型模拟，洪水在地表的演进采用二维水动力模型，分别计算了瞬时溃坝和逐渐溃坝两种溃坝模式下，下游城区洪水的演进过程。溃口流量过程根据水库坝体长度、高度、库容和溃坝情景等条件综合确定，图 4-106 给出了瞬时溃坝和逐渐溃坝两种模式下的溃口流量过程线，以此作为模型边界，图 4-107 给出在瞬时溃坝情况下下游不同时刻的淹没范围图，图 4-108 给出了在两种溃坝模式下的溃坝洪水造成的淹没范围。

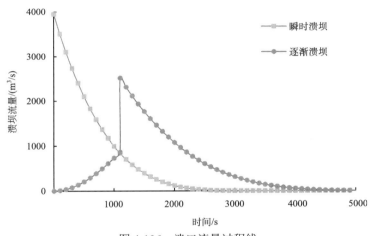

图 4-106　溃口流量过程线

从图 4-107 可以看出，虽然溃坝洪水主要通过地表演进，但下游部分区域还是在地面洪水到达之前由于河道水流溢出而被淹没。图 4-108 显示出瞬时溃坝造成的下游淹没范围要大于逐渐溃坝洪水造成的淹没范围，相比而言，两种溃坝洪水造成的淹没范围差别较大的地方主要在上游溃口附近区域，在下游部分淹没范围则差别较小。

图 4-109 分别给出了两种溃坝模式下民治河沿程最高洪水位的对比情况，从图 4-109 可以看出，瞬时溃坝造成的最高洪水位比逐渐溃坝要高，两者差值最大的地方也出现在离溃口最近的位置，即里程为 0 的地方。图 4-110 给出了民治河出口断面的水位随时间变化的过程线，从图 4-110 可以看出，瞬时溃坝造成的洪峰水位比逐渐溃坝造成的洪峰水位要高，而且瞬时溃坝水位上涨速度较逐渐溃坝要快，这也就意味着，瞬时溃坝给下游居民安全撤离的时间要少很多。

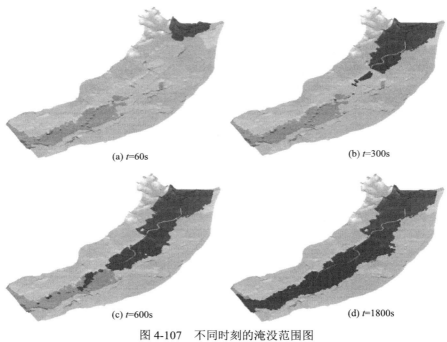

(a) *t*=60s
(b) *t*=300s
(c) *t*=600s
(d) *t*=1800s

图 4-107　不同时刻的淹没范围图

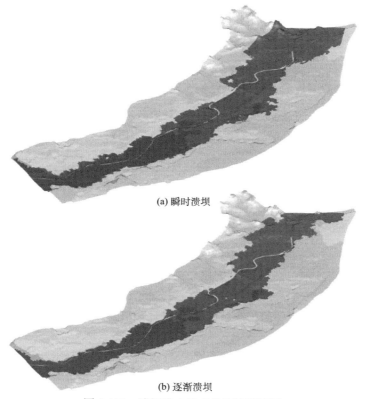

(a) 瞬时溃坝

(b) 逐渐溃坝

图 4-108　溃坝洪水造成的淹没范围图

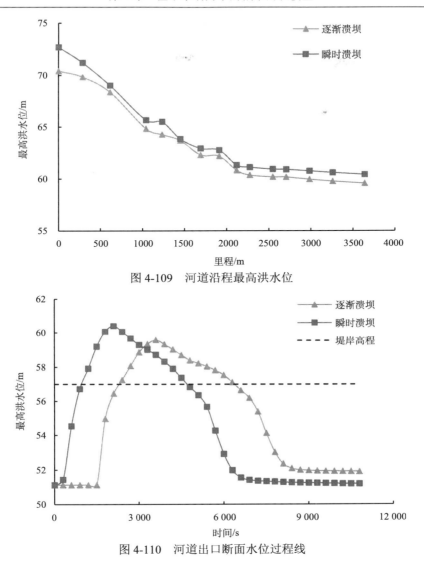

图 4-109　河道沿程最高洪水位

图 4-110　河道出口断面水位过程线

综合以上分析可知，瞬时溃坝造成的洪水风险较逐渐溃坝而言更大，这主要体现在两点：①瞬时溃坝造成的洪水淹没范围更大，洪水位也更高；②瞬时溃坝给下游地区预留的反应时间更短。总的来看，模拟结果均比较合理，表明耦合模型较好地模拟了两种溃坝洪水的演进过程，具有处理实际问题的能力。

4.6.5　社区尺度暴雨洪水模拟

为了检验耦合模型处理城市雨洪问题的能力，将模型应用于新河浦社区的暴雨洪水计算中。新河浦社区位于广州市东山湖公园北侧，东起达道路，西至恤孤院路，北接烟墩路，南与珠江北岸相连，辖区总面积为 0.32km²。近年来，社区环境、市政设施及河涌污染等经过综合整治后，排水能力有了明显改善，基础设施配套完善，拥有较为完整的地形资料和地下排水管网资料。通过对区域内地形和管网流向进行分析，选择一个较为闭合的排水区域作为研究区域，研究区域总面积为 12.27hm^2，其中不透水面积占总面积的比例为 85%。根据计算范围内的地形、房屋和管网节点分布，对计算区域进行划分，划分了 94 个子汇水区进行产流计算，并对计算区域内管网进行适当概化，最终概化后的排水管网包含 381 条管道和 382 个节点，图 4-111 分别给出了计算区域内地下管网分布和子汇水区划分情况。在进行小区雨洪分析计算时，为了更精确地计算雨洪造成的淹没情况，地表二维计算部分只考虑街道部分，即假定房屋部分为不过水区域，内涝洪水只在街面上流动，图 4-112 给出了计算范围内街道分布和街道高程示意图，从图 4-112 可以看出，整个区域从北向南高程逐渐降低。

图 4-111　计算区域内管网示意图

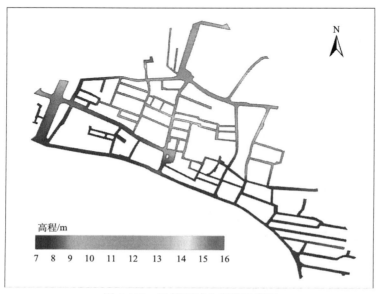

图 4-112　计算区域内街道示意图

　　采用本书建立的一、二维耦合模型分别计算了在遭遇重现期为 1 年、2 年、5 年和 10 年，时间间隔为 5 分钟、历时为 1 小时的设计降雨时，新河浦社区的排水情况，进而对该社区的排水能力和内涝风险进行评估。设计降雨采用广州市暴雨强度公式计算，设计暴雨过程采用芝加哥雨型，各种重现期设计降雨的降雨强度过程线如图 4-113 所示。

$$q = \frac{3618.427(1 + 0.438\lg P)}{(t + 11.259)^{0.750}} \tag{4-177}$$

式中，q 为设计降雨强度，L/（s·hm²）；t 为降雨历时，min；P 为设计重现期，年。

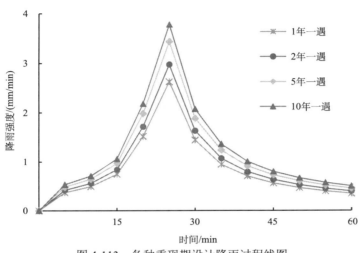

图 4-113　各种重现期设计降雨过程线图

　　表 4-18 和表 4-19 分别给出了在遭遇不同重现期设计暴雨的情况下，新河浦社区排水管网的满载情况和街道淹没情况，从表 4-18 和表 4-19 可以看出：①随着暴雨重现期的增大，管道满载率不断提高，小区街道淹没范围呈扩大趋势，街面最大流速也在增加，但管道最长满载时间则变化不大，这可能是由于部分管道过水能力较差，在水量较小时便已经处于满负荷，从而导致降雨强度增加对满载时间影响不大；②在遭遇 1 年一遇和 2 年一遇的暴雨时，管道满载比例相对较少，街道最大淹没深度基本在 0.10m 以下，超过 0.10m 部分的比例很少，淹没面积及街面最大流速都相对较小，可以认为淹没较轻；③在遭遇更大降雨时，特别是 10 年一遇降雨时，近 1/3 的管道处于满载状况，地表街道淹没更为严重，街面流速也在变大，风险增大。整体来讲，新河浦社区排水系统状况良好，基本上能够很快地排除暴雨径流，不会造成大面积积水。

表 4-18　不同重现期管道满载情况

重现期/年	总降水量/mm	最大降雨强度/（mm/h）	管道满载数/条	管道满载率/%	最长满载时间/min
1	53.0	157.7	45	11.81	66.5
2	60.0	178.5	55	14.44	69.5
5	69.2	206.0	100	26.25	70.0
10	76.2	226.8	106	27.82	71.0

表4-19　不同重现期街道淹没情况

重现期/年	街道淹没面积/m²		街道淹没比例/%		街面最大流速/（m/s）
	h_{max}>0.01m	h_{max}>0.10m	h_{max}>0.01m	h_{max}>0.10m	
1	398.40	8.73	1.68	0.04	1.17
2	576.70	12.58	2.43	0.05	1.33
5	688.36	43.37	2.90	0.18	1.52
10	1291.36	126.60	5.44	0.53	1.76

图4-114和图4-115分别给出了在遭遇重现期为10年的暴雨时小区排水管道满载时间和街面最大淹没水深分布情况，从图4-114可以看出，管道满载时间主要集中在15分钟以内，超过15分钟的比例相对较小。从图4-115可以看出，在遭遇10年一遇暴雨时，淹没水深基本在0.2m以内，这与表4-19中统计结果是完全一致的。由于近年来新河浦社区排水管网和设施均经过改造升级，整体排水能力较好，加之计算区域只是在小区范围内，而不是城区主干街道，洪量相对较小，所以暴雨造成的淹没范围与淹没深度都较小，模型计算结果比较符合该区域的实际情况。

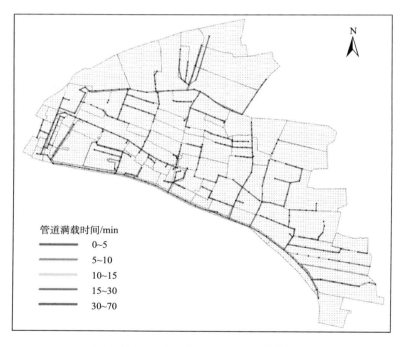

管道满载时间/min
0~5
5~10
10~15
15~30
30~70

图4-114　10年一遇暴雨时管道满载情况

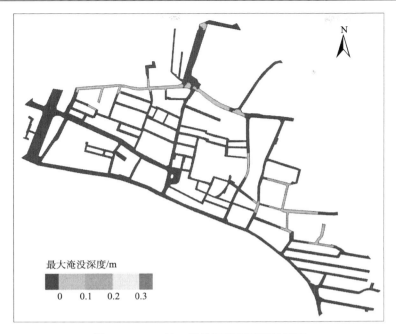

图 4-115　10 年一遇暴雨时街面淹没情况

4.6.6　海甸岛城市暴雨内涝模拟

为了进一步检验本书所构建的一、二维耦合模型在大范围城市区域内的应用能力，将该模型应用在海甸岛城市暴雨内涝模拟中。

1. 研究区域概况

海口市地处热带滨海地区，海甸岛位于海口市北部、南渡江出海河口段，环抱于南渡江入海口分汊的横沟河和海甸溪之中，面积为 13.8km²。世纪大桥、人民桥、和平桥等横跨海甸溪，把海甸岛和滨海大道、长堤路连接在一起，使海甸岛成为一个既与海口市中心交通来往方便，又相对独立的地区，因此，海甸岛也是一个独立封闭的排水系统。

海甸岛内河道有海甸五西路明渠、鸭尾溪和白沙河等（图 4-116），海甸五西路明渠东起人民大道涵洞，西沿海甸五西路转南入海甸溪，全长 3.1km，河宽约 15m；鸭尾溪和白沙河位于海甸岛东部，鸭尾溪西起人民大道，全长 2.3km，河宽 28~81m；白沙河西起海德堡幼儿园，全长 1.3km，河宽 25~48m，两河在福安路处汇合后经环岛路流入横沟河。海甸五西路明渠下游和鸭尾溪下游入海口处分别有一座闸门，水闸净宽分别为 18.5m 和 10.0m，最大开度均为 3.0m，对河道防洪排涝起重要作用。

图 4-116　海甸岛水系图

2. 历史暴雨内涝调研

海甸岛四周临海，多处路段地势低洼，常出现海水倒灌和洪潮联合影响，造成地面严重受淹，如海甸五西路、海甸二东路等，路面高程低于高潮位海平面，海潮一旦超过 2.6m，即使不下雨都会出现海水倒灌，造成路面积水。海甸岛上所有雨水均通过管道排入海甸五西路明沟、鸭尾溪、海甸溪等河道，最终排入大海，每当遇到台风暴雨或天文风暴潮时，海水高涨，许多路段就会严重积水。

2011 年 10 月 5 日 8 时至 6 日 8 时，海口市普降暴雨，北部沿海地区为暴雨中心，最大 1 小时降水量达 88.1mm，最大 24 小时降水量达 441.0mm，海甸溪、鸭尾溪、五西路明渠等主要排洪河沟均满沟外溢。海甸岛内的海甸五西路、人民大道、和平大道、海达路、海甸二东路、海甸三西路等路段积水严重，平均淹没水深 0.5m，造成部分道路交通中断，经济损失较为惨重。图 4-117 为对应的涝点分布情况。

3. 研究区域排水系统概化

根据研究范围内的地形、房屋和管网节点分布情况，对计算区域进行划分，共划分 2925 个子汇水区进行产流计算，并对计算区域内的管网进行适当概化，而且模型考虑把河道作为排水系统中的一部分，根据测量数据，将其分段概化成参数（河宽、河深、河底高程）各异的明渠，最终概化后的排水系统包含 3510 条管道和 2743 个节点，图 4-118 给出了计算区域内地下管网分布和子汇水区划分情况。在进行城市雨洪分析计算时，为了更精确地计算雨洪造成的淹没情况，将房屋部分设置为不积涝区域，内涝洪水只在非屋面区域中流动。图 4-119 给出了研究区域内的高程示意图。

图 4-117　易涝点调研结果

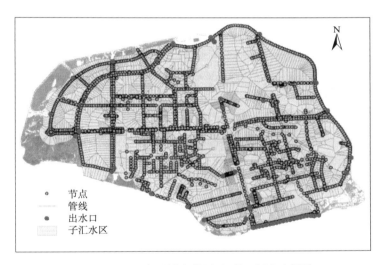

图 4-118　研究区域内管网及子汇水区示意图

4. 历史暴雨模拟结果分析

选取两场历史暴雨进行模拟分析，通过将内涝点模拟结果与历史调查结果进行对比分析，检验本书所构建模型的可靠性。

20111005 次暴雨开始于 10 月 5 日 10:00，结束于次日凌晨 1:00，历时 16h；总降水量为 427.8mm，最大 1 小时降水量为 88.1mm，发生在 13:00，最大 3 小时降水量为 138.2mm，占总降水量的 32.3%，整个过程降水量较大。

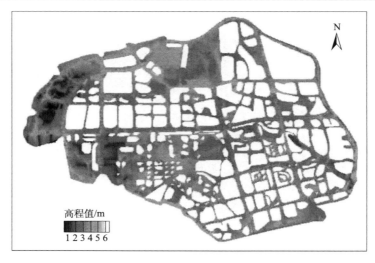

图 4-119　研究区域高程示意图

20101005 次暴雨开始于 10 月 5 日 19:00，结束于次日上午 9:00，历时 15 小时，总降水量为 220.7mm，最大 1 小时降水量为 34.5mm，发生在 8:00，另一雨峰发生在 1:00，降雨强度为 31.9mm，最大 3 小时降水量为 82.1mm，占总降水量的 37.2%，降雨中期雨量较大。

这两场暴雨模拟结果如图 4-120 和图 4-121 所示，从图 4-120 和图 4-121 可以看出，内涝淹没位置基本位于海甸五西路、人民大道、和平大道、海达路、海甸二东路和海甸三西路等路段，与内涝调研易涝点分布图 4-117 较为吻合。

这两场次暴雨模拟结果见表 4-20，从表 4-20 可以看出，在 20111005 次暴雨下，海甸五西路、海达路和海甸二东路的模拟值与调研值相差最小，均在 0.05m 以下；人民大道调研值为 0.50m，模拟值为 0.70m，误差为 0.20m；和平大道和海甸三西路的内涝模拟

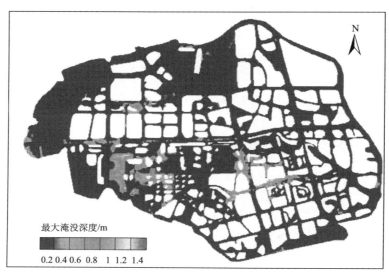

图 4-120　20111005 场次暴雨下内涝淹没最大深度

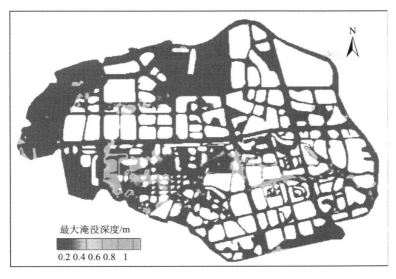

图 4-121　20101005 场次暴雨下内涝淹没最大深度

值为 0，但在调研中则显示其发生了 0.50m 和 0.40m 的内涝淹没。在 20101005 场次暴雨下，海甸五西路、和平大道和海甸三西路的调研值与模拟值相差最小，调研值与模拟值误差均在 0.05m 以下；人民大道与海达路的误差值达到了 0.20m；海甸二东路的内涝模拟值为 0，但在实际调查结果中显示其发生了 0.30m 的内涝淹没。

　　通过图 4-120、图 4-121 和表 4-20 的对比分析可以发现，本书所构建的一、二维耦合模型具有良好的精度和可靠性，模型基本能够反映出大范围城市区域暴雨内涝淹没情况，但在某些内涝点还存在着一定误差，可能是由以下几个方面的因素导致的：①调研数据通过安置在内涝点附近的摄像头远程观测间接得到，这些数据并没有通过测量工具实际测量得到，都是估计值，所以调研值可能存在误差。②模型对现实物体概化仍存在偏差，对于建筑物概化和子汇水区划分等仍存在误差。③模型部分计算未能真实地反映现实中的物理过程，对复杂的物理过程进行了简化处理，尤其是地表和地下管网的耦合计算部分。总体来说，本模型能够较好地应用于大范围城市区域暴雨洪涝模拟与分析。

表 4-20　内涝点实测淹没水深与模拟淹没水深对比表　　　（单位：m）

涝点位置	20101005 场次暴雨			20111005 场次暴雨		
	调研值	模拟值	误差	调研值	模拟值	误差
海甸五西路	0.40	0.45	0.05	0.50	0.52	0.02
人民大道	0.20	0.40	0.20	0.50	0.70	0.20
海达路	0.20	0.40	0.20	0.50	0.55	0.05
和平大道	0.00	0.00	0.00	0.50	0.00	−0.50
海甸二东路	0.30	0.00	−0.30	0.50	0.50	0.00
海甸三西路	0.00	0.00	0.00	0.40	0.00	−0.40

5. 设计暴雨淹没分析

采用本书所构建的城市洪涝模型分别计算在遭遇重现期为 1 年、2 年、5 年和 10 年，时间间隔为 5 分钟、历时为 2 小时的设计暴雨时，海甸岛片区的内涝情况。设计暴雨采用海口市 2013 年新修订的暴雨强度公式计算，设计暴雨过程采用芝加哥雨型，各种重现期设计降雨的降雨强度过程线如图 4-122 所示。

$$q = \frac{3245.114 \times (1 + 0.2561 \lg P)}{(t + 17.172)^{0.654}} \tag{4-178}$$

式中，q 为设计降雨强度，L/（s·hm²）；t 为降雨历时，min；P 为设计重现期，年。

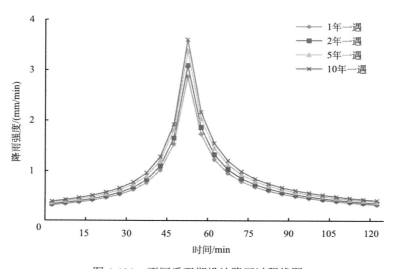

图 4-122　不同重现期设计降雨过程线图

表 4-21 给出了在遭遇不同重现期设计暴雨情况下海甸岛片区的淹没情况，从表 4-21 可以看出：①随着暴雨重现期的增大，城市街道淹没范围从 3.31%增加到 4.20%，呈扩大趋势。街面最大流速均在 2.60m/s 左右，变化不大，这可能是由于部分地区坡度较大，而地表积水量变化不大，从而导致这些地方的地表水流流速变化不大。②在遭遇 1 年一遇、2 年一遇和 5 年一遇暴雨时，街道淹没深度超过 0.01m 的面积占总街道面积的比例在 3.50%以下，淹没深度超过 0.1m 的面积占的比例在 2.05%以下。街道淹没深度超过 0.1m 的部分约占总淹没面积的一半，但占总街区面积的比例在 2.05%以下，可以认为淹没较轻。③在遭遇更大降雨时，特别是 10 年一遇降雨时，地表街道淹没更为严重，街道淹没比例迅速增加，由 5 年一遇的 3.50%增加到 4.20%，风险增大。总体来讲，海甸岛片区在面对重现期为 10 年及以下的设计降雨时，降雨造成的内涝淹没面积在 4.20%以下，并不会造成非常严重的内涝。

表 4-21　不同重现期街道淹没情况

重现期/年	街道淹没面积/m²		街道淹没比例/%		街面最大流速
	$h_{max}>0.01m$	$h_{max}>0.10m$	$h_{max}>0.01m$	$h_{max}>0.10m$	/（m/s）
1	245 652	140 140	3.31	1.89	2.60
2	247 549	141 554	3.33	1.90	2.62
5	260 221	152 176	3.50	2.05	2.58
10	312 069	176 152	4.20	2.37	2.60

图 4-123 给出了在遭遇重现期为 10 年的暴雨时海甸岛片区街面最大淹没水深分布情况，显示在海达路附近存在严重内涝，涝点积水深度达到 0.6~0.8m。人民大道和海甸五西路上存在少量涝点，积水深度在 0.2~0.4m。另外，在其他街道上还存在着一些其他涝点，积水深度在 0~0.2m。总的来看，除了海达路附近内涝积水比较严重，其他地方都是小面积局部性积水，不会造成严重的内涝损失。

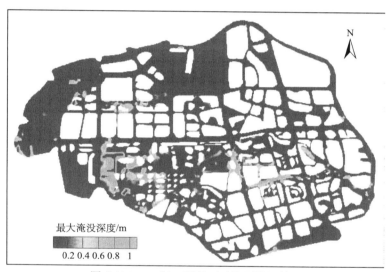

图 4-123　10 年一遇暴雨时街面淹没情况

4.7　小　　结

针对目前城市洪涝数值模拟方法上存在的一些不足,在总结前人理论研究的基础上,基于水动力学方法，分别建立了一维明满流模型和二维非恒定流水动力学模型，并将一维模型和二维模型进行了水平方向和垂直方向的连接，建立了耦合的城市洪涝数值模型。其主要研究成果如下。

（1）建立了一维明满流模型。采用 Preissmann 四点隐式差分格式对一维明满流控制方程进行离散求解，建立了一维明满流数值模型，可以同时处理河道和管网水流。为了提高模型的计算效率，避免求解大型稀疏矩阵，将节点水位迭代法推广应用到了明满流数值模拟中。采用一系列不同算例对一维明满流数值模型进行了验证，证明了一维明满流模型具有处理实际洪水，处理明渠流、压力流和明满交替流，处理环状与树状管网等方面的能力，以及具有良好的计算精度。

（2）建立了二维水动力模型。基于非结构网格中心型的有限体积法建立了一个时空均具有二阶精度的二维非恒定流水动力学模型，为了提高二维模型的稳定性和计算效率以适应城市洪水特点，将空气动力学中的双时间步算法引入到水动力学中，建立了隐式高效的有限体积法数学模型。采用一系列算例对二维水动力模型处理恒定流、处理间断流、处理动边界及处理实际地形等方面的能力进行了检验与验证，并将隐式双时间步法与显式方法进行了对比，结果表明，二维模型具有良好的精度和收敛速度，能够有效地处理干湿边界问题，能够满足和谐性要求，能够处理复杂水流和实际地形，模型算法的鲁棒性较好，稳定性和效率都较显式格式有了大幅度提升。

（3）建立了一、二维耦合的城市洪涝模型。为了建立一维模型和二维模型在水平方向上的连接，分别采用经验公式和相互提供边界条件的方式建立了地表侧向连接和正向连接，提出了一种新的计算垂直方向水流交换的方法，并根据该方法建立了地表地下耦合的城市洪涝数值模型。通过将模型应用于深圳市区民治水库溃坝洪水风险分析、广州新河浦社区和海口市海甸岛城市雨洪模拟计算，得出了较为合理的结果，证明了本书所构建的一、二维耦合模型具有处理实际地形和实际问题的能力，能够应用于城市洪涝数值模拟计算。

第5章 InfoWorks ICM 城市雨洪模型

5.1 InfoWorks ICM 水力计算方法

5.1.1 概述

Wallingford 模型是由英国 Wallingford 公司自主研发的城市雨洪模型，InfoWorks ICM 正是该公司基于 Wallingford 模型开发的城市综合流域排水模型模拟软件。InfoWorks ICM 已广泛用于排水系统现状评估、城市洪涝灾害预测评估、城市降雨径流控制及调蓄设计评估，其主要模块包括降雨径流模块、管流模块、河道模块、水质模块、实时控制模块及可持续构筑物模块等。

InfoWorks ICM 模拟能力十分强大，不但可以进行一维管网水力模拟，还能够耦合一维管网和二维地表及河道的水力模拟，同时，InfoWorks ICM 模型拥有非常强大的前、后处理能力。InfoWorks ICM 为市政排水提供了系统的模拟工具，不仅可以实现城市水文循环模拟，还能用于管网设计和改造的合理性分析及方案优化，能够高效、准确、快速地进行模拟分析。

5.1.2 InfoWorks ICM 模型结构

InfoWorks ICM 主要包括降雨径流模块、管道水流模块、河道水力模块、二维城市/流域洪涝淹没模块、水质模块、实时控制模块及可持续构筑物模块等（Schmitt et al.，2004；华霖富水利环境技术咨询（上海）有限公司，2014）。

InfoWorks ICM 模型详细模拟结构流程如图 5-1 所示。

1. 水文模块（降雨径流模块）

雨水降落在城市地表转化成截留、地面填洼、渗透、直接地面径流，扣损后得到进入雨水口（检查井）的地面径流，径流进入雨水管道同基流汇合，通过地下管网系统、辅助设施、溢流口等，最终进入受纳水体（河道、湖泊、海洋等）。水文计算模型如图 5-2 所示。

InfoWorks ICM 采用分布式模型模拟降雨径流过程，基于子汇水区和不同产流特性的表面类型进行径流计算，主要计算单元包括以下几种。

1）初期损失

降雨初期阶段的植被截留、初期湿润和填洼等不参与形成径流的降雨部分称为初期损失。对于城市高强度降雨，初期损失对产流的影响较小；但对于较小的降雨或者不透水表面比例低的集水区，其影响较大。

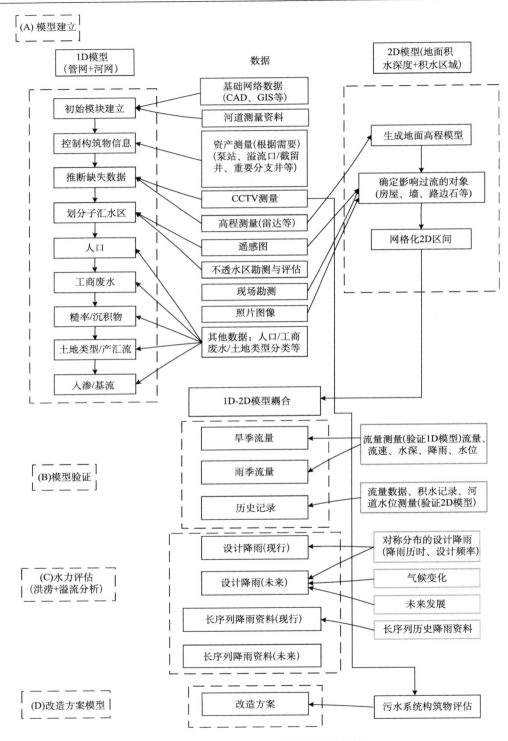

图 5-1　InfoWorks ICM 模拟结构流程图

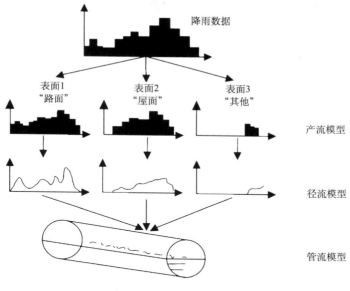

图 5-2　水文计算模型图

2）径流体积模型——产流计算

城市集水区的产流过程实质上是暴雨的扣损得到净雨的过程，当降水量大于截留和填洼量等损失水量，或降雨强度超过下渗速度时，地面开始积水并形成地表径流，这一过程利用产流模型描述，产流计算可以确定有多少降雨经集水区进入排水系统。

InfoWorks ICM 软件集成了世界广泛应用的多种径流模型选项，以满足不同地区的不同需求。

3）汇流模型

汇流模型用来获得净雨以怎样的规律从集水区进入排水系统，InfoWorks ICM 可以为每种表面类型选用不同的汇流模型。

InfoWorks ICM 软件内置可供选择的汇流模型包括双线性水库（Wallingford）模型、大型贡献面积径流模型、SPRINT 径流模型、Desbordes 径流模型、SWMM 径流模型等。

2. 管流模块

InfoWorks ICM 的管网水力计算理论基于求解完全圣维南方程模拟管流和明渠流，对于超负荷管道采用 Preissmann Slot 方法模拟，对各种复杂的水力情况具有较强的模拟仿真能力。此外，InfoWorks ICM 还能利用储存容量合理补偿反映管网储量，避免对管道超负荷、洪灾的错误预计，对于水泵、孔口、堰流、闸门、调蓄池等排水构筑物的水力特性也能很好地反映。

3. 河道模块

InfoWorks ICM 可以模拟树枝状、分叉、回路河网等复杂的河网体系，以及受堤坝或防洪堤保护的滞洪区，还可模拟复杂的水工结构，如泵、闸、堰等，并且能够设置简单或复杂的逻辑运行调度控制。

4. 二维城市/流域洪涝淹没模块

二维模型是一个更快、更准、更详细的地面洪水演算模型，基于地面高程模型可以反映道路、建筑物等对水流的引导和阻挡作用；可以反映地表不同类型地块的糙率对流速的影响，如道路，草地等；也可根据不同关注程度的需求设定不同精度的网格；还可设置湖泊、河道等水位边界条件，模拟洪水在地表的发展过程。

5.1.3　地表产流计算

在构建 InfoWorks ICM 模型的过程中，考虑到研究区域的地形及水文环境的空间变异性，常需要依据地形、房屋、道路等要素把研究范围的汇水区划分为若干个子汇水区。根据每个子流域各自的特点分别进行产汇流计算，通过流量演算方法得到每个子流域的出流总量，汇入检查井或其他雨水排放入口。当管网系统排水能力不足时，水流会从检查井冒溢出来，依地势在地面扩展流动或形成积水。

产流模型是用以计算降水在扣除植被截留损失、地面填洼损失、流域蒸发损失和土壤下渗损失等后所形成净雨过程的模型。在进行地表产流计算时，常把地面概化成如图 5-3 所示的概念模型。

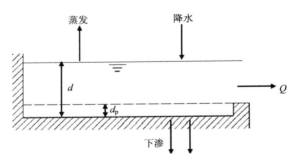

图 5-3　地表产流模型概念图

d—蓄水池水深；d_p—蓄水池最大洼蓄深；Q—地表产流

进行城市雨洪模拟计算时，通常选用的暴雨过程历时较短，而且城市洪涝灾害主要也是由短历时强降雨造成的，因此在模型中通常忽略流域蒸散发造成的损失，仅考虑植被截流、洼蓄、下渗等损失。

另外，除了对降雨损失分别进行描述外，为提高模拟效率，在进行城市雨洪模拟时，常采用简化的整体损失法进行产流计算，即在降雨中直接扣除一个固定值或用降雨乘以一个系数，从而得到模型需要的净雨总量。

在 InfoWorks ICM 软件中，内置了多种产流模型可供选择，具体见表 5-1。

表 5-1　**InfoWorks ICM 软件内集成的产流模型**

产流模型	简介
固定比例径流模型	直接定义实际进入系统的雨量比例
Wallingford 固定径流模型	英国于 1983 年首次提出的径流体积计算方法，基于 17 个不同汇水区的 510 场降雨统计回归分析结果，依据地区开发密度、土地类型和汇水区前期湿度，采用回归方程预测径流系数
新英国（可变）径流模型	英国 Wallingford 公司于 1993 年提出的专门针对透水表面长历时暴雨中径流增加现象的新模型，应用于反映降雨产生径流流量过程线的缓慢下降趋势
美国 SCS 模型	美国最早提出的广泛应用于预测农村汇水区降雨径流体积的方法，该模型允许径流系数随着汇水区湿度的变化而变化，在降雨过程中，随着湿度的增加，径流系数逐渐增加
Green-Ampt 模型	常用于美国 SWMM 模型的径流体积计算方法，采用 Mein&Larson 修订的 Green-Ampt 渗透公式计算透水面的产流量。分别对存在和不存在地面积水两种状况计算渗透量。所有降雨在地面没有积水时全部下渗，当渗透率小于等于降雨强度时、地面开始积水时采用 Green-Ampt 公式计算下渗量
Horton 渗透模型	该模型为经验模型，是 Horton 提出的广泛应用的著名下渗公式，假定渗透率随时间呈指数衰减
固定渗透模型	模拟具有稳定渗透损失渗入地下的渗透性铺面，渗透损失由"渗透损失系数"确定，其他和固定比例径流模型类似

5.1.4　地表汇流计算

产流计算得到了降雨转化为净雨的总水量，而汇流计算模型则确定这部分净雨以多快的速度和怎样的规律从汇水区进入排水系统。地表汇流计算的目的是把子汇水区的净雨转化为子汇水区的出流过程线，进而与排水系统相关联。InfoWorks ICM 提供的汇流模型包括以下几种。

1）双线性水库（Wallingford）模型

Wallingford 模型采用双线性水库汇流进行坡地漫流模拟。坡地漫流在每个节点将相关子集水区产生的净雨转换为一个入流过程线，采用一系列的两个概念线性水库来概化地面及小沟道的存储能力，以及径流峰值和降雨峰值之间的延迟，从而产生一个滞后于降雨峰值且相对较缓的径流洪峰。汇流参数主要受降雨强度、贡献面积和坡度 3 个因素影响。双线性水库（Wallingford）模型如图 5-4 所示。

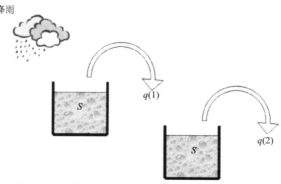

图 5-4　双线性水库（Wallingford）模型示意图

对于双线性水库模型而言，每个产流表面采用两个串联的水库来概化，对于两个概念性水库，每个水库都有一个与之相对应的存储-输出关系，定义为

$$V = kq \tag{5-1}$$

$$\frac{\mathrm{d}V}{\mathrm{d}t} = I - q \tag{5-2}$$

式中，V 为储蓄量，m^3；k 为蓄泄系数；q 为出流量，m^3/s；I 为净雨输入流量，m^3/s。

其中，

$$k = Ci^* - 0.39 \tag{5-3}$$

$$i^* = 0.5(1 + i_{10}) \tag{5-4}$$

式中，i_{10} 为每连续 10min 降雨强度的平均值，mm/min。

对于每个子汇水区，C 值需要优化得到，然后将其与子汇水区特征相关联，从而得到：

$$C = 0.117S^{-0.13}A^{0.24} \tag{5-5}$$

式中，S 为坡度；A 为子汇水区面积，m^2。

InfoWorks ICM 中限定了 S 和 A 两个参数的极限值，若 $S < 0.002$，取 $S=0.002$；若 $A < 1000m^2$，取 $A=1000m^2$；若 $A > 10\,000m^2$，取 $A=10\,000m^2$。

将式（5-1）与式（5-2）联立可得

$$k\frac{\mathrm{d}q}{\mathrm{d}t} + q = I \tag{5-6}$$

该模型仅有 1 个参数，即汇流系数 R_v，R_v 表示英国汇水区相关汇流率定结果的一个倍数，R_v 的取值在 1~10，取值越大汇流时间就越长。

2）大型贡献面积径流模型

标准 Wallingford 线性水库模型对于小型的子汇水区（1hm² 以下）较为适用，而大型贡献面积径流模型则比较适用于（100hm² 以下）较大型子汇水区的汇流计算。

为了反映汇水区的流动特性，该模型采用一根假设的管道，使这根管道的出流过程线与实际相应。为了真实地反映流动特征，使用汇流系数乘数 K、径流时间滞后因数 T 两个参数来修正汇流模型，从而延缓峰现时间。

汇流系数乘数 K 由式（5-7）得到：

$$K = C_k \times Ak_1 \times sk_2 \times Lk_3 \tag{5-7}$$

式中，A 为子汇水区面积，m^2；s 为坡度（在 InfoWorks ICM 中 $s > 0.002$）；L 为长度，m；C_k、k_1、k_2 和 k_3 为方程系数，系统默认 $C_k = 0.03$，$k_1 = -0.022$，$k_2 = -0.228$，$k_3 = 0.46$。

若 K 小于 1.0，则汇流系数乘数不参与模型计算。径流时间滞后因数 T 由式（5-8）计算：

$$T = C_t \times At_1 \times st_2 \times Lt_3 \tag{5-8}$$

式中，L 为长度，m；C_t、t_1、t_2 和 t_3 为方程系数，系统默认 $C_t = 4.334$，$t_1 = 0.009$，$t_2 = -0.173$，$t_3 = 0.462$。

3）SPRINT 汇流模型

该模型严格适用于集总式汇水区模型，是一种单线性水库模型，与降雨强度无关，是欧洲为完成 SPRINT 项目而开发的模型，主要用于大型集总式汇水区的汇流计算。SPRINT 汇流模型如图 5-5 所示。

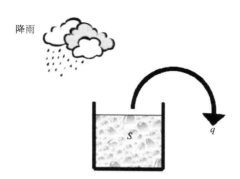

图 5-5　SPRINT 汇流模型图

该模型对于每个子汇水区使用一个单一的水库来模拟，每个水库对应一个蓄量-输出关系，公式为

$$S = kq \tag{5-9}$$

$$k = 5.3A^{0.3}(\text{IMP}/100)^{-0.45}p^{-0.38} \tag{5-10}$$

$$\frac{\mathrm{d}S}{\mathrm{d}t} = i_{\mathrm{n}} - q \tag{5-11}$$

式中，S 为水库蓄水量，m^3；k 为线性水库常数；A 为汇水区面积，hm^2；IMP 为不透水百分比，%；p 为坡度；i_{n} 为净雨，m^3/s。

SPRINT 汇流模型的应用范围如下：

$0.4\mathrm{hm}^2 < A < 5000\mathrm{hm}^2$；$2\% < \text{IMP} < 100\%$；$110\mathrm{m} < L < 17\,800\mathrm{m}$；$0.4\% < p < 4.7\%$

为进一步考虑汇水区空间变化对 k 值带来的影响，在一定条件下需对 k 值进行修正：

$$k' = \alpha k \tag{5-12}$$

当 $A < 6\mathrm{hm}^2$ 时，$\alpha = 0.8$；当 $6\mathrm{hm}^2 < A < 250\mathrm{hm}^2$ 时，$\alpha = 0.7A^{0.09}$。

4）Desbordes 径流模型

该模型是法国标准汇流模型，也是一种单一线性水库模型。该模型假设集水区出口流量与集水区雨水量成正比，基于时间步长，为每个子汇水区计算径流，公式为

$$S(t) = KQ(t) \tag{5-13}$$

式中，$S(t)$ 为一定时间内在汇水区上储存的雨水量，m^3；$Q(t)$ 为一定时间内汇水区出口流量，m^3/s；K 为线性水库系数。

5）SWMM 径流模型

SWMM 模型为美国开发的非线性水库模型，InfoWorks ICM 集成了 SWMM 模型中的 Runoff 模块的特征，通常与 Horton 或者 Green-Ampt 透水表面体积模型连用。该模型

需定义子集水区宽度和地面曼宁粗糙系数，分别对子汇水区的各个表面进行汇流计算。采用非线性水库模型进行坡面汇流计算，即联立求解连续性方程和曼宁方程：

$$\frac{\mathrm{d}V}{\mathrm{d}t} = A\frac{\mathrm{d}d}{\mathrm{d}t} = Ai^* - Q \tag{5-14}$$

$$Q = \frac{1.49W}{n}(d - d_\mathrm{p})^{5/3}S^{1/2} \tag{5-15}$$

式中，V 为地表积水量，m^3；d 为水深，m；t 为时间，s；A 为地表面积，m^2；i^* 为净雨，mm/s；Q 为出流量，m^3/s；W 为子流域漫流宽度，m；n 为地表曼宁系数；d_p 为最大洼蓄深度，m；S 为子汇水区平均坡度。

联立式（5-14）和式（5-15）可得到一个非线性方程：

$$\frac{\mathrm{d}d}{\mathrm{d}t} = i^* - \frac{1.49W}{An}(d - d_\mathrm{p})^{5/3}S^{1/2} = i^* + \mathrm{WCON}(d - d_\mathrm{p})^{5/3} \tag{5-16}$$

式中，WCON 为流量演算参数，受面积、宽度、坡度和糙率影响。

基于一定时间步长，采用有限差分法求解式（5-16），得到：

$$\frac{d_2 - d_1}{\Delta t} = i^* + \mathrm{WCON}[d_1 - \frac{1}{2}(d_2 - d_1) - d_\mathrm{p}]^{5/3} \tag{5-17}$$

式中，Δt 为时间步长，s；d_1 为水深初始值，m；d_2 为水深末时值，m。

式（5-17）右边的入流、出流均为时段平均值，净雨 i^* 在计算时也是取时段平均值。

6）Unit 单位线模型

Unit 单位线模型属于水文学的汇流计算方法，在 InfoWorks ICM 中，峰现时间和总径流时间可根据需求自定义或由模型内置的 6 种单位线获得，Unit 单位线汇流模型如图 5-6 所示。

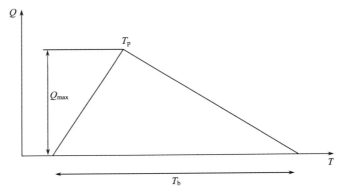

图 5-6　Unit 单位线汇流模型图

T_p—峰现时间；T_b—总的汇流时间；$Q_{\max}$—洪峰流量

7）ReFH 模型

ReFH 标准瞬时单位过程线（IUH）是一种弯折的单位线水文模型，利用扭曲的三角形单位线计算子汇水区净雨的汇流过程。ReFH 模型主要通过 3 个参数来定义，即时间

缩放系数 T_p 及两个维度参数（峰值 U_p 和弯曲角度 U_k）。当 $U_k=1$ 时，IUH 是一个普遍三角形。当 $U_k=0$ 时，失去的面积通过延长整体时间转化为 IUH 曲线的尾部。在 InfoWorks ICM 中，洪峰时刻、单位过程线峰值和弯折值角度可以根据相关需求自定义。ReFH 模型如图 5-7 所示。

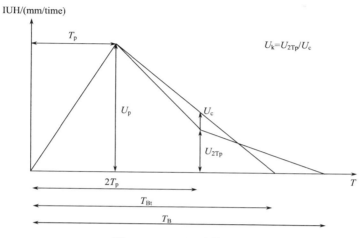

图 5-7　ReFH 汇流模型图

8）SCS Unit 模型

SCS 单位线是一种利用单位过程线对子汇水区进行汇流计算的水文模型。在 InfoWorks ICM 中，洪峰时间和总汇流时间可根据需求自定义或由模型内置计算方案得到。SCS 单位线模型不适合山地或平坦的湿地地区。SCS 单位线模型如图 5-8 所示。

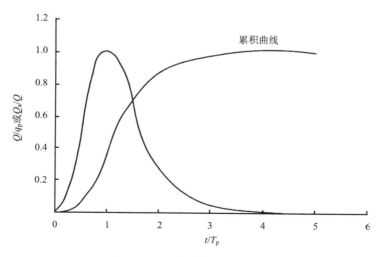

图 5-8　SCS 单位线汇流模型图

9）Snyder Unit 模型

Snyder Unit 模型是根据阿巴拉契亚高地区的汇水区数据进行研究而获得的一种单位

线汇流计算模型。Snyder Unit 模型需要的参数包括延迟时间 TL、持续时间 TR、峰值流量 Q_p、峰值系数 C_p、流量等于 50%Q_p 时的曲线宽度，以及流量等于 75%Q_p 时的曲线宽度。在 InfoWorks ICM 中，需要根据情况自行设定延迟时间 TL 和峰值系数 C_p。

5.1.5　管网水力计算方法

降雨经过产汇流计算得到出流过程线，通过检查井等雨水入口进入排水管网系统，成为管网水力模拟计算的边界条件，最后通过管渠的对流传输后排入河道、湖泊、大海等受纳水体。

对于城市排水系统而言，重点在于对管道内水流的对流和传输过程进行模拟。管网流量传输模拟计算方法较多，比较简单的方法有水库调蓄法、时间漂移法等。较为精确的模拟方法主要包括 Muskingum-Cunge 法、扩散波法及基于求解完整圣维南方程组的动力波法等。目前，对于管网流量传输多采用以求解圣维南方程组为核心的水动力学方法进行计算，InfoWorks ICM 也不例外。InfoWorks ICM 管网模型如图 5-9 所示，具体如下。

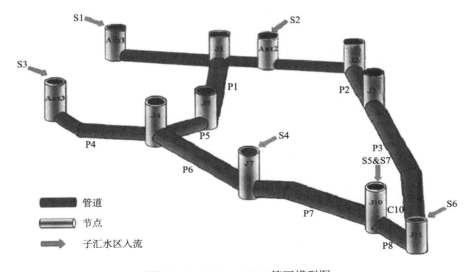

图 5-9　InfoWorks ICM 管网模型图

1）InfoWorks ICM 管流模型

InfoWorks ICM 模型中用很多具有一定长度的管段和两个网络节点的拓扑结构形式来描述管网系统，管段和网络节点之间的边界类型既可以设置为出口，也可以设置为水头损失。管段的坡度根据上游节点与下游节点的井底高程来确定，即使节点井底高程不连续或者出现逆坡的情况时，仍然使用此方法来确定坡度。

对于封闭管道或明渠等管道连接形式，InfoWorks ICM 模型内置了多种预先定义的管渠连接断面形式，InfoWorks ICM 模型内置的管道形状如图 5-10 所示，内置的明渠形状如图 5-11 所示。对于圆形管道只需定义一维尺寸——直径，而对于其他形状的管道则需要定义二维尺寸——高度和宽度。对于明渠，高度定义为渠道衬砌的高度。除此之外，对于非标准横截面形状的管道，模型中可以根据客观需求对高度和宽度的关系进行自定义。

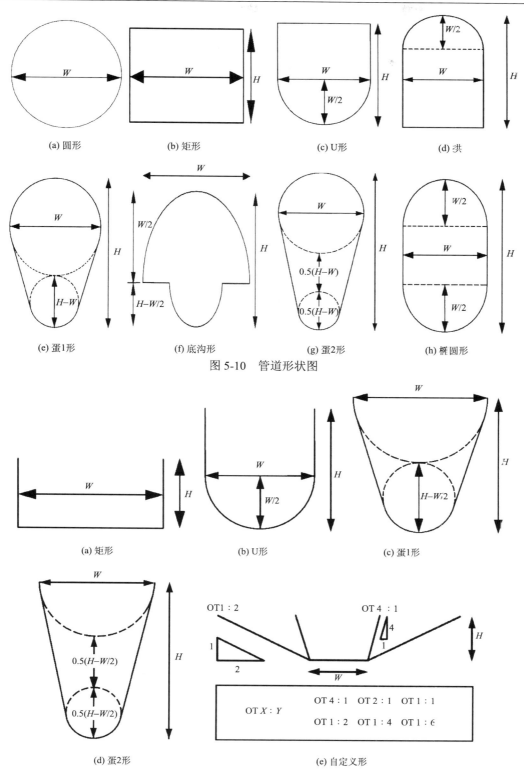

(a) 圆形　　(b) 矩形　　(c) U形　　(d) 拱

(e) 蛋1形　　(f) 底沟形　　(g) 蛋2形　　(h) 椭圆形

图 5-10　管道形状图

(a) 矩形　　(b) U形　　(c) 蛋1形

(d) 蛋2形　　(e) 自定义形

图 5-11　明渠形状图

　　在 InfoWorks ICM 中，为了反映管渠不同区域水力粗糙系数的差异，可以分别为管渠底部 1/3 的区域分配一个粗糙系数，以及管渠的余下部分分配另外一个粗糙系数。现实中的管渠可能存在沉积物淤积堵塞的情况，为此，该模型可以在管渠底部设置一个沉积物深度参数，使得该深度区域被描述为永久沉积物且不受冲刷和再沉淀的作用。

　　InfoWorks ICM 模型的管网水力计算引擎采用求解完全圣维南方程组模拟管道明渠流和压力管流，控制方程如式（5-18）和式（5-19）所示。

　　连续性方程：

$$\frac{\partial A}{\partial t} + \frac{\partial Q}{\partial x} = 0 \tag{5-18}$$

式中，Q 为流量，m^3/s；A 为断面面积，m^2；t 为时间，s；x 为沿水流方向管道长度，m。

　　动量方程：

$$\frac{\partial Q}{\partial t} + \frac{\partial}{\partial x}\left(\frac{Q^2}{A}\right) + gA\left(\cos\theta\frac{\partial h}{\partial x} - S_0 + \frac{Q|Q|}{K^2}\right) = 0 \tag{5-19}$$

式中，h 为水深，m；g 为重力加速度，m/s^2；θ 为水平夹角，$(°)$；K 为输水率，由 Colebrook-White 或 Manning 公式确定；S_0 为管底坡度；其余变量意义同前。

　　在 InfoWorks ICM 模型中，若管渠由于处于负荷运行状态而出现压力流时，同样也可以使用圣维南方程组进行求解，但此时需要在管顶引入一个垂直的概念化窄缝为管道内水流提供自由表面条件，这个概念化的窄缝称为 Preissmann 缝，如图 5-12 所示。通过引入 Preissmann 缝，可以实现管道中自由表面流与超负荷压力流间的平滑过渡，从而使模型模拟精度得以提高。Preissmann 缝中的自由表面宽度 B 用一个较小的项进行概化，如式（5-20）和图 5-12 所示。

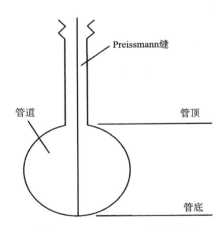

图 5-12　Preissmann 缝示意图

　　自由表面宽度计算公式：

$$B = \frac{gA}{C_p^2} \tag{5-20}$$

式中，B 为自由表面宽度，m；C_p 为管道水压波速，m/s；其余变量意义同前。

虽然 Preissmann 缝的引入可以实现管内明渠流向压力流的平滑过渡，但是在管顶直接引入一个 Preissmann 缝可能会造成管内流态向压力流状态过渡时表面宽度和波速的急剧变化。因此，InfoWorks ICM 模型在管道真实几何形状和 Preissmann 缝的宽度之间定义了一个单调立方体作为过渡区域，以消除这种不利影响。

Preissmann 缝本身的宽度依据缝中的波速为半管高度波速的 10 倍这一原则进行定义，使得缝宽仅为管道宽度的 2%，从而保障对压力流的准确模拟。对于明渠，在水位超出衬砌高度时，需要对断面几何形状进行外插处理。在封闭管道中，最大传输水量往往在实际水位未达到管道顶部时就会出现，并且大于"管道满流"值。为避免模型计算出现转折点及多个数值解，模型通过加强单调性来近似处理传输水量的计算。

2）InfoWorks ICM 压力管流模型

对于管网系统中某些一定会出现压力流的管段，如上升管或倒虹吸管时，在 InfoWorks ICM 模型中，可以选择对这些管段使用压力管流模型进行计算而非完全求解圣维南方程组，以期更加准确地模拟压力流状态下的流速和水量变化。InfoWorks ICM 压力管流模型的控制方程如式（5-21）和式（5-22）所示。

$$\frac{\partial Q}{\partial x}=0 \tag{5-21}$$

$$\frac{\partial Q}{\partial t}+gA\left(\frac{\partial h}{\partial x}-S_0+\frac{Q|Q|}{K^2}\right)=0 \tag{5-22}$$

式中，K 为满管输送量，m^6/s^2；S_0 为管底坡度；其余变量意义同前。

在 InfoWorks ICM 模型中，还可以选择在动力学方程中是否包含惯量项 (dQ/dt)。在模拟压力管流时，如果停止模拟压力管道的惯量项且保持其他模拟参数不变，则可以有效防止压力干管（上升管）出现深度负值。

3）渗透求解模型

模型中对可渗透管道、透水性铺装等特殊管道的模拟需要使用渗透求解模型，其控制方程为

$$\frac{\partial Q}{\partial x}=0 \tag{5-23}$$

$$\frac{\partial Q}{\partial t}+gAn\left(\frac{\partial h}{\partial x}-S_0+\frac{Q|Q|}{K^2}\right)=0 \tag{5-24}$$

式中，n 为孔隙度；其余变量意义同前。

渗透求解模型中的流量采用达西定律计算：

$$Q=-kA\times\Delta h/L \tag{5-25}$$

式中，A 为透水介质的横截面积，m^2；k 为水力传导系数，m/s；$\Delta h/L$ 为水力坡度。

4）方程求解系统

InfoWorks ICM 模型将每一段管道等距离（该距离默认为 20 倍管道直径）地均分成 N 个离散的计算点，采用 Preissmann 四点隐式差分法求解圣维南方程组。模型中通过设

置 Preissmann 缝的 CFL 条件来消除对时间步长的任何限制,因为这种方法在本质上具有隐式特性。同时,定义时间权重系数 $\theta \geqslant 1/2$,使得模型的稳定性在很大范围内得以保证。实际上,在进行时变模拟时,为减小模型的发散程度,通常取 $\theta = 0.65$。

管道中的每一组相邻的离散点通过离散形式的圣维南方程组相关联,从而得到 $2N-2$ 个用于描述流量关系的等式。对于任一控制连接,两个计算节点的分配值通过预先定义的水头流量关系相关联。

为完成连接间方程组的关联,需要为两端分别指定一个一般形式的边界条件,如式(5-26)所示:

$$f\left(Q_i, y_i, Y_l\right) = 0 \tag{5-26}$$

式(5-26)给出了流量 Q_i 和水位 y_i 的相关关系,对于管道,还将包含一个水头损失项,而对于自由出流的出水口,流态假设为临界流。然后,在每个内部节点引入如式(5-27)的连续性方程来完善方程组,最终使用隐式欧拉法对方程组进行近似求解。

$$Q_l + \sum \beta_j Q_j = A_l \frac{\mathrm{d}Y_l}{\mathrm{d}t} \tag{5-27}$$

模型中对管道、管道边界、控制性构筑物,以及节点等控制方程的离散将会导致在每个时间层级上都要同时求解大量代数非线性有限差分方程,为确保模型计算过程的稳定性,尤其是在明渠流与有压流的过渡阶段,模型采用 Newton-Raphson 迭代法进行求解。

应用 Newton-Raphson 迭代法,在每一时间层级上都需要对相关变量进行线性化,从而得到一个巨大的矩阵系统,模型通过对计算节点及节点间的连接进行局部消除的方式,采用 double-sweep 追赶法来减小矩阵系统。

Newton-Raphson 迭代法的优势在于具有二次收敛的可能性,而对于陡波前锋或波的相互作用等非线性效应,将会导致时间步长以累进减半的方式进行自动调整,直到 Newton-Raphson 迭代法的收敛性得到满足。相反,快速收敛则可能会导致时间步长加倍。为了确保模型计算的稳定性,InfoWorks ICM 使用相对收敛检查的方法来保证在新的时间层级上每一个相关变量的变化都小于 1%。

5)模型特色

在 InfoWorks ICM 模型中,对于坡度大于临界坡度的管道,可能会出现超临界流情况。相反,对于坡度小于临界坡度的管道,弗劳德数将随深度减小,由于动量方程中阻力项的优势超过了惯性项,则流态保持为亚临界流(缓流),如式(5-28)所示。

$$\frac{\partial Q}{\partial t} + \frac{\partial}{\partial x}\left(\frac{Q^2}{A}\right) + gA\left(\cos\phi\frac{\partial y}{\partial x} - S_0 + \frac{Q|Q|}{K^2}\right) = 0 \tag{5-28}$$

但是,如果模型的时间步长取值过大,将会人为地导致局部超临界流状况的出现。理想情况下,对非恒定超临界流与亚临界流(缓流)相混合情况的模拟需要确保算法结构在计算过程中保持不变;尤其需要确保在计算过程中某点的边界条件不变,这一点通过以下方法实现:当弗劳德数逼近一致时,逐步淘汰惯性项,以维持其他地方亚临界流的结构特征。

在模拟之前,为了有效地避免可能出现的潜在困难,可以为每根管道计算一个特征

弗劳德数 F_c。若 $0.8 < F_c < 1.0$，则逐步淘汰惯性项；若 $F_c \geqslant 1.0$，则直接去掉惯性项。这一情况在相对较陡的管道中出现的可能性会增加。

当管道中的水深较低时，即使下游水深不同，管道中也可能会出现相同的流量，如图 5-13 所示，从而可能使得数值解在两种流态之间震荡。模型对动量方程中传输项的有限差分形式进行修改，以避免出现不稳定性的情况。在模型中，用一个简单的上游加权值来替换上游和下游状况的平均值。

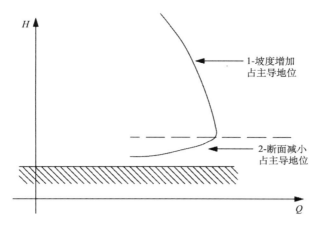

图 5-13　管道中水位较低时流量与下游水深关系图

为了保证模型的稳定性而去掉动量方程的惯性项，但其他保留项仍然可能对模型的稳定性构成威胁。为解决这一问题，模型为管道引入一个名义基流，定义为管道中指定基底高度的一个常态流量。基底高度通常定义为管道高度的 5%，对于圆管和矩形管道，基流分别定义为管道满流能力的 1.9% 和 5%。基流引入并不会影响水量平衡，因为它是在网络求解时被人为引入而在边界条件处被移除。

5.1.6　二维城市洪涝淹没计算

InfoWorks ICM 的 2D 计算引擎基于浅水方程求解，且使用 TVD 激震抓取模型技术。模型采用浅水方程，即平均深度形式的 Navier-Stokes 方程对二维流态进行数学描述，假设水流主要在水平方向扩展流动，所以忽略流速在垂直方向上的变化，方程如式（5-29）～式（5-31）所示：

$$\frac{\partial h}{\partial t} + \frac{\partial(hu)}{\partial x} + \frac{\partial(hv)}{\partial y} = q_{1D} \tag{5-29}$$

$$\frac{\partial(hu)}{\partial t} + \frac{\partial}{\partial x}\left(hu^2 + \frac{gh^2}{2}\right) + \frac{\partial(huv)}{\partial y} = S_{0,x} - S_{f,x} + q_{1D}u_{1D} \tag{5-30}$$

$$\frac{\partial(hv)}{\partial t} + \frac{\partial}{\partial y}\left(hv^2 + \frac{gh^2}{2}\right) + \frac{\partial(huv)}{\partial x} = S_{0,y} - S_{f,y} + q_{1D}v_{1D} \tag{5-31}$$

式中，h 为水深，m；u、v 分别为 x 和 y 方向的流速分量，m/s；$S_{0,x}$ 和 $S_{0,y}$ 分别为 x 和 y

方向的底坡分量；$S_{f,x}$ 和 $S_{f,y}$ 分别为 x 和 y 方向的摩阻分量；q_{1D} 为单位面积上的出流量，m/s；u_{1D} 和 v_{1D} 分别为 q_{1D} 在 x 和 y 方向的速度分量，m/s。

紊流效应不能在 InfoWorks ICM 中直接模拟，而是将其包含在底部摩擦的能量损失中，通过 Mannings n 值来模拟。浅水方程式的本质在于维持质量和动量守恒，这种形式的方程可以描述流动的不连续性，以及渐变流和急变流之间的变化。

利用有限体积法求解浅水方程，采用控制体来描述相关区域，将模拟区域分割为小的几何区域，在分割的几何区域之间通过控制体边界的流量来整合浅水方程得到相关等式。控制体边界的流量值使用 Riemann 求解器计算，整合后的浅水方程基于 Gudunov 数值模型求解。

有限体积法的优势在于计算稳定性较好、几何灵活性较强及概念比较简单，另外，有限体积法是一种显示解法，不需要通过反复迭代实现稳定。对于每个网格，必要的时间步长使用 CFL 条件计算得到，其公式如下：

$$C\frac{\Delta x}{\Delta t} \leqslant 1 \tag{5-32}$$

式中，C 是一个无量纲的柯朗（Courant）数，为控制时间步长的稳定性，在 2D 模型中 C 的默认值为 0.9。

InfoWorks ICM 使用非结构网格对模拟区域进行网格划分，为反映网格的干湿状态，模型中使用阈值深度作为标准来确定一个网格是否是湿的，并且当网格的水深小于阈值深度时，将流速设为 0。InfoWorks ICM 2D 模型中通常默认此阈值深度为 0.001m，这样可避免在干、湿区域人为地造成流速过高。

5.2 海口市主城区 InfoWorks ICM 模型构建

5.2.1 研究区数据资料概况

以海口市主城区为研究区域，其总面积为 82.86km²。为构建海口市主城区 InfoWorks ICM 综合流域排水模型，需要的建模数据包括研究区域内的排水管网资料、河道资料、道路资料、DEM 资料及遥感影像资料等。

1）排水管网 CAD 数据

所使用的排水管网资料来自于勘测所得数据，管道断面多采用圆形或矩形，圆管管径最大为 2500mm，最小为 150mm，矩形管道最大尺寸为 12000mm×3600mm，最小尺寸为 200mm×200mm。

排水管网 CAD 图可以提供管线起点和终点的 X、Y、Z 坐标、管道流向、管径大小和节点的 X、Y、Z 坐标及其类型等信息，但 CAD 文件储存的属性数据有限，且无法明确反映管线和节点间的空间拓扑结构，需应用 ArcGIS 软件对其进行处理（赵冬泉等，2008；孔彦虎，2012）。使用 ArcGIS 软件建立管网系统的拓扑结构时需要注意以下几个问题：首先，节点不应该出现孤立和重叠的情况，其次管线不能重叠且管线的端点必须要被其他要素覆盖。初步建立管网系统的拓扑结构后，需要进一步校验管网的流向错误。

ArcGIS 软件仅能进行拓扑结构校查及一维层面检查,但管网系统还存在一些问题需要进行二维层面检查,并进行相应处理,使用 InfoWorks ICM 对管网系统进行二维层面检查。

2)河道资料

对于 InfoWorks ICM 而言,建立的模型除了市政排水管网系统外,还涉及与河道的耦合,建模所需的河道资料应该包含河道中心线、断面形式、断面位置、坡降、糙率等方面的信息。

3)道路资料

道路资料通常根据路网规划并结合遥感影像图来获得,只需要包含路网的范围信息即可。

4)DEM 资料

研究区域的地形图比例尺为 1∶2000,高程点较密,部分区域由于缺少 1∶2000 的地形数据,所以采用 1∶10 000 的地形数据进行补充。

5)遥感影像资料

使用 Google Map 软件可以截取到所需区域的高清卫星遥感影像图,有 1~19 级影像级别可供选择。为了能够清晰地分辨水系、道路、建筑屋面等地表信息,以及为划分子汇水区及判断管道流向提供帮助,所以选择 18 级遥感影像图。

5.2.2　一维网络结构

在构建海口市主城区一维排水模型前,需要对排水系统进行概化,概化内容主要包括节点及管道连接两方面。本模型中节点主要包括检查井、蓄水设施、出水口 3 种类型,其中,检查井主要由窨井、雨水篦子、探测点、转折点等概化而来,蓄水设施主要由湖泊和池塘等概化得到,出水口即排水系统的末端出流处。

管道是节点间的连接,包括管网系统和河道两个部分,暴雨产生的地表径流汇入城市排水管网系统后最终汇集到河道中。作为重要的行洪通道,河道的断面尺寸和水位高低将会直接影响管网系统的排水效能,因此,除市政排水管网系统外,还将河道作为排水系统考虑的一部分。海口市主城区的主要河流有龙昆沟、美舍河、大同沟、板桥溪、响水河及河口溪等,沿岸均有管网排水出口,现研究区内现状河道断面大多为矩形,在模型中根据测量数据将河道概化成由河宽、河道及河底高程 3 个参数来控制的形式各异的明渠。

在 InfoWorks ICM 模型中,管网数据最好为 shp 格式的电子数据,且需包含网络的完整拓扑结构、检查井的地面高程、管道的管径、管底高程、管道摩阻系数等属性信息。若有需要还应包含管网中各种附属构筑物(闸门、孔口、堰等)的相关参数信息,以及水池、泵站等相关参数信息。

本模型经概化后,研究区域约 20 258 个节点,其中包含两个蓄水设施(红城湖和金牛湖)和 257 个出水口;管道连接约 20 271 根,其中约 174 根由河道概化而来.考虑到东西湖的地形环境,也将其概化为管段。普通管段的曼宁系数为 0.013,由河道概化的管段的曼宁系数为 0.025。

一维网络结构数据由 ArcGIS 软件处理成 shp 格式的文件后，由数据导入中心导入 InfoWorks ICM 软件。成功导入节点数据和管网数据后，即建立了研究区域管网系统的拓扑结构（图5-14），完成了模型基础网络结构搭建。

图 5-14　研究区网络拓扑结构图

5.2.3　子汇水区划分

InfoWorks ICM 采用分布式水文模型方法计算集水区水量，即对研究区域先根据 DEM 数据进行水文分析，划分出一些较大的汇水区，然后结合实际管网布置范围，使用泰森多边形法进一步划分成一系列子汇水区，之后还需根据街道屋面的分布情况对划分后的子汇水区做进一步调整，最后得到模型需要的子汇水区（薛丰昌等，2015），共计约 20 498 个（图5-15）。

子汇水区的相关属性参数是模型水文计算的重要影响因素，模型在子汇水区的基础上，根据不同产流表面类型采用降雨径流模型计算产流水量，然后每个汇水区加和其所有产流表面的产流水量，得到子汇水区的总径流量，再经过汇流模型计算，得到每个子汇水区对应节点的入流过程。子集水区及其内部各产流表面的面积对净流量的计算具有非常重要的影响，选用固定径流比例模型进行产流计算，选用 SWMM 模型进行汇流计算。

综合考虑研究区下垫面情况和模型模拟效率等因素，将研究区域的产流表面类型概化为 3 种：即屋面、道路、其他，屋面及道路的分布情况如图 5-16 和图 5-17 所示。

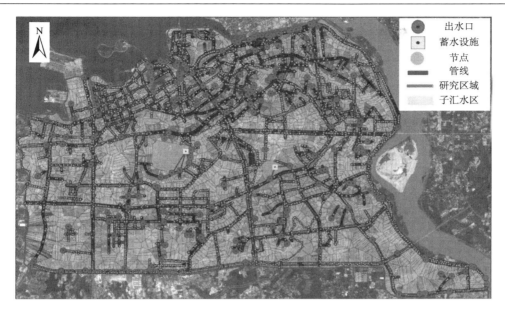

图 5-15　子汇水区概化图

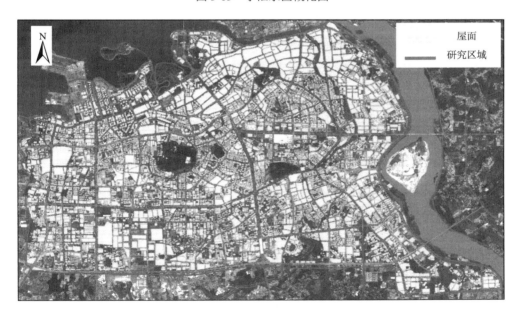

图 5-16　屋面分布范围图

　　每个子汇水区都是由概化的 3 种不同类型的产流表面按不同比例组成，3 种不同类型产流表面的相关属性参数见表 5-2。划分完子汇水区，以及确定好产流表面类型的种类及相关参数后，根据 3 种不同产流表面的分布情况，自动为每个子汇水区计算出 3 种不同产流表面比例，其为模型产汇流计算奠定了基础。

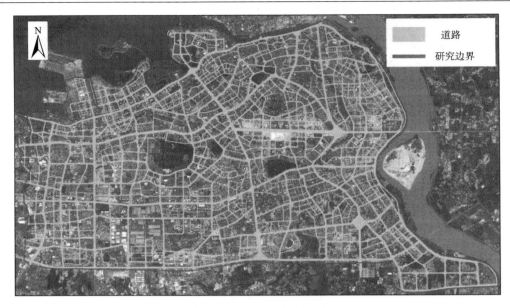

图 5-17　道路分布范围图

表 5-2　3 种不同类型产流表面相关属性参数表

产流表面编号	描述	径流量类型	固定径流系数	初损类型	初期损失值/m	汇流模型	汇流类型	汇流参数	总面积/km²
1	道路	Fixed	0.9	Abs	0.002	SWMM	Rel	0.018	17.04
2	房屋	Fixed	0.8	Abs	0.001	SWMM	Rel	0.02	26.06
3	其他	Fixed	0.5	Abs	0.005	SWMM	Rel	0.025	39.79

　　至此就完成了研究区域一维模型搭建，为每个子汇水区引入降雨数据即可进行一维模拟计算。

5.2.4　二维建模及一维二维模型耦合

　　InfoWorks ICM 一维模型能够提供集水范围及积水量等相关信息，但一维模型依赖于流向假设，需要得到坡面流速的详细信息，尤其是当流程受到城市基础设施或建筑物的阻挡影响时，一维模型缺陷就比较明显。为了克服一维模型的缺陷，InfoWorks ICM 二维模型更加适合于模拟管网排水能力不足时，节点溢出水流通过复杂的几何地形进行扩展流动的情况。实际上，水流在扩散发展过程中可能不断地流入或溢出排水系统，若要精确而有效地模拟这样复杂的水流情况，则需要耦合 InfoWorks ICM 一维和二维模型来进行综合模拟。InfoWorks ICM 实现了洪水模拟一维、二维的合并，一维模型通常用以评估管网系统的排水能力，以及提供溢流节点位置及溢流水量，而二维模型则用来模拟研究区域地面洪水的流速、流向及深度。

　　建立二维模型的首要条件是引入地面高程模型，采用的高程数据由海口市地形图（1∶2000）获得，部分缺乏 1∶2000 地形数据的区域，采用 1∶10 000 地形数据进行补充，提取高程点数据即可建立研究区域的地面 TIN 模型，研究区域使用的高程点数据约有 91 926 个。

由于各种复杂原因，通过海口市地形图获取的高程点数据可能出现高程值丢失或高程奇点等误差，为规避这些误差对模拟造成的不利影响，应用 ArcGIS 软件建立原始 TIN 模型，对存在误差的高程进行人工修正，以保证模型模拟的精度，修正后的 TIN 模型如图 5-18 所示。总体来看，修正后的 TIN 模型过渡较为平缓，数据质量有了较大提高，能够更好地保证模型运行的可靠性和精度。

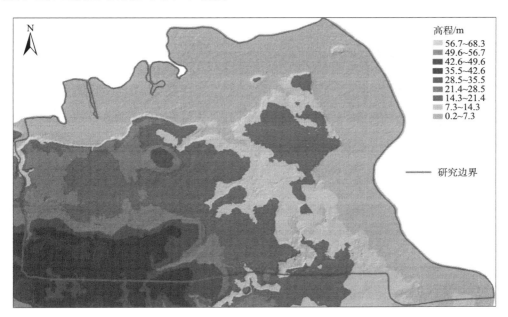

图 5-18　研究区原始 TIN 模型图

使用 ArcGIS 处理完高程点之后，需要将 shp 格式的高程点数据文件导入 InfoWorks ICM 建立 TIN 模型。TIN 模型建立后，根据需要确定二维计算区域，模型中用二维区间圈出需要进行二维计算的区域。一般而言，只需对可能出现积水的区域绘制二维区间，目的是为了分析整个研究区域的内涝积水情况，所以绘制整个研究区域的二维区间（图 5-19）。

二维区间在模型中的作用是进行网格划分，每个网格从 TIN 模型中读取一个高程数据。对于街道这样的重点研究区域，需要进行网格加密处理。将街道设置为网格化区间，通过调整网格化区间的最大网格面积，来获得与其他区域不同大小的三角形网格。通常认为屋面是不透水区域，所以将屋面作为空白区排除在网格化区域外。综合考虑以上情况，研究区域的网格化情况如图 5-20 所示。二维区间及网格化区间的相关参数见表 5-3。

图 5-19　研究区域的二维区间

图 5-20　研究区域网格化图

表 5-3　2D 区间及网格化区间相关参数表

类型	面积/km²	最大单元网格面积/m²	最小单元网格面积/m²	最小角度/（°）
二维区间	83.69	1000	400	25
网格化区间	17.04	200	50	—

　　至此完成了研究区域二维模型构建，加上前述已构建的一维网络模型，并将网络中节点的洪水类型由之前的"Stored"改为"2D"。如果有水从排水系统的节点溢出，则通过堰流公式，将节点溢出水流与二维地面网格模型进行关联，实现一维、二维耦合计算。

5.3　研究区域一、二维计算结果

5.3.1　降雨潮位资料

降雨是 InfoWorks ICM 模型的输入条件，对模型模拟结果有着非常重要的影响。一般需要选择具有代表性的实测暴雨资料，并根据研究区内对应的内涝情况对模型参数进行率定和验证，然后再使用设计暴雨分析预测研究区内不同频率下的内涝积水情况，选取 3 场实测降雨资料和 5 种不同频率的设计暴雨作为降雨边界条件输入模型。

1. 实测暴雨

经过调研分析，选取的实测降雨数据有 3 场，洪号分别为 20081014、20101005 和 20111005，3 场降雨的降水量数据时间间隔为 1 小时。

20081014 场次暴雨开始于 2008 年 10 月 13 日 20:00，总历时为 23 小时，降水总量为 280.4mm，最大 1 小时降水量为 37.4mm，最大 3 小时降水量为 80.8mm，占总降水量的 28.9%，降雨后期的雨量较大。20101005 场次暴雨开始于 2010 年 10 月 5 日 19:00，降雨历时为 15 小时，总降水量 220.7mm，最大 1 小时降水量为 34.5mm，最大 3 小时降水量为 82.1mm，占总降水量的 37.2%，降雨中期的雨量较大。20111005 场次暴雨开始于 2011 年 10 月 5 日 10:00，降雨历时为 16 小时，总降水量 427.8mm，最大 1 小时降水量为 88.1mm，最大 3 小时降水量为 138.2mm，占总降水量的 32.3%，整个降雨过程的雨量均较大。

2. 设计暴雨

设计暴雨采用海口市 2013 年新修订的暴雨强度公式计算，具体见式（4-178）。设计暴雨过程采用芝加哥雨型，一般雨峰相对位置取为降雨过程的 0.35～0.45，此处取 $r=0.415$，时间间隔为 5min，总降雨历时为 2 小时。5 种不同频率的设计暴雨过程线如图 5-21 所示。

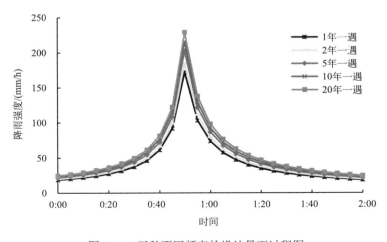

图 5-21　五种不同频率的设计暴雨过程图

3. 潮位

海口市属滨海城市，排水易受潮位顶托影响，所以需考虑潮位对排水的作用，以海口站潮位资料为基础，并将其作为模型出水口的水位边界。实测暴雨洪号分别为20081014、20101005、20111005，选择对应的海口站潮位过程作为实测场次暴雨的潮位边界条件。

选取设计暴雨频率分别为1年、2年、5年、10年、20年5种，考虑20年设计暴雨频率下对应的设计潮位频率为20年，20年对应的设计潮位值为2.95m；而对于1年、2年、5年、10年则采用平均潮位与之对应，平均潮位值为2.05m。

5.3.2 实测暴雨模拟结果

1. 一维模拟结果

InfoWorks ICM 一维计算结果可以反映节点溢流量、入流量、管道流速、满载程度及流量等水力特征变化过程，尤其是溢流量和满载程度这两项指标可以很好地反映排水管网的排水能力。

1）节点溢流

为分析3场实测暴雨造成的内涝情况，所以对3场暴雨模拟结果的溢流节点数量、峰值溢流量进行了统计，结果见表5-4。

表 5-4　实测暴雨条件下节点溢流情况统计表

降雨场次	总降水量/mm	最大降雨强度/（mm/h）	平均降雨强度/（mm/h）	溢流节点数量/个	峰值溢流量/m³
20081013	280.4	37.4	12.2	2809	32291
20101005	220.7	34.5	14.7	2917	28839
20111005	427.8	88.1	26.7	6829	64268

从表5-4可以看出，随着平均降雨强度的增大，溢流节点数量呈现出增加趋势，节点溢流量峰值与最大降雨强度有着十分密切的联系，最大降雨强度值越大，节点溢流量峰值就越大。总体看来，随着降雨强度的增大，降雨历时逐渐增加，研究区域内涝问题越来越严重。

尤其是对于20111005场次暴雨，此次暴雨降雨强度大，总降水量也较大，导致出现溢流的节点数量最多，峰值溢流量也最大。

2）管道负荷

管道负荷状态是指管道内水流的充满程度，一般用管道内水深与管道高度的比值来描述。Infoworks ICM 用"超负荷状态"来反映管道负荷状态，超负荷状态的值 S 等于管道内水深比管道高度，根据需要选取超负荷状态值。选取4个超负荷状态阈值，分别为0.5、0.8、1、2，具体含义见表5-5。

表 5-5　超负荷状态取值含义表

超负荷状态值	是否处于超负荷状态	含义	超负荷原因
0.5	否	管道内的水深为管道深度的 50%	
0.8	否	管道内的水深为管道深度的 80%	
1	是	水力坡度小于管道坡度	由于下游管道过流能力的限制而超负荷
2	是	水力坡度大于管道坡度	由于管道本身过流能力限制而超负荷

为反映 3 场实测暴雨情景下管道的超负荷状态，对 3 场暴雨模拟结果的 4 种负荷状态的管道总长度及其所占比例进行相应统计，结果见表 5-6 和表 5-7。

表 5-6　实测暴雨管道满载程度统计表

降雨场次	总降水量/mm	最大降雨强度/（mm/h）	平均降雨强度/（mm/h）	满载管道总长度/km	满载管道所占比例/%
20081013	280.4	37.4	12.2	202.3	38.1
20101005	220.7	34.5	14.7	200.7	37.8
20111005	427.8	88.1	26.7	347.8	65.4

表 5-7　实测暴雨管道超负荷状态统计表

降雨场次	$S<0.5$		$0.5 \leqslant S \leqslant 0.8$		$0.8 \leqslant S \leqslant 1$		$1 \leqslant S < 2$		$2 \leqslant S$	
	长度/km	比例/%	长度/km	比例/%	长度/km	比例/%	长度/km	比例/%	长度/km	比例/%
20081013	178.5	33.6	111.3	20.9	39.2	7.4	151.3	28.5	51.1	9.6
20101005	188.7	35.5	105.6	19.9	36.4	6.8	152.8	28.8	47.9	9.0
20111005	70.8	13.3	74.2	14.1	38.5	7.2	234.0	44.0	113.8	21.4

由表 5-6 和表 5-7 可知，20081013、20101005、20111005 场次暴雨管网系统半载以下运行的管道比例分别为 33.6%、35.5%、13.3%，半载至八成满运行的管道比例分别为 20.9%、19.9%、14.1%，八成满至满载运行的管道比例分别为 7.4%、6.8%、7.2%，满载运行的管道比例分别为 38.1%、37.8%、65.4%，其中由于下游过流能力不足，造成满载运行的管道比例分别为 28.5%、28.8%、44.0%，由于自身过流能力不足，造成满载运行的管道比例分别为 9.6%、9.0%、21.4%。总体来说，管道满载程度受总降水量及最大降雨强度的影响较明显。随着总降水量及最大降雨强度的增加，研究区管网系统的满载程度越高，内涝问题就会越严重。尤其是对于 20111005 场次暴雨，此次暴雨降雨强度大、总降水量也较大，从而导致研究区管网系统的满载管道比例高达约 65.4%。

2. 二维模拟结果

在对排水系统进行一维模拟后，利用 InforWorks ICM 进行二维模拟。根据研究区域内涝积水调研情况，20111005 场次暴雨造成内涝积水较为严重的区域主要为文明路、南宝路、龙昆南路、南海大道等，统计 20111005 场次暴雨主要涝点的模拟水深及调研水深，结果见表 5-8。由表 5-8 可知，模型模拟得出的淹没区域与调查结果较为一致，所以验证了模型的可靠性，但从中也可以看出，有些涝点模拟得到的水深值与调研值有较大误差，这种情况可能是由街道局部地形所致。

表 5-8 20111005 场次暴雨主要涝点积水统计表　　　（单位：m）

涝点位置	调研水深	模拟水深	误差	涝点位置	调研水深	模拟水深	误差
文明天桥	0.40	0.50	0.10	海秀中路	0.30	0.15	−0.15
得胜沙路	0.30	0.80	0.50	滨涯路	0.20	0.36	0.16
南宝路	0.60	0.40	−0.20	海垦路	0.35	0.29	−0.06
大同路	0.50	0.20	−0.30	南海大道汽车城	0.60	0.41	−0.19
椰树门广场	0.40	0.33	−0.07	南海大道丘海大道	0.50	0.00	−0.50
龙华路	0.40	0.44	0.04	南海大道豪苑路	0.50	0.66	0.16
海秀东路	0.40	0.41	0.01	白水塘	0.80	0.49	−0.31
龙昆北路	0.20	0.20	0.00	红城湖路	0.40	0.59	0.19
龙昆南路	0.60	0.64	0.04	琼州大道	0.30	0.20	−0.10
美苑路美	0.50	0.53	0.03	海府路	0.30	0.31	0.01
盐灶路	0.30	0.32	0.02	凤翔西路	0.30	0.30	0.00
双拥路	0.50	0.48	−0.02	中山南路	0.30	0.50	0.20
秀英港码头	0.40	0.43	0.03	—	—	—	—

5.3.3　设计暴雨模拟结果

1. 一维模拟结果

选取 1 年、2 年、5 年、10 年、20 年 5 种不同频率的设计暴雨对研究区域进行模拟计算，也就是以溢流量和满载程度这两项指标来反映排水管网的排水能力。

1）节点溢流

为分析不同重现期设计暴雨造成的内涝情况，对 5 种不同频率设计暴雨模拟结果的溢流节点数量、峰值溢流量进行统计，统计结果见表 5-9。

表 5-9 不同频率设计暴雨节点溢流情况统计表

设计重现期/年	总降水量/mm	最大降雨强度/（mm/h）	峰值溢流量/m³	溢流节点数量/个	溢流节点百分比/%
1	96.4	177.0	15 477	6 306	31.1
2	103.9	190.6	16 827	6 769	33.4
5	113.7	208.7	18 618	7 328	36.2
10	121.1	222.3	19 975	7 715	38.1
20	128.6	235.9	21 336	8 102	40.0

从表 5-9 可以看出，随着设计重现期的增大，溢流节点数量呈现出非常明显的增加趋势，峰值溢流量也出现增大趋势。总体来看，随着设计暴雨频率的增大，研究区域内涝问题越来越严重。尤其是对于 20 年一遇的暴雨，此次暴雨降雨强度最大，总降水量也最大，导致出现溢流的节点数量最多，峰值溢流量也最大。

2）管道负荷

为反映不同频率设计暴雨情景下管道的超负荷状态，对 1 年、2 年、5 年、10 年、20 年 5 种不同频率设计暴雨情形下负荷状态的管道总长度及比例进行统计，结果见表 5-10 和表 5-11。

表 5-10　设计暴雨管道满载程度统计表

设计重现期/年	总降水量/mm	最大降雨强度/（mm/h）	满载管道总长度/km	满载管道所占比例/%
1	96.4	177.0	389.3	73.4
2	103.9	190.6	396.4	74.5
5	113.7	208.7	407.5	76.7
10	121.1	222.3	415.7	78.2
20	128.6	235.9	430.0	80.9

表 5-11　设计暴雨管道超负荷状态统计表

设计重现期/年	$S<0.5$		$0.5 \leqslant S \leqslant 0.8$		$0.8 \leqslant S \leqslant 1$		$1 \leqslant S < 2$		$2 \leqslant S$	
	长度/km	比例/%	长度/km	比例/%	长度/km	比例/%	长度/km	比例/%	长度/km	比例/%
1	44.3	8.3	65.1	12.2	32.6	6.1	251.3	47.3	138.0	26.1
2	40.7	7.7	59.7	11.3	34.4	6.5	253.0	47.5	143.4	27.0
5	36.8	6.9	53.0	10.0	34.0	6.4	257.4	48.4	150.2	28.3
10	32.4	6.1	52.0	9.8	31.4	5.9	260.0	48.9	155.7	29.3
20	28.0	5.3	45.4	8.5	28.0	5.3	279.0	52.5	151.1	28.4

由表 5-10 和表 5-11 可知，1 年、2 年、5 年、10 年、20 年设计暴雨管网系统半载以下运行的管道比例分别约为 8.3%、7.7%、6.9%、6.1%、5.3%，半载至八成满运行的管道比例分别为 12.2%、11.3%、10.0%、9.8%、8.5%，八成满至满载运行的管道比例分别为 6.1%、6.5%、6.4%、5.9%、5.3%，满载运行的管道比例分别为 73.4%、74.5%、76.7%、78.2%、80.9%，其中，由于下游过流能力不足，造成满载运行的管道比例分别为 47.3%、47.5%、48.4%、48.9%、52.5%，由于自身过流能力不足，造成满载运行的管道比例分别为 26.1%、27.0%、28.3%、29.3%、28.4%。

总体来说，随着设计暴雨重现期的增大，总降水量及最大降雨强度增加，管网系统的满载程度越高，从而导致研究区内涝灾害加重。而且，各频率设计暴雨情形下，由于下游过流能力不足造成的管道满载运行的比例远大于由于自身过流能力不足造成的管道满载运行的比例，表明很大一部分管道之所以满载运行并非主要是由于管道本身的断面尺寸设计过小，而是受到了下游管道过水能力不足的影响。若考虑对研究区的管网系统进行改造，应优先考虑对超负荷状态值 S 为 1~2 的管道进行改造，再考虑改造超负荷状

态值 S 为 2 的管道。

2. 二维模拟结果

使用实测降雨数据验证模型基本可靠后，再分别使用 1 年、2 年、5 年、10 年、20 年 5 种不同频率的设计暴雨对研究区域内涝状况进行模拟分析，结果见表 5-12。从表 5-12 可以看出，随着设计暴雨频率的增大，研究区域的积水范围明显增加，淹水深度也呈现出增加趋势，内涝灾害明显加重。对于走访调查了解到的内涝情况较为严重的淹水区域，在模型模拟结果中有比较明显的表现，尤其是红城湖路和滨涯路的淹没较为严重。

表 5-12　5 种设计重现期情况下积水淹没情况统计表

涝点位置	设计重现期/年				
	1	2	5	10	20
龙华路	0.15~0.25	0.20~0.40	0.30~0.50	0.40~0.50	0.43~0.57
广场路	0.13~0.26	0.30~0.50	0.40~1.00	0.56~1.20	1.00~1.30
和平南路	0.30~0.50	0.35~0.54	0.35~0.56	0.40-0.57	0.50~0.59
红城湖路	0.50~1.30	0.80~1.80	1.80~2.00	1.80~2.10	1.90~2.20
滨涯路	0.50~1.00	0.60~1.40	1.10~1.40	1.15~1.43	1.20~1.45
总体情况	积水较为轻微	积水较为明显	积水较为明显	积水非常明显	积水十分明显

5.4　研究区域内涝风险评估

城市作为人口、经济财产、公共设施密集的区域，一旦遭受内涝灾害袭击，造成的人员伤亡及经济损失将特别惨重。对于城市而言，若能在内涝灾害发生前明确可能出现积水淹没的区域及积水淹没的深度，则势必能够为更有效地制定出正确的防灾措施提供科学依据，也能够提前绘制出内涝灾害风险图。因此，确定不同频率设计暴雨情形下可能产生的内涝灾害风险，对城市内涝灾害风险进行评估，可以更好地保障城市的安全发展，保护人民的生命和财产安全，有效地应对暴雨袭击，提高城市的防涝能力，将灾害尽可能地减轻或消除。

5.4.1　内涝风险评估主要方法

城市内涝风险评估是有效预防灾害发生的一种重要手段，如果能够准确地对城市内涝灾害进行评估，研究特定区域的内涝形成过程及形成机理，则可以为防洪救灾提供预警，也可以为科学化决策管理提供科学依据。目前，用于城市内涝风险评估的方法主要有 3 种，即基于历史灾情数理统计的评估方法、基于指标体系的评估方法及基于情景模拟的评估方法。

1. 历史灾情数理统计法

基于历史灾情数理统计的城市内涝风险评估方法是一种基于数理统计的概率分析方法，需要对研究区域的洪涝灾害发生次数、受灾面积、受灾人口、直接经济损失等数据进行统计分析，并建立研究区域的内涝灾害数据库。

在资料数据可以获得的前提下，该方法最大的优点是计算过程清晰且计算比较简单，有助于快速评判。但对于海口市主城区而言，并没有现成的灾害数据库可用。由于记录不足或涉密等，研究区内长序列的灾情资料也非常不易获取，因此很难满足数理统计方法对大样本数据的要求。即便是有历史灾情记录，也多是基于水系流域等大尺度范围进行统计，很难基于这些资料来反映一个城市内涝灾害的空间分布规律，而且也不一定能够准确地反映事实上的风险。

历史灾情数理统计法对内涝灾害进行评估实质上是一种以经验规律为假定可靠依据来预测未来可能真实发生的灾害风险的方法，然而灾害发生往往是没有规律可言的，是致灾因子和成灾体随机组合而导致的不利后果。随着时间的推移，导致灾害发生的各种致灾因子和成灾体本身也是不断变化的，进而必然也会导致灾害风险发生相应的动态变化。

基于数学方法的历史灾情数理统计法虽然能够克服人为主观性，但数学方法的使用前提和应用领域不尽相同，因此使用何种方法更为科学是没有依据的，也是没有可比性的。虽然历史灾情数理统计法的劣势明显，但对于缺少详细地理数据、管网资料等基础资料的区域，历史灾情数理统计法还是有其应用价值的。

2. 指标体系法

指标体系法是先创建一个合适的指标体系，再通过一些数学处理方法对初始的指标进行处理，从而对某一研究区域的内涝灾害风险进行评估。指标体系风险评估方法主要应用于大尺度方向，大尺度的风险评估只需大致了解研究区域的灾害分布情况，不必非常精准地确定风险高低或者风险大小。一旦应用于小尺度或者社区尺度，指标体系法的缺点就会暴露出来。

该方法进行洪涝灾害风险评估是以致灾因子、成灾环境和承灾体系的综合函数为理论基础，重点在于对指标的选取及权重的分配方面。在对于相对缺失排水资料的城市中尺度以上区域进行宏观分析时，指标体系法计算简单，可以较好地反映各风险要素之间的因果关系，其优势可以得到很好的发挥。

应用指标体系法不可避免地需要在指标的代表性和数据的可获得性之间进行取舍。仅在已获得数据资料中进行选择，非常容易漏选代表性指标而导致选定指标的代表性不强，从而影响评估结果的准确度。

指标体系法对于指标体系的选择往往依赖于研究者的经验，并没有通用的规律性方法来对指标体系进行选择，而研究者在对灾害风险评估的指标体系进行选择时，有可能出现"以点代面"的现象，使得选择的指标体系不能十分全面地反映灾害风险的空间分布规律。

指标体系法对于指标权重的分配也存在较大的主观性，对于指标的分配方法一直是该方法应用的一个瓶颈。虽然指标体系法本身具有一些局限性，但是随着新技术的出现，可以借助先进的辅助工具，加上对灾害系统各要素之间相互关系研究的不断深入，使指标体系法的准确性得以大大提高，从而使其成为灾害风险评估不可替代的重要方法之一。

3. 情景模拟法

历史灾情数理统计法和指标体系法在对灾害风险评估时，难免会由于方法自身及评估过程局限性，无法准确真实地再现内涝灾害形成，也无法直观体现内涝灾害的时空分布规律，基于防灾减灾需要，情景模拟法开始广泛地被使用。

情景模拟法主要依托于各类城市雨洪及排水模型，通过数值模拟形式，在基础资料精度较好的前提下，可以真实地模拟城市暴雨的产汇流过程，以及通过排水管网系统将雨水汇至河道或海洋等受纳系统，此外，还能比较真实准确地反映局部区域产生内涝积水的全过程。

情景模拟法是对特定的致灾因子与承载体相组合的灾害情景模拟，可以实现对风险的动态评估。情景模拟法的关键在于探索研究自然灾害发生情景，其也就是灾害的形成形式，然后在此基础上进一步确定灾害造成的影响范围、损失等。目前，对于情景模拟法的研究多是对致灾因子强度的表征，随着对内涝灾害的概念和方法的不断探索，结合承灾体系来综合研究内涝灾害的前景十分广阔。

对于研究区域而言，如果有比较完整的基础资料，包括管网、河道水系、下垫面情况等，结合较为成熟的水动力学模型及水文模型，使用情景模拟法研究某一区域的内涝灾害可以比较直观地反映内涝成因，且模拟精度较高，并且还能通过动态模拟方法预测未来态势及提供预警预报。但是该方法对于研究区域地形、管网、河流水系、下垫面等基础资料精度要求较高，对于计算机等硬件系统也有一定要求，而且还需要具备水文学、水动力学、城市排水、地理学、风险评估等诸多专业知识。

5.4.2　评估方式

采用情景模拟法对研究区域内涝风险进行评估，基于 InfoWorks ICM 的一、二维耦合模型计算成果，针对不同频率设计暴降雨强度造成的研究区内涝灾害情形，采用综合考虑淹没深度、淹没时间及淹没范围的方法进行研究区域内涝风险评估。

1. 基于淹没深度

综合考虑研究区域各种情况，基于淹没深度指标设置 3 个淹没阈值，分别为 0.15m、0.3m、0.5m。本书认为，当研究区局部区域积水深度没有超过 0.15m 时，该区域不构成内涝灾害风险；当积水深度超过 0.15m 而未超过 0.3m 时，该积水区域为内涝低风险区；当积水深度超过 0.3m 而未超过 0.5m 时，该积水区域为内涝中风险区域；当积水深度超过 0.5m 时，该积水区域为内涝高风险区域。仅考虑淹没深度的内涝风险等级划分标准见表 5-13。

表 5-13   仅考虑淹没深度的内涝风险等级划分标准表

内涝风险等级	低风险区	中风险区	高风险区
积水深度 h/m	$0.15 \leqslant h < 0.3$	$0.3 \leqslant h < 0.5$	$0.5 \leqslant h$

2. 基于淹没深度加淹没时间

淹没深度指标并不是可用来作为城市内涝风险评估的唯一依据，相反，如果只考虑淹没深度来评估城市内涝风险是十分不科学的。在考虑淹没深度指标的同时，如果再引入淹没时间指标，则可以更加客观有效地对研究区域的内涝风险作出更加科学合理的评估。

在考虑淹没深度指标的前提下，再引入淹没时间指标，综合考虑淹没时间和淹没深度两个指标对研究区的内涝风险进行评估。由于设计暴雨降雨历时为 2h，模型计算运行时间通常设为 4h，所以淹没时间指标同样设置 3 个阈值，分别为 15min、30min、60min。结合设置的 3 个时间阈值与之前设置的 3 个淹没深度阈值，将高、中、低 3 种风险区进一步划分。对于低风险区，认为虽然淹没深度达到了 0.15m 的淹没深度阈值，但如果淹没时间未达到 15 分钟的时间阈值的区域将不被判别为内涝风险区域。具体划分标准见表 5-14。

表 5-14   综合考虑淹没深度及淹没时间的内涝风险等级划分标准表

内涝风险等级		积水深度 h/m	积水时间 t/min
低风险区	1 级	$0.15 \leqslant h < 0.3$	$15 \leqslant t < 30$
	2 级		$30 \leqslant t < 60$
	3 级		$60 \leqslant t$
中风险区	1 级	$0.3 \leqslant h < 0.5$	$t < 30$
	2 级		$30 \leqslant t < 60$
	3 级		$60 \leqslant t$
高风险区	1 级	$0.5 \leqslant h$	$t < 30$
	2 级		$30 \leqslant t < 60$
	3 级		$60 \leqslant t$

5.4.3   研究区域内涝风险评估

在 InfoWorks ICM 中，为了方便统计网格的总淹没时间，可根据需要设置相应的淹没深度阈值。由于选取的淹没阈值分别为 0.15m、0.3m、0.5m，所以在 InfoWorks ICM 中分别设置淹没深度阈值为 0.15m、0.3m、0.5m。

在 InfoWorks ICM 中，淹没深度阈值需要在模型计算运行界面中的 2D 参数按钮"高级"栏中进行设置，设置完需要统计的深度阈值之后，模型运行结果中每个网格都会对应一个"总淹没时间"（默认单位为秒），该结果即为超过预设深度阈值的淹没总时间，根据该淹没时间确定内涝风险情况。

　　结合选定的淹没深度阈值及淹没时间阈值，对 1 年、2 年、5 年、10 年、20 年 5 种不同频率设计暴雨情景下造成的内涝风险进行评估，结果见表 5-15，并对 5 种不同频率的暴雨情景下的高、中、低 3 种风险区的范围进行统计，结果见表 5-16。

表 5-15　各频率下海口市主城区内涝风险评估表

设计重现期/年	低风险区面积/hm²			中风险区面积/hm²			高风险区面积/hm²		
	1 级	2 级	3 级	1 级	2 级	3 级	1 级	2 级	3 级
1	29.64	36.27	129.18	20.27	19.95	94.66	8.35	8.01	72.22
2	30.62	41.93	136.64	22.14	22.66	103.82	9.16	10.18	80.88
5	37.22	48.73	143.67	27.73	26.96	114.02	10.01	12.79	94.12
10	40.71	51.75	150.85	29.53	29.98	119.89	13.76	15.49	103.28
20	43.09	57.31	188.13	34.67	34.70	163.73	17.39	19.76	203.06

表 5-16　各频率下海口市主城区风险范围统计表

设计重现期/年	低风险区总范围/hm²	中风险区总范围/hm²	高风险区总范围/hm²	内涝区总范围/hm²
1	195.09	134.88	88.58	418.55
2	209.19	148.62	100.22	458.03
5	229.62	168.71	116.92	515.25
10	243.31	179.40	132.53	555.24
20	288.53	233.10	240.21	761.84

　　由表 5-15 和表 5-16 可知，随着设计暴雨频率增加，各等级风险区范围均呈现出扩大态势，且高、中、低 3 种内涝风险类型的区域中，3 级风险区的淹水范围远大于 1 级、2 级风险区的淹水范围，表明研究区易涝区域一旦出现内涝灾害，区域淹没时间较长，将难以依靠随着时间的推后及管道排水能力恢复，使地表积水再次进入管道排除。各频率设计暴雨下高、中、低 3 种风险区中 1、2、3 各级风险区的比例见表 5-17。

表 5-17　各频率下各等级风险区占该类风险区比例表

设计重现期/年	低风险区比例/%			中风险区比例/%			高风险区比例/%		
	1 级	2 级	3 级	1 级	2 级	3 级	1 级	2 级	3 级
1	7.1	8.7	30.9	4.8	4.8	22.6	2.0	1.9	17.3
2	6.7	9.2	29.8	4.8	4.9	22.7	2.0	2.2	17.7
5	7.2	9.5	27.9	5.4	5.2	22.1	1.9	2.5	18.3
10	7.3	9.3	27.2	5.3	5.4	21.6	2.5	2.8	18.6
20	5.7	7.5	24.7	4.6	4.6	21.5	2.3	2.6	26.7

　　由表 5-16 和表 5-17 可知，在 1 年一遇设计暴雨情形下，低风险区总面积为 195.09hm²，占总淹没区域的比例为 46.7%；中风险区总面积为 134.88 hm²，占总淹没区域的比例为 32.2%；高风险区总面积为 88.58 hm²，占总淹没区域的比例为 21.1%。

在 2 年一遇设计暴雨情形下，低风险区总面积为 209.19 hm²，占总淹没区域的比例为 45.7%；中风险区总面积为 148.62 hm²，占总淹没区域的比例为 32.4%；高风险区总面积为 100.22 hm²，占总淹没区域的比例为 21.9%。

在 5 年一遇设计暴雨情形下，低风险区总面积为 229.62 hm²，占总淹没区域的比例为 44.6%；中风险区总面积为 168.71 hm²，占总淹没区域的比例为 32.7%；高风险区总面积为 116.92 hm²，占总淹没区域的比例为 22.7%。

在 10 年一遇设计暴雨情形下，低风险区总面积为 243.31 hm²，占总淹没区域的比例为 43.8%；中风险区总面积为 179.40 hm²，占总淹没区域的比例为 32.3%；高风险区总面积为 132.53 hm²，占总淹没区域的比例为 23.9%。

在 20 年一遇设计暴雨情形下，低风险区总面积为 288.53 hm²，占总淹没区域的比例为 37.9%；中风险区总面积为 233.10 hm²，占总淹没区域的比例为 30.7%；高风险区总面积为 240.21 hm²，占总淹没区域的比例为 31.4%。

总体来说，同一设计暴雨频率情况下，高风险区所占比例较低，但随着设计暴雨频率的增加，海口市主城区的内涝范围呈现出扩大趋势，高风险区占内涝总区域的比例总体上呈现出升高趋势，而低、中两类风险区域所占比例有所减少。

5.5　小　　结

本章以海口市主城区为研究区域，基于 InfoWorks ICM 模型建立研究区一维排水模型及二维城市淹没模型，对研究区内涝风险进行评估，主要研究成果如下。

（1）阐述了 InfoWorks ICM 模型的水动力学计算理论，主要涉及水文模块和水动力学模块两大部分，水动力学模块包含了一维计算模块和二维计算模块，一维计算模块用来解决排水管网水力计算，二维计算模块用来模拟二维城市地表水流计算。

（2）构建了研究区域的 InfoWorks ICM 综合流域排水模型，利用 20081013、20101005、20111005 三场实测暴雨数据进行模拟计算，结合相应的内涝调研情况对模型进行验证，结果表明，本模型具有较好的可靠性和稳定性。

（3）基于海口市暴雨强度公式和芝加哥雨型，计算得到设计重现期为 1 年、2 年、5 年、10 年和 20 年的 5 种降雨过程，分析 5 种设计暴雨情形下的一维计算结果，结果表明，研究区域的管网排水能力较为不足，即便是在 1 年一遇的设计暴雨频率下都会有大量节点出现溢流，且超负荷运行的管道比例高达 68.7%。

（4）采用情景模拟法，结合淹没深度和淹没时间等因素，对研究区内涝风险进行综合评估，结果表明，随着设计暴雨频率的增加，研究区的内涝范围呈现出扩大趋势，且高风险区比例总体上呈现出升高趋势，而低、中两类风险区比例有所减少。

第6章 SWMM 城市雨洪模型

6.1 SWMM 模型概述

SWMM 模型由美国国家环境保护局在 20 世纪 70 年代开始开发的，它是一个面向城市区域的雨水径流水量和水质分析的综合性计算机模型，适用于城市区域内单场降雨及连续降雨径流水量和水质模拟。其径流模块能模拟一系列子汇水区域降雨形成的径流量和污染负荷，管网演算模块能模拟径流在管道、渠道、调蓄处理设施、泵站、控制设施的流量和水质变化，也能模拟汇水区域、管道、检查井等水文、水力和水质要素的时空分布。

SWMM 模型可用于城市区域暴雨径流、合流制管道、污水管道和其他排水系统的规划、设计等，其整合了建模区域数据输入、城市水文、水力和水质模拟、模拟结果浏览等功能，具有时序图表、剖面图、动画演示和统计分析等多种结果表现形式。

SWMM 模型由计算模块和服务模块两大模块构成，各大模块中又包含各自的子模块，每个子模块都具有独立功能。其中，模型中最主要的部分是计算模块，包括了 4 个核心的水文水力模块，分别为径流模块、输送模块、扩展输送模块、储存/处理模块，各个模块功能独立，除了径流模块不能接收其他模块的输出结果外，其他模块都可以接收其他模块的输出结果并作为自身模块的输入数据。服务模块主要承担模型前期降雨、水文等边界数据输入、数据处理及后期模拟结果的显示、统计和分析，主要包括统计模块、图表模块、联合模块、降雨模块和温度模块 5 个子模块。各子模块之间的关系如图 6-1 所示。

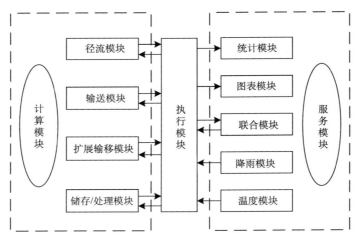

图 6-1 SWMM 模块结构关系图

6.2　SWMM 计算原理

考虑到空间变异性，在构建 SWMM 模型的过程中，需要把研究范围内的汇水区依据地形、建筑物分布、道路等要素划分为若干个汇水子流域，根据各子流域特点分别计算其径流量，并利用流量演算方法求得各子流域的总出流量。将各子流域分成不透水面积和透水面积两部分，其中不透水面积又分为有洼蓄不透水区面积和无洼蓄不透水区面积，以反映不同的地表特性，子流域概化图如图 6-2 所示。其中，A_1 宽度等于整个汇水区宽度 W_1，而 A_2 和 A_3 宽度 W_2、W_3 与它们各自的面积占总不透水区面积的比例成正比，即

$$W_2 = \frac{A_2}{A_2 + A_3} W_1 \tag{6-1}$$

$$W_3 = \frac{A_3}{A_2 + A_3} W_1 \tag{6-2}$$

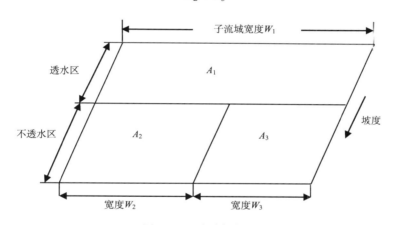

图 6-2　子流域概化图

A_1—透水区面积；A_2—有洼蓄不透水区面积；A_3—无洼蓄不透水区面积

6.2.1　地表产流计算

在计算地表产流量时，将地表概化成如图 6-3 所示的一个概念模型。

每个子流域被概化为一个非线性蓄水池，其入流项有降水和来自上游子流域的流出量，流出项包括蒸散发、下渗和出流量。蓄水池容量为最大洼地蓄水量，蓄水池中的水深由子流域的水量平衡计算得出，并且随着时间的不断更新。只有当蓄水池水深超过最大洼地蓄水量时地表出流才会发生，其大小通过曼宁公式计算得出：

$$Q = \frac{W(d - d_{\mathrm{p}})^{5/3} S^{1/2}}{n} \tag{6-3}$$

式中，Q 为出流量，$\mathrm{m^3/s}$；W 为子流域宽度，m；S 为坡度；n 为曼宁糙率系数。

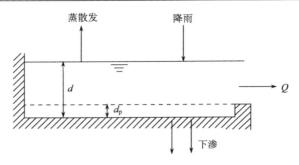

图 6-3　地表产流模型概念图

d—蓄水池水深；d_p—蓄水池最大洼蓄深；Q—地表出流

地表产流是指降雨经过损失变成净雨的过程。由子流域概化图 6-2 可知，产流由 3 部分组成：透水面积 A_1 上的产流不仅要扣除洼蓄量，还要扣除下渗和蒸散发引起的初损；有洼蓄不透水面积 A_2 上的产流等于其降水量减去蒸散发和洼蓄量；无洼蓄不透水面积 A_3 上的产流等于其降水量减去蒸发损失。3 种类型地表单独进行产流计算，子流域出流量等于 3 个部分出流量之和。

无洼蓄不透水地表上的降雨损失主要为蒸发，产流量表示为

$$R_1 = P - E \tag{6-4}$$

式中，R_1 为无洼不透水地表的产流量，mm；P 为降水量，mm；E 为蒸发量，mm。

有洼蓄不透水地表上的降雨损失主要为填洼和蒸发，产流量表示为

$$R_2 = P - D - E \tag{6-5}$$

式中，R_2 为有洼不透水地表的产流量，mm；D 为洼蓄量，mm。

透水地表的降雨损失主要包括洼蓄和下渗，产流量表示为

$$R_3 = (i - f - E) \times \Delta t \tag{6-6}$$

式中，R_3 为透水地表的产流量，mm；i 为降雨强度，mm/h；f 为入渗强度，mm/h；Δt 为时间间隔，h。

SWMM 模型提供了 3 种计算入渗量的方法供用户选择，即霍顿（Horton）模型、格林-安普特（Green-Ampt）模型、径流曲线数法（curve number method）。3 种模型描述的入渗机理各不相同，Horton 模型主要描述下渗率随降雨时间变化的关系，不反映土壤饱和带与不饱和带的下垫面情况，参数少，适用于小流域。Green-Ampt 模型则假设土壤层中存在急剧变化的土壤干湿界面，充分的降雨下渗将使下垫面经历不饱和到饱和的变化过程，对土壤资料要求高。径流曲线数法根据反映流域特征的综合参数 CN 进行入渗计算，反映的是流域下垫面情况和前期土壤含水量状况对降雨产流的影响，而并不反映降雨过程（降雨强度）对产流的影响，适合于大流域的产流计算。由上述下渗模型的特点可知，Horton 模型比较适合在城市地区划分后的子流域中使用，并且在很多其他城市的暴雨径流模型的下渗计算中也使用了 Horton 模型，因此本书在构建研究区域内的雨洪模型中也采用 Horton 模型进行下渗量计算。

Horton 根据均质单元土柱的下渗试验资料，认为当降雨持续进行时，下渗率逐渐减

小，下渗过程是一个消退过程，消退速率与剩余量成正比。根据以上假定得出 Horton 下渗公式为

$$f_t = f_c + (f_0 - f_c) \times e^{-kt} \tag{6-7}$$

式中，f_t 为 t 时刻的下渗率，mm/h；f_c 为稳定下渗率，mm/h；f_0 为土壤初始下渗率，mm/h；k 为下渗衰减系数，与土壤的物理性质有关，h^{-1}；t 为时间，h。

6.2.2　地表汇流计算

地表汇流计算是把子汇水区的净雨转化为子汇水区的出流过程线的计算，SWMM 地表汇流计算采用水文学模型方法。水文学模型采用系统分析方法，把汇水区当作一个黑箱或灰箱系统，建立输入与输出的关系模拟坡面汇流。传统地表汇流计算方法有等流时线法、瞬时单位线法、推理公式法、线性水库法和非线性水库法。推理公式法无法得出流量过程线，一般仅用于小流域出口的峰值流量计算，瞬时单位线法对实测资料有较大的依赖，难以在城市流域实际应用。等流时线法和非线性水库法在城市地区的汇流计算中应用效果较好，因城市流域径流具有非线性特征，两种计算方法对比，非线性水库法能得到精度更高的流量过程线。

SWMM 模型中，地表汇流计算采用非线性水库法，该方法需定义子汇水区特征宽度和地面曼宁系数，通过联立求解曼宁方程和水量平衡方程，对子汇水区的 3 个分区表面分别进行汇流计算。

水量平衡方程物理意义为流域产流量等于流域出流量与地表集水量的和，方程为

$$\frac{dV}{dt} = A\frac{dd}{dt} = Ai^* - Q \tag{6-8}$$

式中，V 为地表集水量，$V = A \times d$，m^3；d 为水深，m；t 为时间，s；A 为子流域面积，m^2；i^* 为净雨强度，mm/s；Q 为子流域出口流量，m^3/s。

式（6-8）中，出流量的计算采用曼宁方程式（6-3）。

联立方程式（6-3）和式（6-8），合并为非线性微分方程，求解未知数 d。

$$\frac{dd}{dt} = i^* - \frac{W}{An}(d - d_p)^{5/3}S^{1/2} = i^* + WCON(d - d_p)^{5/3} \tag{6-9}$$

式中，WCON 为由面积、宽度、坡度和糙率构成的流量演算参数，$WCON = -\frac{W}{An}S^{1/2}$。

对于每一时间步长，用有限差分法求解式（6-9），为此，方程右边的净入流量和净出流量为时段平均值，在计算中净雨强度值 i^* 也是时段平均值。于是式（6-9）可变成：

$$\frac{d_2 - d_1}{\Delta t} = i^* + WCON[d_1 - \frac{1}{2}(d_2 - d_1) - d_p]^{5/3} \tag{6-10}$$

式中，Δt 为时间步长，s；d_1 为时段内水深初始值，m；d_2 为时段内水深终值，m。

用 Horton 公式计算时段步长内的平均下渗率得到净降雨强度 i^*，再对式（6-10）采用 Newton-Raphson 迭代法求解，便可得到 d_2，将 d_2 代入式（6-3），从而得出时段末的瞬时出流量 Q_2。

6.2.3　管道流量传输计算

降雨经地表产汇流计算得到的净雨进入排水管网系统，再经过管渠传输后排入河道、湖泊、海洋等受纳水体。管网汇流模拟方法有很多种，粗略的模拟方法有时间漂移法、水库调蓄演算法等，较为精确的有 Muskingum-Cunge 法、非线性运动波法、扩散波法和动力波法，目前对于管网汇流采用的方法以水动力学方法为主，其核心是求解圣维南方程组。

SWMM 模型提供了 3 种方法用于管渠的汇流计算，即恒定流法、运动波法和动力波法。恒定流法假定在每个计算时段流动都是恒定、均匀的，是最简单的汇流计算方法。运动波法可以模拟管渠中水流的空间和时间变化，但是仍然不能考虑回水、入口及出口损失、逆流和有压流动。动力波法按照求解完整的圣维南方程组来进行汇流计算，是最准确同时也是最复杂的方法，可以模拟管渠的蓄变、回水、逆流和有压流动等复杂流态。模型建立时，对于连接管渠写出连续性和动量平衡方程，对于节点写出水量平衡方程。

由于海口市主城区排水管网区域较大，水流方式复杂，需要考虑逆流、有压流、回水等影响，所以在模型计算时选择动力波方法，该方法包括了管道控制方程（连续方程和动量方程）和节点处的连续方程。

1. 管道控制方程

管道控制方程分为连续方程和动量方程，如式（6-11）和式（6-12）所示。
连续方程：

$$\frac{\partial Q}{\partial x}+\frac{\partial A}{\partial t}=0 \tag{6-11}$$

式中，Q 为流量，m³/s；A 为过水断面面积，m²；t 为时间，s；x 为距离，m。
动量方程：

$$gA\frac{\partial H}{\partial x}+\frac{\partial(Q^2/A)}{\partial x}+\frac{\partial Q}{\partial t}+gAS_f=0 \tag{6-12}$$

式中，H 为水深，m；g 为重力加速度，取 9.8m/s²；S_f 为摩阻坡度，由曼宁公式求得：

$$S_f=\frac{K}{gAR^{4/3}}Q|V| \tag{6-13}$$

式中，$K=gn^2$，n 为管道的曼宁系数；R 为过水断面的水力半径，m；V 为流速，绝对值表示摩擦阻力方向与水流方向相反，m/s。

假设 $\frac{Q^2}{A}=v^2A$，v 表示平均流速，将 $\frac{Q^2}{A}=v^2A$ 代入式（6-12）中的对流加速度项 $\frac{\partial(Q^2/A)}{\partial x}$，可得式（6-14）：

$$gA\frac{\partial H}{\partial x}+2Av\frac{\partial v}{\partial x}+v^2\frac{\partial A}{\partial x}+\frac{\partial Q}{\partial t}+gAS_f=0 \tag{6-14}$$

将 $Q=Av$ 代入连续方程，方程两边再同时乘以 v，移项得式（6-15）：

$$Av\frac{\partial v}{\partial x}=-v\frac{\partial A}{\partial t}-v^2\frac{\partial A}{\partial x} \qquad (6\text{-}15)$$

将式（6-15）代入动量式（6-14）中，得式（6-16）：

$$gA\frac{\partial H}{\partial x}-2v\frac{\partial A}{\partial t}-v^2\frac{\partial A}{\partial x}+\frac{\partial Q}{\partial t}+gAS_{\mathrm f}=0 \qquad (6\text{-}16)$$

忽略 S_0 项，将式（6-15）与式（6-16）联立，依次求解各时段内每个管道的流量和每个节点的水头，有限差分格式如下：

$$Q_{t+\Delta t}=Q_t-\frac{K}{R^{4/3}}|V|Q_{t+\Delta t}+2V\Delta A+V^2\frac{A_2-A_1}{L}-gA\frac{H_2-H_1}{L}\Delta t \qquad (6\text{-}17)$$

式中，下标 1 和 2 分别表示管道或渠道的上、下节点；L 为管道长度，m。

由式（6-17）可求得 $Q_{t+\Delta t}$：

$$Q_{t+\Delta t}=\frac{1}{1+(K\Delta t/\overline{R}^{4/3})|\overline{V}|}\left(Q_t+2\overline{V}\Delta A+V^2\frac{A_2-A_1}{L}\Delta t-g\overline{A}\frac{H_2-H_1}{L}\Delta t\right) \qquad (6\text{-}18)$$

式中，$\overline{V}$、$\overline{A}$、$\overline{R}$ 分别为 t 时刻的管道末端的加权平均值。

此外，为考虑管道的进出口水头损失，可以从 H_2 和 H_1 中减去水头损失。式（6-18）的主要未知量为 $Q_{t+\Delta t}$、H_2、H_1、A_2、A_1，变量 $\overline{V}$、$\overline{A}$、$\overline{R}$ 都与 Q、H 有关系。因此，还需要有与 Q 和 H 有关的方程，可以从节点方程得到。

2. 节点控制方程

管网和渠道的节点控制方程为

$$\frac{\partial H}{\partial t}=\frac{\sum_{i=1}^{m}Q_{ti}}{A_{\mathrm{sk}}} \qquad (6\text{-}19)$$

式中，H 为节点水头，m；Q_{ti} 为进出节点的流量，m³/s；m 为进出节点的管网或渠道的数目；A_{sk} 为节点的自由表面积，m²。

该方程化为有限差分格式为

$$H_{t+\Delta t}=H_t+\frac{\sum_{i=1}^{m}Q_{ti}\Delta t}{A_{\mathrm{sk}}} \qquad (6\text{-}20)$$

联立求解式（6-17）和式（6-20），可依次求得 Δt 时段内每个连接段的流量和每个节点的水头。

6.2.4　地表积水模拟

1. 节点溢流计算

在管网流量传输过程中，当管道排水能力发生超载的情况时，节点水深会不断升高，直至水量从节点中溢流。SWMM 模型中，在默认情况下溢出水量直接损失掉，这部分不参与管道下一步传输计算，本书不采用 SWMM 模型计算地面积水情况。当然，用户也可给节点设置一个蓄水面积，其作用是把溢出水量储存起来，当管道排水能力恢复正常时，水量又重新回到管道继续传输。当采用恒定或运动波方法计算时，地表积水只是简单地处理为将溢出的水量储存起来。在采用动力波方法进行汇流计算时，节点处的水深对汇流计算产生影响。溢出总水量计算公式为

$$Q_{\text{sum}} = \sum_{1}^{\text{num}} F_i \times \text{step} \tag{6-21}$$

式中，Q_{sum} 为溢出水量，m^3；num 为时间步数；F_i 为溢流量，m^3/s；step 为时间步长，s。

2. 双层排水系统模拟

　　传统城市雨洪模型的构建思想是只有一套排水系统，该系统可以看成是由输水管道、具有蓄水和衔接功能节点及出口组成。管道与节点可以是树枝状连接，也可以是网状连接。管网排水系统的入流为雨水径流，入口置于调蓄节点上；系统的出流发生在出口，出口建筑可以是堰、泵站或闸。该思想的核心是把城市地面概化成一个个"水库"，"水库"与"水库"仅能通过排水管网进行水量交换。前期的 SWMM、STORM 等模型，以及国内学者所建的一些模型均是基于这种思想构建，可见这种模型适用性比较强，能满足工程要求，然而，这种模型缺乏考虑水量在地表的交换，影响模拟精度的提高。理想的城市雨洪模型应当具备双层排水结构（图 6-4），即既要考虑管网、河网等传统排水体系，又要考虑地表排水体系，如街道等。

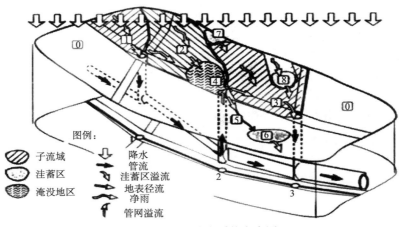

图例：
- 子流域
- 洼蓄区
- 淹没地区
- 降水
- 管流
- 洼蓄区溢流
- 地表径流
- 净雨
- 管网溢流

图 6-4　双层排水系统意念图

　　城市暴雨所产生的径流往往还没来得及进入附近河道或收水口就沿着道路倾泄而下，因此能否很好地模拟水在道路上的运动，以及道路上水与传统排水体系中水的交换，是城市雨洪模型成功应用的关键。

　　SWMM 模型在发展中也意识到了双层排水系统的重要性，近期的版本，如 5.1 版已经具备了模拟"街洪"的能力。SWMM 模型的双层排水系统（图 6-5）实际上是节点间并行的一组排水通道，上层可以是地表的街道、天然的排水沟道、临时的行洪沟道等，

下层可以是管网、暗渠、地下河等。

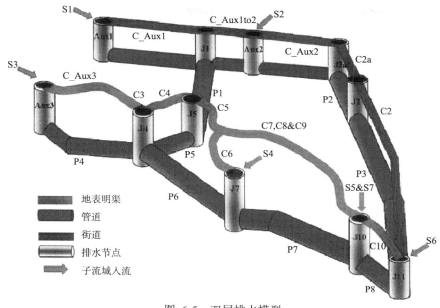

图 6-5　双层排水模型

6.3　SWMM 建模数据处理方法

　　与 InfoWorks ICM、MOUSE 等模型不同，SWMM 模型前处理功能比较薄弱，在构建该模型时需要手动逐个绘制节点、管渠、子汇水区，输入降雨数据和其他大量的参数，整个过程比较繁琐，对于研究面积较大的区域，采用 SWMM 模型前处理功能将会严重影响建模的速度和效率，而且一旦发生模型出错，批量修改参数也是一个非常繁杂的问题。为此，主要通过 ArcGIS 的相关功能处理 SWMM 模型建模过程中所需要的数据，并构建地理空间数据库对模型中的水文水力要素数据进行管理，方便前期编辑和后期修改，从而提高建模的效率和精度。

6.3.1　排水管网数据处理

　　GIS 是一个采集、存储、管理、分析、显示和应用地理信息的计算机系统，是处理、分析和应用海量地理数据的交叉学科，地理空间数据库（Geodatabase）是 ArcGIS 8.0 引入的全新的空间数据模型。地理空间数据库主要包括 SWMM 模型中的点、线、面 3 个要素，3 个要素集又分别对应着表和关系类，存储着各自的空间和属性信息。具体来讲，点要素表示检查井、雨水箅、蓄水设施、出水口等，线要素表示管道、街道和河道等，面要素表示子汇水区。因此，建立一个地理空间数据库对模型中的点线面进行有效管理，对模型的构建起到非常重要的作用。排水管网原始数据为一个数据库表，包括排水管道和节点两个数据表，其相关属性字段及解释见表 6-1 和表 6-2。

表 6-1　管线字段及解释

序号	字段名称	字段说明	字段类型
1	OBJECTID	管线段编号	数值
2	Code	管线代码	字符
3	S_Point	起点管线点号	字符
4	S_X	起点 X 坐标	数值
5	S_Y	起点 Y 坐标	数值
6	S_Deep	起点管线埋深	数值
7	E_Point	终点管线点号	字符
8	E_X	终点 X 坐标	数值
9	E_Y	终点 Y 坐标	数值
10	E_Deep	终点管线埋深	数值
11	D_Type	管线种类	字符
12	Code	管线代码	字符
13	Material	材质	字符
14	D_S	管径或断面尺寸	字符
15	Voltage	电压值	字符
16	Pressure	压力	字符
17	FlowDir	排水流向	字符
18	SDate	探测日期	日期
19	Memo_	备注	字符
20	Address	管线段地址	字符
21	RoadCode	所在道路编码	字符
22	Sunit	探测单位代码	字符

表 6-2　节点字段及解释

序号	字段名称	字段说明	字段类型
1	OBJECTID	节点编号	数值
2	Code	节点代码	字符
3	Map_No	图上点号	字符
4	Exp_No	节点名称	字符
5	X	X 坐标	数值
6	Y	Y 坐标	数值
7	Sur_H	地面高程	数值
8	Rotang	旋转角	数值
9	Feature	特征	字符
10	Subsid	附属物	字符
11	SurfBldg	地面建、构筑物	字符
12	WellShape	井盖形状	字符

续表

序号	字段名称	字段说明	字段类型
13	WellMaterial	井盖材质	字符
14	Address	管线点地址	字符
15	Sunit	探测单位代码	字符
16	SDate	探测日期	日期
17	B_Deep	井底深	数值
18	Memo_	备注	字符

由于地下排水管网建设年代不一，数量众多，得到的管网数据质量参差不齐，需要进行校核检验，以得到较为可靠的地下排水管网资料，具体如下。

1. 生成管网矢量数据

数据准备：节点 X、Y 坐标文件和管线起终点 X、Y 坐标文件。

（1）生成节点图层：打开 ArcMap>>添加数据>>数据右键>>添加 XY 数据>>在生成的事件图层上右键>>数据>>导出矢量数据，这样就完成了节点矢量图层的生成。

节点又可分为铰点、蓄水设施、出水口几个图层，可以选择对应的要素，导出一个新的图层。

（2）生成管线图层：基于 Visual Studio 2010 平台编写一程序，在程序中导入准备好的管线坐标文件，按照起点和终点排列的先后顺序生成管线矢量数据。

在 ArcMap 中加载节点和管线图层，打开其属性表，通过"添加字段"给各自属性表添加多个字段，字段名称见表 6-1 和表 6-2。使用属性表中的"连接"功能，将图层属性表与数据库中节点（管线）数据库表以生成矢量要素的顺序为基础连接起来，然后再利用"字段计算器"把节点（管线）数据库的内容复制到图层的属性表中。"连接"功能的界面如图 6-6 所示。

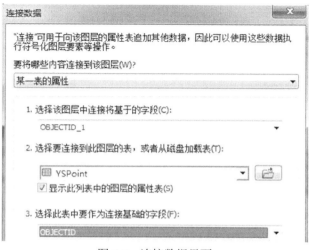

图 6-6　连接数据界面

2. 建立节点和管线的拓扑规则

1）建立拓扑规则

由于管线点数据量庞大，工作人员在测量过程和数据录入计算机的过程中难免发生错误，需要在 GIS 中建立一定的拓扑规则来排除管线点之间存在的空间属性错误。

打开 ArcCatalog>>新建个人地理数据库>>在此数据库新建要素数据集>>在要素数据集里导入需拓扑的要素>>在要素数据集上新建拓扑>>按照提示添加拓扑规则。

基本拓扑规则如下。

（1）点必须被线要素的端点覆盖：每个排水管点在空间位置上至少要和一根排水管线相关联，即节点数据集中的点元素必须为管线线段的起点或者终点，且具有正确的空间拓扑关系。

（2）线端点必须被点要素覆盖：每根排水管线必须有且仅有两个排水管点与之在空间位置上相关联，即管线的起点和终点必须为管线节点数据集中的某个点元素，且具有正确的空间拓扑关系。

（3）重叠关系：同类型的图形要素之间不能完全重叠。

拓扑规则如图 6-7~图 6-10 所示。

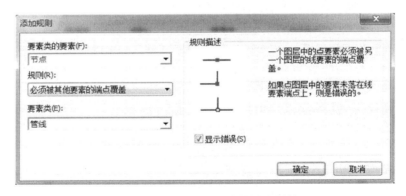

图 6-7　点必须被线要素的端点覆盖

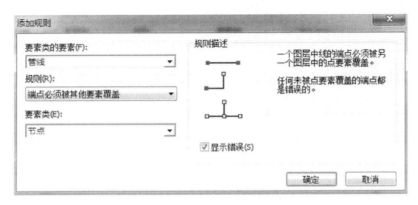

图 6-8　线端点必须被其他要素覆盖

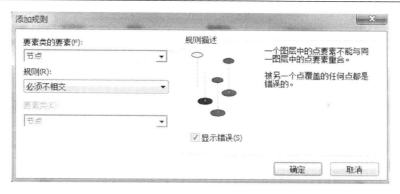

图 6-9　点必须不相交（点重叠）

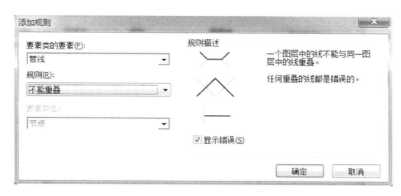

图 6-10　线不能重叠

2）处理拓扑规则结果存在的问题

建立拓扑规则后，验证拓扑规则，并得出一份拓扑错误报告。针对拓扑报告里面存在的问题，提出以下解决方法。

（1）批量删除孤立点方法步骤：打开 ArcMap>>添加验证好的拓扑>>开始编辑拓扑>>打开错误检查器>>选取修复拓扑错误工具>>用此工具选取范围>>在错误检查器选中错误右键>>选中要素>>打开需纠错的图层属性表>>删除所选项。

（2）出现重叠线和线端点必须被点要素覆盖的数量并不多，一般采用逐个删除或修改的方法。

（3）批量删除重复点方法：重复点只能选取其中一个删除，把点图层导入到一个新建个人数据库里>>打开 ArcMap 并添加数据库里的图层数据>>打开属性表>>按属性选择>>输入如下 SQL 查询语句：

[Exp_No] in （select [Exp_No] from Point group by [Exp_No] having count （ [Exp_No] ）>1）AND [OBJECTID] NOT in（select min（ [OBJECTID] ）from Point group by [Exp_No] having count （ [Exp_No] ）>1）

其中，Point 表示节点图层名称，[OBJECTID]为节点编号字段名，[Exp_No]为节点名称字段名。执行此查询操作后，选择出重复点[OBJECTID]较大的点，然后通过属性表里的"删除所选项"进行删除。

3. 校验排水管线的错误流向

管线图层经过 ArcMap 加载显示后，发现其存在不少的流向错误，它与实际情况相反，尤其在出水口附近的管线方向出现较多的逆向管道，如图 6-11 所示。另外，还出现多根管线汇向同一节点并且该节点没有与出水口管线相连的问题，如图 6-12 所示。

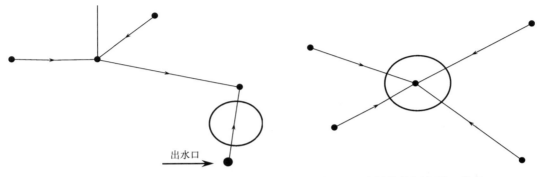

图 6-11　出水口附近的逆向管道　　　　　　图 6-12　多根管线汇向同一节点

为此，可以通过图层属性表里的按属性选择输入 SQL 语句来查找出这些流向错误，查询方法如下：

[E_Point] in（Select [E_Point] From Line Group By [E_Point] Having Count（[E_Point]）> 1）AND [E_Point] NOT IN（Select [S_Point] From Line）

其中，Line 为管线图层名称，[S_Point]和[E_Point]分别为管线起点和终点名称的字段名。查找出这些错误的地方后，找出关键管线，开启编辑状态，翻转该线的方向，同时更改相应属性。

4. 检查环状管网

排水管网中环状管网并不多见，但实际情况确实存在，有些可能是由测量工作者的错误所导致，应该尽量避免，所以要找出错误的环状管网并根据实际情况进行修改。对于管线点数量巨大的研究区域，通过肉眼发现环状管网是很困难的，那将会耗时费力，效果也难令人满意。通过编写程序能快速选出环状管网，并按照实际情况进行修改。

另外，也可以通过 ArcGIS 中几何网络分析的网络环路分析检查出"假环状管网"，这种"假环状管网"只是环路管网，并不是传统概念上的环状管网，可以在环路管网基础上逐个发现环状管网，这将给检查工作带来极大便利，此方法具体操作如下：

打开 ArcCatalog>>在指定文件夹里新建个人地理数据库>>新建要素数据集>>在要素数据集里导入管线、节点的要素类数据>>在新建要素数据集右键>>几何网络，创建完后打开 ArcMap>>调出"几何网络分析"窗口>>把点插到要分析的位置>>追踪任务里下拉选择网络环路分析>>点击"求解"，此时就选出"假环状管网"。

6.3.2　下垫面数据处理

下垫面数据是 SWMM 模型构建的重要组成部分，包括子汇水区划分和相关参数确定，需要通过 ArcGIS 等软件进行计算和提取。

1. DEM 构建

DEM 是用一组有序数值阵列形式表示地面高程的一种实体地面模型，可以派生出地表的坡度、坡向、坡度变化等信息，是构建 SWMM 模型过程中必不可少的基础数据。

建立 DEM 的方法有多种。根据数据源及采集方式的不同可以分为以下几种：①直接从地面测量，如用 GPS、全站仪等；②根据航空或航天影像，通过摄影测量途径获取，如数字摄影测量等；③从现有地形图上采集，如数字化仪手扶跟踪及扫描仪半自动采集，然后通过内插生成 DEM。本模型采用的 DEM 数据源来自于地面测量所得的离散高程点，但其中存在一定错误，如某些地面高程值 $z=0$，需要进行一定纠错。再由纠正后的高程点通过 GIS 空间插值功能，并在环境设置中设定像元大小，导出 DEM 栅格数据。DEM 精度非常重要，所以适当地选择插值方法可以提高模型模拟结果的精度。在 ArcGIS 工具箱中，通常使用的插值方法主要有克里金法、反距离权重法、样条函数法、趋势面法和自然领域法等，利用这 5 种方法生成 5 个 DEM 文件，对比发现可知，反距离权重法插值得到的结果比较贴近研究区域的地形，因此采用反距离权重法插值得到 DEM 栅格数据。

2. 子汇水区划分

子汇水区划分一般以遥感影像图为背景，通过人工勾绘得到，但是对于大面积、多管线点的区域，这将是一项非常耗时且繁杂的工作，而且人工勾绘的随机性较大，地形因素考虑不周到，会对模型结果造成较大影响。为此，结合 DEM 数据和研究区域的遥感影像图进行划分，其划分步骤如下。

（1）将研究区域 DEM 数据导入到 ArcMap 进行水文分析，得到一个初步的分水岭；

（2）在分水岭的基础上，导入节点图层并利用泰森多边形工具进行子汇水区的初步划分；

（3）考虑建筑物和街道位置，对子汇水区进行边界调整；

（4）把面积很小的子汇水区与相邻汇水区合并，从而得到最终的子汇水区图层。

子汇水区划分流程如图 6-13 所示。

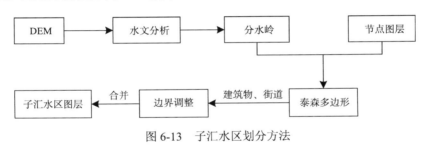

图 6-13　子汇水区划分方法

3. 子汇水区主要参数计算

在 SWMM 模型中，子汇水区参数众多，包括不透水率、坡度、面积、特征宽度等确定性参数，可以通过 GIS 等技术计算得到，还包括透水区和不透水区曼宁系数、洼蓄深度，以及 Horton 模型等不确定性参数，可以通过经验、模型手册或实验取值。

1）不透水率计算

不透水率是影响模型计算结果的最敏感的参数之一，它的值的大小直接影响到子汇水区的产流量，进而影响到模拟结果精度。因此，不透水率确定需要谨慎处理。

ENVI 是一个完整的遥感图像处理平台，目前拥有最先进的、易于使用的光谱分析工具，能够很容易地进行科学影像分析，其中包括用监督和非监督方法进行影像分类。通过截获研究范围的谷歌高清遥感影像图，将其导入到 ENVI 软件中，并在软件中建立训练样本，利用图像监督分类功能识别出各种土地类型，导出 TIFF 格式栅格图，再结合子汇水区图层，通过 ArcGIS 分区统计工具箱统计各子汇水区的不透水面积，进一步可计算出各子汇水区的不透水率。不透水率提取过程如图 6-14 所示。

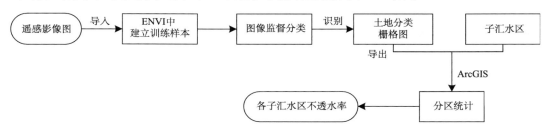

图 6-14　不透水率提取过程

其中，建立训练样本这一步尤为关键，样本一般根据研究区域的土地用地类型来分类，大致可分为不透水区（如道路、建筑物）、透水区（如绿地、水体）和半透水区（如裸地）。ENVI 可以根据样本对图像的各个像元进行判别处理，判别过程中，将符合某一判别准则的像元归为某一类型，如此完成整幅图像的分类处理。

2）坡度计算

现实生活中，每个子汇水区的平均坡度计算方法比较简单，即测出子汇水区中流域出口与其最远距离的高差和其距离的比值，但是这种方法工作量大、效率低。利用构建好的 DEM 数据，通过 ArcGIS 栅格表面的坡度计算工具，对研究区域进行坡度计算，并通过分区统计工具统计每个子汇水区的平均坡度，坡度值采用百分比表示，以满足 SWMM 模型输入格式。

3）面积计算

在 ArcGIS 图层属性表中有"计算几何"工具，可以通过此工具快速计算出每个子汇水区的面积，并将其转化成以公顷为单位的数值。

4）地表漫流宽度计算

地表漫流宽度描述子汇水区汇流路径的长度，其在 SWMM 模型中是一个比较敏感的参数，对模型结果有着较大影响。然而，实际的地表漫流路径宽度比较复杂，无法通过实测得到，一般根据经验估算，所以需要对其进行概化。在 SWMM 模型手册中，地表漫流宽度定义为子汇水区面积与地表漫流最长路径长度的比值，即

$$WD = SA / SL \qquad\qquad (6\text{-}22)$$

式中，WD 为地表漫流宽度，m；SA 为子汇水区面积，m^2；SL 为子汇水区流长，m，即子汇水区到其对应出口的最长距离，可以通过计算求得。

6.4　ArcGIS 与 SWMM 集成

6.4.1　集成优势

ArcGIS 与 SWMM 模型的集成优势体现在以下几个方面。

1）管网模型建立方面

SWMM 模型自 1971 年开发以来，已走过了 40 多年的历程，如今在国际上得到了广泛的应用，具有完整的地表产汇流和管网汇流计算功能，能够提供管道、节点和子汇水区等丰富的模拟结果。然而，其前处理功能一直是其弱点，建模过程繁杂，属性数据输入量多，容易出错，给用户带来很大不便。而现在的城市排水管网系统一般比较庞大，所以管网模型建模效率成为焦点问题。ArcGIS 具有强大的空间数据管理和拓扑关系分析功能，能够给 SWMM 模型构建提供技术支撑，使得管网要素绘制和属性数据输入得到批量编辑和修改，通过编程把管网数据库数据按照特定格式写成 SWMM 模型文件，通过与 ArcGIS 集成可以大大提高建模速度，弥补 SWMM 模型的缺陷。

2）管网模型数据库更新方面

现在城市化发展速度加快，管网改造升级、新建扩建经常发生，所以管网模型数据也需要根据城市发展速度及时更新。此时，需要借助 GIS 强大的图形管理和数据编辑功能，根据实际变化情况更新管网模型数据库，再通过编写好的程序生成 SWMM 模型文件，从而实现管网数据库和模型的双向更新。

3）模拟结果统计及可视化方面

虽然 SWMM 模型具有一定的后处理功能，能够清楚表达模拟结果，但其显示方式、效果表达比较单一，统计功能也较为欠缺，难以满足用户要求。ArcGIS 具有强大的地图制作、图形渲染、属性筛选等可视化和统计功能，能够清晰、直观地通过列表或图表表达出效果，给用户提供一目了然的结果。例如，统计 SWMM 管网模型中的节点溢流结果返回到数据库中，通过 ArcGIS 颜色渲染可以直观地看到易涝节点所在位置和溢流情况。此外，暴雨积水计算结果也是通过 ArcGIS 栅格计算功能处理后在地图上渲染表达出来的。因此，借助 ArcGIS 强大的功能使 SWMM 模型模拟结果更加直观和多样化，从而给用户分析暴雨积水结果等提供良好的技术支持。

6.4.2　SWMM 模型嵌入

在 SWMM 软件中，构建排水管网模型时会生成一个*.inp 格式的文件，该文件是一个文本格式文件，其内容主要是排水管网系统的水文水力要素数据，包括管线、节点、

子汇水区、降雨数据和运行参数等。每部分都是从一个由中括号括着的关键字作为开头，后面紧跟着对象属性数据，可以用文本编辑器打开。本书构建的城市暴雨积水模块完全脱离 SWMM 操作软件，且仅在 SWMM 计算引擎的环境下运行，所以采用 C#语言在 Visual Studio 2010 平台上编写程序，用于读取排水管网系统数据库，并按照需要设置不同的运行参数，进而生成*.inp 格式的文件，该程序嵌入在模块中。

最新的 SWMM 5.1 版本包括了用 C 语言编写的具有独立平台的计算引擎 SWMM Engine 和用 Delphi 编写的界面平台，其中计算引擎 SWMM Engine 提供了动态链接库（dynamic link library，DLL），包含可被其他应用程序和 DLL 调用的进程和函数集合体。SWMM 5.1 根据不同的编程语言，提供了基于 Delphi、VB、VC 编写的接口程序，分别为 swmm5_iface.c、swmm5_iface.bas 和 swmm5_iface.pas。

采用 SWMM 提供的 DLL 和接口程序能方便地调用 SWMM 计算引擎进行模型计算，如在调用 SWMM 5.1 的 DLL 时，只需将 swmm5.bas、swmm5_iface.bas 文件加载，并将 swmm5.dll 和 swmm5.lib 注册。

由于本书基于 C#语言进行积水模块开发，无法使用现有的接口程序直接调用动态链接库，所以将 VB 语言编写的接口调用程序再编写为一个动态链接库 VbToAny.dll，然后再编写 C#可执行的接口程序来调用 VbToAny.dll，从而实现对 SWMM 计算引擎的调用。SWMM 在调用时需要提供 3 个文件名及其路径作为数据接口，即 SWMM 模型运行后产生的 3 个文件：输入文件（*.inp）、输出文件（*.rpt）和结果文件（*.out）。

（1）输入文件：输入文件可以用文本编辑器打开。

（2）输出报告文件：输出报告文件是一个文本文件，可通过文本编辑器打开查看，包含模拟运行状态信息，如警告信息、错误信息、连续性错误等，同时包含模型各对象的结果汇总报告，如各子汇水区的降水量、节点溢流、管线超载等。

（3）结果二进制文件：每个对象在每个步长时刻的各个水力因素的计算结果都以二进制格式保存在结果文件中。因为结果文件是二进制的，所以在要读取其结果时需要调用动态库中的 GetSwmmResult 函数：

$$GetSwmmResult(iType, iIndex, vIndex，period, Value) \qquad (6-23)$$

式中，iType 为查询对象类型（0 表示子流域、1 表示节点、2 表示排水管线、3 表示系统）；iIndex 为被查询对象在其类型集合中的顺位序号（从 0 开始），与*.inp 文件顺序一致；vIndex 为查询的变量，其中控件查询变量分为子流域变量（0 表示降雨、1 表示积雪深、2 表示蒸发和入渗损失、3 表示径流率、4 表示地下水出流率、5 表示地下水水位标高）、节点变量（0 表示节点底部高程以上的水深、1 表示水头、2 表示蓄滞量、3 表示横向入流、4 表示总入流、5 表示淹没溢出流量）、管道变量（0 表示流量、1 表示径流深、2 表示流速、3 表示弗汝德数、4 表示管道充满率）；period 为查询时段（从 1 开始）；Value 为查询结果返回值。

例如，GetSwmmResult（2,3,0,5,y）表示 y 等于第 5 个时段第 4 根管线的流量。

6.4.3　基于 ArcGIS Engine 的模块开发

建立在组件技术基础上的 GIS 功能组件实现了 GIS 的各种功能，可基于各种可视化开发工具，如 Visual C++、Visual Basic、Delphi 等为开发平台进行二次开发，实现 GIS 功能。以 ArcGIS Engine 为 GIS 二次开发组件，集成 SWMM 模型，并基于 Visual Studio 2010 平台开发城市暴雨积水模块。通过 ArcGIS 建立一个管网要素数据库，应用系统程序将其生成 SWMM 模型文件，再调用 SWMM 引擎计算排水管网模型和调用 GetSwmmResult 函数实现结果查询、统计等，最终通过 ArcEngine 相关组件在模块中表达、显示出来。模块开发技术路线如图 6-15 所示，具体如下：

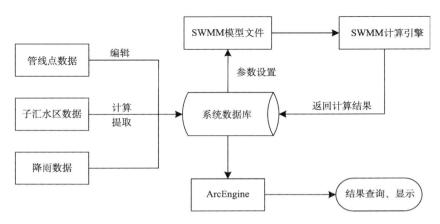

图 6-15　积水模块开发技术路线图

先在计算机上安装 Visual Studio 2010，再安装 ArcGIS Engine Developer kit 组件，此时打开 VS2010 工具箱出现 ArcGIS Windows Forms 工具，可选择在 C#编程环境下使用相关组件进行系统开发。开发过程中使用地图控件（MapControl）、页面布局控件（PageLayoutControl）、工具条控件（ToolbarControl）和内容表控件（TOCControl）等，MapControl 对应 ArcMap 中的数据视图，它封装了 Map 对象，并提供了额外的属性、方法、事件用于管理控件的外观、显示属性和地图属性，添加并管理控件中的数据层等；PageLayout 管理着布局视图提供给用户进行输出、打印，提供要素连接（增加、删除等）；TOCControl 是一个标准的 ActiveX 组件（TOCControl.ocx），TOCControl 运用设置伙伴（buddy）控件来交互式树状显示它关联的地图，并且进行符号化显示与地图保持同步；ToolbarControl 包含一个工具集、命令集和菜单，可通过 ToolbarControl 控件的 CurrentTool 属性来设置其 buddy 控件。

基于上述系统调用的 ArcGIS Engine 控件与 SWMM 模型集成，研制的城市暴雨积水模块要实现的主要功能如下：①地图加载、保存及退出；②地图显示、刷新、缩放、识别、测量；③图层加载、开关和移除；④要素的选择、查询、定位及转换；⑤SWMM 模型运行及结果数据读写；⑥暴雨积水计算；⑦结果列表、图表的统计和显示；⑧管线、节点及栅格渲染；⑨数据输入与地理空间数据库更新等。

6.5　暴雨积水计算方法研究

6.5.1　基本思路

目前，国内外应用较为广泛的城市雨洪模型主要包括 SWMM 模型、PCSWMM 模型、InfoWorks ICM、MIKE Urban 等，InfoWorks ICM、MIKE Urban 等均采用二维水动力学方法，动态地模拟二维地表积水淹没情况，其模拟结果精度较高，但通常它们运行时间较长，且均为商业化软件，难以实现二次开发以满足实时预报需要；而 SWMM 为开源软件，便于与 GIS 相结合以实现二次开发（黄国如等，2015a）。刘为（2010）提出了基于 GIS 的城市暴雨积水模拟预测方法，将 SWMM 模型计算得到的节点溢出量通过有源淹没计算方法模拟暴雨积水的演进过程，但该方法的水流只有 4 个方向，与实际情况有较大出入；石赟赟等（2014）提出了基于 GIS 和 SWMM 的城市暴雨内涝淹没模拟方法，其实质是求出各集水区的管网节点溢出水量，再通过积水扩散法求得地表淹没水深和范围，但集水区划分的不确定性会影响积水模拟结果。

SWMM 模型是一维水文水动力模型，能较好地模拟各种降雨条件下的下渗、蒸发、地表径流及排水管网一维水文水动力等过程，当降雨达到一定强度时，排水管网将超负荷运行，部分节点水深大于井深，多余水量从节点溢出，然而该模型无法将溢出的水量进行二维地表积水模拟计算，即无法得到淹没水深和积水面积等淹没信息。针对该问题，借助 GIS 强大的分析计算功能，结合真实地表和 SWMM 模型节点溢出水量，基于 ArcGIS Engine 和 VS2010 平台开发了暴雨积水计算模块，能较好地模拟研究区域内的暴雨积水水深和积水面积等信息，实现淹没水深的动态分析计算，该计算方法能够较好地反映实际积水流向和内涝淹没情况，而且计算速度快，具有一定的精度和可靠性。

该算法基本思路如下：在 SWMM 模型计算完成后，首先调用 GetSwmmResult 函数统计每个节点的溢流量，再统计研究区域 DEM 每个栅格上的所有节点溢流总水量，然后根据 DEM 高程值的大小并按照试算法将栅格上的水量往其周边 8 个方向进行分配，经过多次水量扩散后可求得积水水深和积水范围。积水扩散示意图如图 6-16 所示。

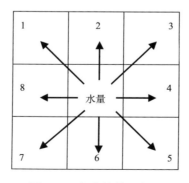

图 6-16　积水扩散示意图

6.5.2　模块分析

暴雨积水分析主要包括 DEM 构建、溢流量统计、积水扩散分析和积水计算等步骤，其设计流程如图 6-17 所示，步骤简介如下。

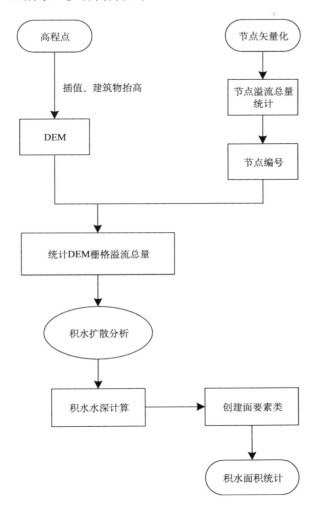

图 6-17　暴雨积水计算模块设计流程图

1）DEM 构建

积水计算对 DEM 精度要求很高，选取反距离权重法创建研究区域 DEM，为使所构建的 DEM 与真实地表更为吻合，主要考虑洼地和建筑物等影响因素，对 DEM 进行后期处理。根据实地调研，研究区域为城建区，地势较为平坦，有一些低洼地区，需对 DEM 进行填洼处理。另外，将建筑物统一考虑为不可积水，将建筑区域高程提高到一定数值，起到阻隔积水扩散作用，通过以上处理得到较为真实的 DEM 栅格数据。

　　2）溢流量统计

　　溢流量统计包括节点与栅格溢流量统计两部分。节点溢流量统计通过 ArcGIS 中添加 *XY* 数据功能，将节点矢量化，并把坐标、井底高程、井深等相关属性通过连接功能导入其属性表。然后，在系统中调用 SWMM 动态库中的 GetSwmmResult 函数来读取 SWMM 计算结果文件，统计每个节点溢流量，并把结果储存在节点属性表中的"节点溢流量"字段里。为了满足栅格溢流量统计要求，需要对节点所在行列号进行编号（与 DEM 栅格行列号相对应）。DEM 栅格行列编号（*i*，*j*）从（0，0）开始，*i*、*j* 分别从上到下、从左到右依次增加，所以节点对应的行号 *i* = int[（栅格左上角 *Y* 坐标 − 点 *Y* 坐标）/ 栅格高]，对应的列号 *j* = int[（点 *X* 坐标 − 栅格左上角 *X* 坐标）/ 栅格宽]，int 为整型定义标示符。栅格行列编号示意图如图 6-18 所示。

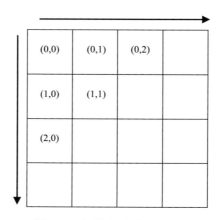

图 6-18　栅格行列编号示意图

　　栅格溢流量统计通过创建一个二维数组，将每个节点溢流量按照行列编号一一对应的关系统计到相应栅格中。

　　3）积水扩散分析

　　溢流量统计完成后，将每个栅格的水量扩散到周边 8 个高程值较小的栅格中，而每个栅格所分配到的水量按照试算法求得。其具体实现步骤如下。

　　（1）基于 ArcGIS Engine 读取 DEM 中每个栅格的高程值，然后将它存放在一个二维数组中；

　　（2）将每个栅格总水量除以栅格面积，转化成水深；

　　（3）选择水深大于某一数值的栅格进行第 1 轮积水扩散，结合其周围 8 个栅格的高程值及其水量，采用试算法把水深分配到这 9 个（8+1）栅格；

　　（4）周围 8 个栅格所分配到的水深（水量）分别继续往各自周围 8 个栅格扩散，直至最外围的栅格所分配到的水深（水量）小于某一数值时才停止扩散，同时更新二维数组中的值（等于高程值加上水深）；

　　（5）然后再从最开始被选择的栅格按照最新分配到的水深进行第 2、第 3、…、第 *n* 轮积水扩散；

（6）选择下一个水深大于某一数值的栅格继续扩散，重复（4）、（5）、（6）步骤，直到完成最后一个栅格水量扩散为止。

经过以上步骤，整个积水扩散结束。

4）积水计算

在积水扩散分析结束后，二维数组最终存储的数值等于栅格高程值加上水深值，此时该数组减去原始高程值便可得到每个栅格的积水水深。在 ArcGIS 中，使用"创建渔网"工具创建面要素类，命名为"水深"，要求与研究区域的 DEM 范围及像元大小一致。与此同时，在"水深"属性表中添加"i""j"两个字段，通过字段计算器计算每个面要素的行列号，使得每个要素与 DEM 的每个栅格的行列号一一对应。然后，将积水水深值写入到"水深"属性表的某一字段中，此时可以通过属性选择筛选出水深值大于 0 的面要素，从而进一步统计出积水面积大小。最后，将"水深"转换成栅格，并经过渲染后可在 ArcGIS 或系统中显示出来。

6.5.3　程序设计

积水扩散只有在一定的程序设计基础上才能得以实现，结合流程图（图 6-19）介绍，积水扩散核心程序如下。

（1）首先创建两个二维数组 elevation[i, j]和 variable[i, j]，分别用以存放 DEM 栅格原始高程值和变量值，variable[i, j]初始值与 elevation[i, j]相同。

（2）将每个栅格溢流量转化成水深 depth，并选择第一个初始水深 depth ≥ 0.05m 的溢流栅格[i, j]进行第 1 轮积水扩散。

（3）通过比较，找出溢流栅格[i, j]与其周围 8 个栅格中 variable[,]值最小的一个，并存放在 Hmin 变量中。

（4）让 Hmin 每次增加 0.001m，并统计出 Hmin 与 variable[,]（9 个值）的差值和，若该差值为正数则取正，若为负数则取 0。当该差值和（即 9 个栅格总水深）与 depth 值相差在 0.001m 范围内时，Hmin 则停止增加，定义 level = Hmin，此时的 level 值为 9 个栅格中最高的水位值。

说明水位值有可能大于 9 个栅格中所有的 variable[,]值，也有可能小于某些栅格的 variable[,]值。

（5）在此 9 个栅格中，如果 variable[,] < Hmin，则 variable[,] = Hmin，即更新 variable[,]。

（6）计算溢流栅格[i, j]周围 8 个栅格所分配到的水深，如栅格[$i-1, j-1$]水深等于 variable[$i-1, j-1$]–elevation[$i-1, j-1$]，并分别判断该水深是否大于 0.05m，如果是，则分别往其周围 8 个栅格进行扩散，直至最外围的栅格所分配的水深小于 0.05m 时再停止扩散，并且每扩散一次则执行步骤（5），以实时更新 variable[,]值。

以下步骤（7）~步骤（10）为某栅格[i, j]的第 2、第 3、第 4、…、第 n 轮扩散，n 值根据具体情况来设定。

（7）计算溢流栅格[i, j]与其周围 8 个栅格的总水深：Sum ＝ $\sum$（variable[,]–elevation[,]）。

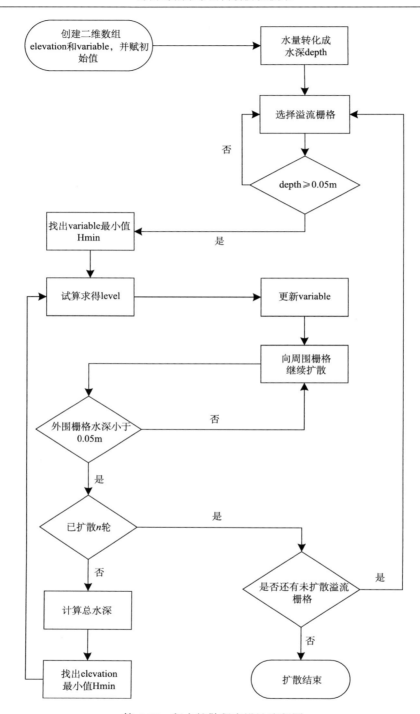

第 6-19　积水扩散程序设计流程图

（8）通过比较，找出溢流栅格[i, j]与其周围 8 个栅格中 elevation[,]值最小的一个，并存放在 Hmin 变量中。

（9）让 Hmin 每次增加 0.001m，并统计出 Hmin 与 variable[,]（9 个值）的差值和，若该差值为正数则取正，若为负数则取 0。当该差值和（即 9 个栅格总水深）与 Sum 值相差在 0.001m 范围内时，Hmin 则停止增加，使 level=Hmin，此时的 level 值为 9 个栅格中最高的水位值。

（10）重复步骤（5）和步骤（6）。

（11）选择下一个初始水深 depth≥0.05m 的溢流栅格进行积水扩散，重复步骤（3）~步骤（10）。

暴雨积水计算模块建立在考虑较为真实的地表和管网节点溢流量的基础上，通过以上程序的计算，并合理设置 n 值（跟降雨历时有密切关系），可模拟得到一个较为可靠的积水结果。

6.6　研究区域 SWMM 模型构建

6.6.1　排水系统概化

在建立海口市主城区 SWMM 模型前，需要对研究区域内的排水系统进行概化，主要包括排水管网概化、河道概化和道路概化等。

1. 排水管网概化

在 SWMM 模型中，水力要素包括节点和管段两种，为了满足建模要求，将现有的排水管网数据概化成节点和管段，节点包括铰点（窨井、雨水篦子、探测点、转折点）、出水口和蓄水设施（蓄水池、湖泊），管段包括排水管道和沟渠。在研究较大区域时，可将雨水篦子及其相连管道删除，原因如下：①对模拟结果不会造成较大影响；②一般而言，雨水篦管线管径较小，多为 200~300mm，删除这些将大大提高模型计算效率；③有些管道长度太短，2~3m，会影响模型计算稳定性，因此将其与相邻管段合并，并修改相应参数。最终海口市主城区铰点 19 999 个，出水口 257 个，蓄水设施 2 个，管段 20 271 根。

2. 河道概化

地表径流最终通过排水管道汇集到河道中，河道大小和水位高低直接影响管道的排水能力，本模型将河道作为排水系统的一部分。海口市主城区主要水系有美舍河和龙昆沟，其沿岸均有排水出口，现状河道断面大部分为矩形，根据测量数据，将其分段概化成参数（河宽、河深、河底高程）各异的明渠。最终将河道概化成 174 条"河道明渠"。

3. 道路概化

当降雨达到一定强度时，排水管网出现超载，有部分雨水从节点溢出到道路上，或有部分雨水直接降落在道路上流动，此时道路起到行洪作用，与排水管网组成双层排水系统。当管网恢复排水能力时，雨水重新进入节点，通过管道继续传输。为此，把城区主干道概化成明渠，可以起到排水作用。概化原则如下：每两个节点之间为一条"道路明渠"，即每根管网对应一条明渠，深度统一取 0.1m，宽度根据地图测量得到，起终点高程为节点地面高程减去 0.1m。最终将主干道概化成 4078 条"道路明渠"。

海口市主城区排水系统概化如图 6-20 所示。

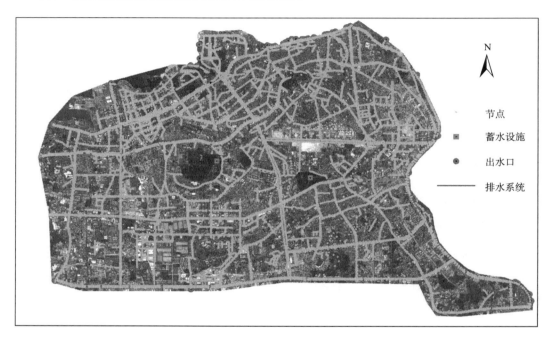

图 6-20　主城区排水系统概化图

6.6.2　子汇水区划分及参数确定

1. 子汇水区划分

子汇水区概化需要考虑较多因素，其划分是否合理直接影响到排水模型模拟结果的准确度。由于海口市地势整体较为平坦，在划分过程中更加重视街道和社区单元的分布情况，经划分、调整与合并，最终研究区域子汇水区有 20 498 个，最大面积为 102.357hm^2，最小面积为 0.001hm^2。子汇水区概化如图 6-21 所示。

2. 地表漫流宽度计算

地表漫流宽度直接对子汇水区汇流时间产生影响，该参数无法通过测量得到。根据 SWMM 模型手册推荐公式，采用子汇水区面积与地表路径长度比值进行计算，其中子汇水区面积和地表路径长度均可事先求出。

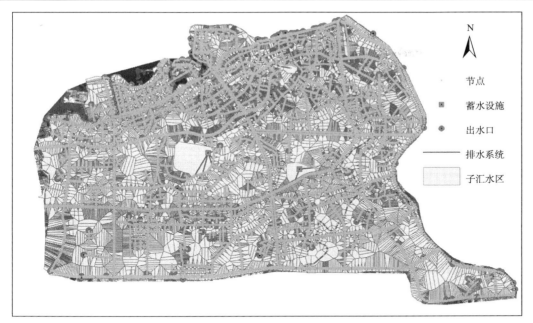

图 6-21　子汇水区概化图

3. 不透水率计算

不透水率是影响模型结果最重要的参数，通过 ENVI 软件对海口市主城区片区的高清遥感影像图进行图像监督分类。海口市主城区现状用地类型主要包括住宅用地、商业用地、公共管理与公共服务用地、交通设施用地、待开发用地、绿地及水体等，根据实际需要，在 ENVI 软件中将遥感图像类型分成不透水区和透水区两类，通过 ENVI 识别后，在 ArcGIS 中使用栅格计算器将不透水区设为空值，最终识别效果图如图 6-22 所示。

(a)　　　　　　　　　　　　　　　　　　(b)

图 6-22　透水区识别效果

经过 ENVI 识别和 ArcGIS 统计并计算后，子汇水区最大不透水率为 100%，最小不透水率为 0，研究区域平均不透水率为 70.544%。

4. 其他参数

汇水区其他一些参数，如不透水区曼宁系数、最大下渗率等，不能通过软件进行计算或提取，应参考模型用户手册和相关研究成果取初值，输入实测降雨和潮位数据进行计算，然后根据计算结果与实地调查对比情况，调整参数重新计算，调整参数至与实地调查情况接近至误差允许范围内，得到的最终参数见表 6-3。

表 6-3　子汇水区参数取值

参数名称	物理意义	取值	参数取值方式
N-Imperv	不透水区曼宁系数	0.011	模型手册
N-Perv	透水区曼宁系数	0.24	模型手册
Destore-Imperv	不透水区洼蓄水深度/mm	2.5	模型手册、文献
Destore-Perv	透水区洼蓄水深度/mm	5.0	模型手册、文献
% Zero-Imperv	不透水区无洼地不透水区	25	模型手册、文献
MaxRate	最大下渗率/（mm/h）	78.1	模型手册、文献
MinRate	最小下渗率/（mm/h）	3.30	模型手册、文献
Decay	渗透衰减系数	3.35	模型手册

6.6.3　实测暴雨模拟结果分析

经过调研分析，选取 20081013、20101005 和 20111005 三场次暴雨进行模拟分析，三场降雨的降水量数据时间间隔为 1h。

SWMM 模型可以模拟节点水深、入流量及溢流量，管道流速、流量、充满度及水深，子汇水区蒸发、下渗及径流等水文水力特征值的变化过程。选取其中一个出水口进行流量分析，该出水口名称为 11YS02756，位于长堤路、白龙北路和滨江路交汇处，注入海甸河，其汇水面积为 15.40hm²，上游管线最长距离为 1.20km。提取 11YS02756 出口流量数据，绘制降雨径流过程线，三场实测暴雨降雨径流过程如图 6-23~图 6-25 所示。

从以上降雨径流过程线图（图 6-23~图 6-25）可以看出，该模型计算稳定，径流变化过程与降雨强度变化规律一致，径流峰值滞后于降雨强度峰值，说明该模型具有一定的可靠性。

为反映各场次暴雨造成的内涝情况，统计溢流节点数和节点最长溢流时间，结果见表 6-4。

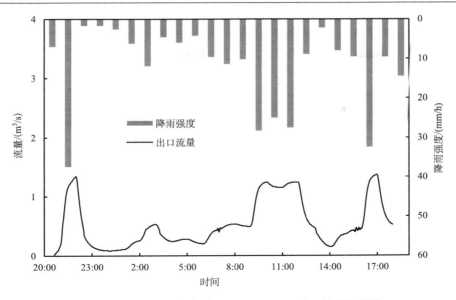

图 6-23　20081013 场次暴雨下 11YS02756 出口流量过程线

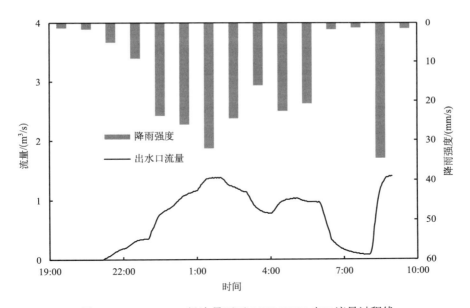

图 6-24　20101005 场次暴雨下 11YS02756 出口流量过程线

表 6-4　实测暴雨条件下节点溢流情况统计表

降雨场次	总降水量/mm	最大降雨强度/（mm/h）	平均降雨强度/（mm/h）	溢流节点数/个	最长溢流时间/h
20081013	280.4	37.4	12.2	1728	22
20101005	220.7	34.5	14.7	1812	14
20111005	427.8	88.1	26.7	3634	15

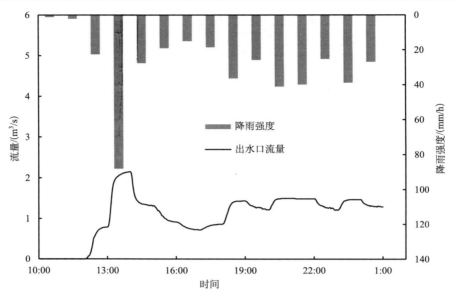

图 6-25　20111005 场次暴雨下 11YS02756 出口流量过程线

从表 6-4 可以看出，溢流节点数随着降雨平均降雨强度的增大而增大，节点最长溢流时间与降雨历时直接相关。总体来说，降雨强度越大、历时越长，内涝就越严重，特别是 20111005 场次暴雨，其降雨强度大、总降水量大，导致溢流节点数量多、溢流时间长。

根据内涝调研情况，20111005 场次暴雨造成的积水最为严重，提取模型计算的溢流节点结果，对比该场暴雨实际涝点分布范围，模拟涝点结果基本上对应实际内涝发生位置，因此，该模型能够较为准确地模拟海口市主城区的排水状况，具有一定的可靠性。

利用前述介绍的方法模拟计算各场暴雨的积水深度，研究区域地形图比例尺为1∶2000，提取其高程点并采用反距离权重法插值得到 DEM 栅格，像元大小为 15m×15m，行列数为 668×1088，对主要的建筑物、湖泊进行适当抬高，得到精度良好的 DEM。

选取内涝较为严重的 20111005 场次暴雨进行模拟分析，模拟得到的各涝点结果见表 6-5 所示。从表 6-5 可以看出，模型模拟得出的淹没区域与调查结果较为一致，调研水深和模拟水深总体误差较小，模拟得到的积水结果能够较为准确地反映实际内涝情况，说明所构建的 SWMM 模型和暴雨积水计算方法具有良好的精度和可靠性。但从中也可以看出，有些涝点的模拟水深值与调研值有较大误差，这种情况可能是由街道局部地形所致。

表 6-5　20111005 场次暴雨各涝点积水统计表　　　　（单位：m）

涝点位置	调研水深	模拟水深	误差	涝点位置	调研水深	模拟水深	误差
文明天桥	0.40	0.29	−0.11	海秀中路	0.30	0.27	−0.03
得胜沙路	0.30	0.25	−0.05	滨涯路	0.20	0.27	0.07
南宝路	0.60	0.30	−0.30	海垦路	0.35	0.40	0.05

续表

涝点位置	调研水深	模拟水深	误差	涝点位置	调研水深	模拟水深	误差
大同路	0.50	0.32	−0.18	南海大道汽车城	0.60	0.29	−0.31
椰树门广场	0.40	0.30	−0.10	南海大道丘海大道	0.50	0.30	−0.20
龙华路	0.40	0.29	−0.11	南海大道豪苑路	0.50	0.30	−0.20
海秀东路	0.40	0.30	−0.10	白水塘	0.80	0.59	−0.21
龙昆北路	0.20	0.24	0.04	红城湖路	0.40	0.55	0.15
龙昆南路	0.60	0.51	−0.09	琼州大道	0.30	0.30	0.00
美苑路	0.50	0.27	−0.23	海府路	0.30	0.32	0.02
盐灶路	0.30	0.31	0.01	凤翔西路	0.30	0.30	0.00
双拥路	0.50	0.29	−0.21	中山南路	0.30	0.30	0.00
秀英港码头	0.40	0.30	−0.10				

6.6.4　设计暴雨模拟结果分析

将重现期为 1 年、2 年、5 年、10 年和 20 年设计暴雨作为模型输入条件，模型计算结束后提取出水口 11YS02756 流量结果，流量过程线如图 6-26 所示。从图 6-26 可以看出，径流过程与降雨强度变化过程一致，且降雨强度越大，径流峰值越大，出现时间越早，其与实际情况较为吻合，从而进一步证明了该模型具有较好的可靠性。

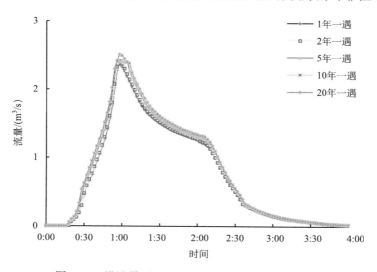

图 6-26　设计暴雨下 11YS02756 出水口流量过程线

选取较有代表性的溢流节点 41YS10185 分析其溢流过程，如图 6-27 所示。从图 6-27 可见，在降雨历时和雨型一定的前提下，节点溢流峰值与降雨强度成正相关，且重现期越大，节点开始溢流时间越早，持续时间越长，溢流总量越大。

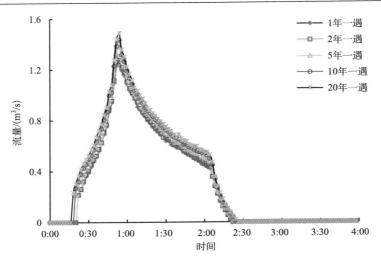

图 6-27　设计暴雨下 41YS10185 节点溢流过程线

　　为了校核海口市主城区雨水系统排水能力，对各重现期暴雨条件下的节点溢流情况和管道满载情况进行了统计，结果见表 6-6 和表 6-7。由表 6-6 和表 6-7 可知，即使在低重现期情况下，总节点溢流百分比和管道满载率均较高，其原因可能如下：一方面是因为排水系统设计标准偏低；另一方面是因为地势较低，受风暴潮顶托严重，导致海口市主城区内涝频发。

表 6-6　各重现期下节点溢流情况统计表

设计重现期/年	总降水量/mm	最大雨强/(mm/h)	最长溢流时间/h	溢流节点数量/个	占总节点百分比/%
1	96.4	177.0	4	4635	23.2
2	103.9	190.6	4	4821	24.1
5	113.7	208.7	4	5196	26
10	121.1	222.3	4	5448	27.4
20	128.6	235.9	4	5678	28.4

表 6-7　各重现期下管道满载情况统计表

设计重现期/年	总降水量/mm	降雨峰值/(mm/h)	最长满流时间/h	满载管道数量/条	满载率/%
1	96.4	177.0	4	7274	29.9
2	103.9	190.6	4	7449	30.6
5	113.7	208.7	4	7872	32.3
10	121.1	222.3	4	8137	33.4
20	128.6	235.9	4	8413	34.6

　　此外，将重现期为 1 年、2 年、5 年、10 年和 20 年的设计暴雨数据作为模型输入条件，分别模拟海口市主城区积水淹没情况，结果见表 6-8。

表 6-8　各重现期下模拟淹没水深和总积水面积统计表

设计重现期/年	1	2	5	10	20
淹没水深/m	1.73	1.76	2.00	2.27	2.45
总积水面积/hm²	496	512	570	613	655

由以上结果可以看出，1 年一遇设计暴雨就有部分街道出现成片淹没情况，说明海口市排水管网设计标准偏低，且随着设计暴雨重现期的增加，内涝积水水深和积水范围也不断增大，当重现期达 5 年一遇以上时，积水成片现象大面积存在，红城湖路、龙昆北路、龙昆南路、海秀中路、琼州大道、滨涯路积水严重；当重现期为 20 年一遇时，积水水深达到 2.45m，淹没面积达到 655 hm²，整个片区内涝情况十分严重。

6.7　基于 PCSWMM 模型的海甸岛城市雨洪模拟

PCSWMM 模型为加拿大水力计算研究所（Computational Hydraulics International，CHI）以 SWMM 模型为核心开发的水文水力学模型，其主要计算原理、计算方法与 SWMM 模型基本一致，相对 SWMM 模型而言，PCSWMM 模型增强了前后处理能力和可视化等内容，其已广泛地应用于一维管道与二维洪泛区耦合模拟、排水管网设计和评估、滞洪蓄水设计与评估、洪水风险分析等领域。以海口市海甸岛为研究对象，构建 PCSWMM 城市雨洪模型，并对海甸岛进行内涝风险评估。

6.7.1　PCSWMM 模型结构

PCSWMM 模型概化思路为"大小双层排水系统"，即地表二维排水系统（或称大排水系统）和地下一维排水系统（或称小排水系统）。传统城市雨洪模型只有一套排水系统，该系统可以看成是由输水管道、具有蓄水和衔接功能的节点及出口组成，其主要核心是将城市地面概化成一个个"水库"，"水库"与"水库"仅能通过排水管网进行水量交换。最近的 SWMM 5.1 版本认为道路也具有行洪作用，于是在传统城市雨洪模型中加入道路排水体系，称为"只考虑了道路"的双层排水系统。但"只考虑了道路"的双层排水系统忽略了雨水在道路之外的其他地表二维的淹没过程，精度达不到理想的地表二维模拟状况。"大小双层排水系统"将地面概化为"大排水系统"，除了在道路上方建立排水系统外，在非道路部分也建立一套排水系统，另外考虑到建筑物等对水流的阻挡作用，在建筑物上不建立排水系统。"大小双层排水系统"示意图如图 6-28 所示。

PCSWMM 模型建模流程如图 6-29 所示，具体步骤如下。

（1）绘制阻碍层。创建二维网格前需绘制阻碍层，以考虑建筑物等对水流的阻挡作用，即在遥感影像图上将这些区域圈出，不在此区域内创建网格。

（2）绘制边界层。在城市区域，地表类型主要包括道路、草地和河道等，由于道路和草地的糙率不同，河道、道路等对水流的引导作用不同，因此，需绘制不同类型地表边界，构成 3 种地表类型边界层。

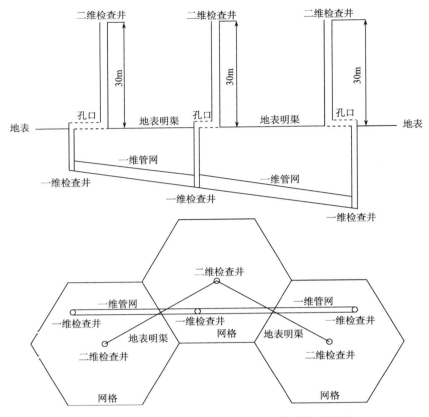

图 6-28　PCSWMM 模型大小双层排水系统示意图

（3）基本设置。①网格类型：PCSWMM 网格类型主要有六角形、定向、矩形和自适应 4 种类型，其中定向网格主要用于窄长类型边界，如河流和道路等，而且对定向网格还需绘制该边界中心线用于确定导流方向；自适应类型网格主要用于自己添加二维节点，或直接将 CAD 提取出的高程点作为二维节点类型；其他边界可根据使用情况选择六角形或矩形。②采样因子 m：采样因子 m 用于生成标高点，每个网格内生成 m 个标高点，取 m 个标高点的高程平均值作为网格和二维检查井的井底标高。③网格分辨率、糙率等其他参数。

（4）创建二维检查井。根据 DEM 生成二维节点，在每个二维节点位置生成一个二维检查井。为保证二维检查井不发生溢流，将二维检查井深度设为 30m，取二维检查井水深作为该网格内地表淹没水深。PCSWMM 模型计算方法与 SWMM 模型基本一致，当某检查井水深大于井深时，多余水量就从检查井溢出损失，或作为积水储存于检查井上方，但此时多余水量只是储存于该检查井上方，并未造成该检查井的水深升高，所以会使计算的地表淹没水深偏低。将二维检查井深度设定为 30m，仅是为了保证即使发生内涝，淹没深度也不至于达到 30m，水流也不会从二维检查井溢出，当然也可以将其设置为 40m、50m 等足够大的数值。

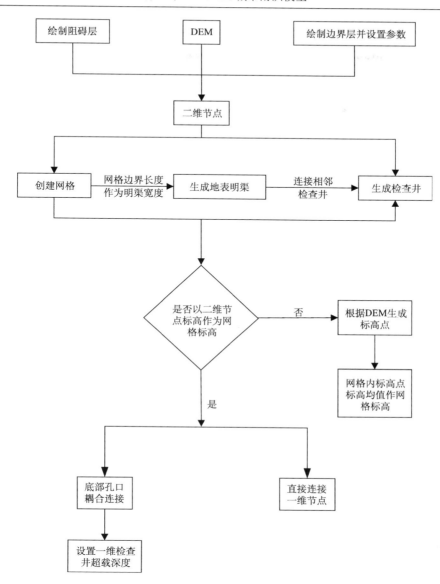

图 6-29　创建二维网格及一、二维耦合流程图

（5）创建网格及地表二维明渠。相邻二维检查井之间以 30m 深的明渠管道连接，作为地表二维管道，利用泰森多边形法绘制明渠管道的垂直平分线，每个检查井周围明渠管道的垂直平分线相交，即组成了该网格的边界，并将网格边界长度作为被该边界垂直平分的明渠宽度，网格内所有二维明渠面积总和作为该网格面积。

（6）确定网格和二维检查井底标高。以二维节点或标高点的地表高程作为该网格和二维检查井的井底高程，如果选择以标高点的地表高程作为该网格和二维检查井的井底高程，还需根据 DEM 生成标高点，取该网格内若干标高点的标高平均值作为该网格和二维检查井的井底高程。

（7）一维二维耦合连接。PCSWMM 模型中一、二维耦合有两种连接方式，分别为"使用底部孔口"和"直接连接到一维检查井"，其中前者在网格内唯一的二维检查井和网格内需要连接的一维检查井之间建立一个以一维检查井为起点、二维检查井为终点的底部孔口，并以二维检查井与一维检查井的下沿标高的高程差作为孔口的入口偏移量，这样孔口刚好能连接至地面标高，其适用于非河网地区；后者将二维检查井直接移至需要耦合的一维检查井，并将原一维检查井的上沿标高增加 30m，下沿标高不变，其适用于河流或湖泊的一、二维耦合。

（8）设置一维检查井超载深度。使用底部孔口连接一维检查井和二维检查井时，还需给一维检查井设置不会发生溢流的超载深度，如 20m 等。如前所述，当一维检查井水深大于井深时，即水刚好到达孔口的入口处时，多余水量从该检查井溢出损失，或作为积水储存于该检查井上方，使该一维检查井水头不再升高，水也就不能从一维检查井通过孔口进入二维检查井。而超载深度指水从检查井溢出前，检查井内水深可以达到的超过检查井深度的最大深度。设置超载深度后，一维检查井便不会发生溢流，也就能从一维检查井通过孔口进入二维检查井。

经过以上步骤便可创建二维网格，并将一维、二维耦合连接，网格的计算结果数据，如网格最大淹没深度等根据网格内二维检查井及二维明渠等相关属性计算得出。

6.7.2 PCSWMM 模型构建

PCSWMM 模型构建过程如下。

1）一维模型构建

在构建 PCSWMM 模型前，需对研究区域排水系统进行概化，主要包括排水管网概化、河道概化。SWMM 模型的水力要素包括节点和管段两种，节点包括窨井、雨水篦子、探测点、转折点、出水口和蓄水设施，管段包括排水管道和沟渠，概化较大区域的排水管网时可把雨水篦子及其相连管道删除。地表径流最终通过排水管道汇集到河道中，河道蓄量、水位高低与管道排水能力关系密切，本模型将河道作为排水系统的一部分，将其分段概化成参数（河宽、河深、河底高程）各异的明渠，海甸岛主要河道沿岸均有排水管道出水口。经概化处理后，海甸岛概化为 3510 根管线、2675 个检查井、60 个出水口和 8 个蓄水设施。

根据海甸岛 DEM、街区和道路分布图，在 ArcGIS 中，划分、调整和合并海甸岛后，再根据道路、管线及建筑物分布等对其进行子汇水区划分。由于海甸岛地势整体较为平坦，在划分过程中应更加重视街道和社区单元的分布情况，采用泰森多边形法将流域划分为 2925 个子汇水区，并为各子汇水区指定流域出口，该出口可以为排水管网的检查井，也可以设为下游的子流域子汇水区。

坡度值为子汇水区的敏感参数之一，通过 ArcGIS 栅格表面坡度计算工具，对海甸岛 DEM 进行坡度计算，获取各子汇水区的平均坡度信息；地表漫流宽度直接对子汇水区汇流时间产生影响，依据 SWMM 模型手册推荐公式，利用子汇水区面积与地表路径长度的比值来计算地表漫流宽度；利用地形图，结合遥感影像图提取各种用地类型信息（道路及广场用地、屋面、城市绿化带及公园），统计各子汇水区的不透水率。

SWMM 模型中的水文水动力参数有些可根据研究区域的实际情况予以事先确定，如流域面积、坡度、汇水区不透水率等，其他一些参数，如汇水区漫流宽度、不透水区曼宁系数、Horton 产流参数等则根据相关文献资料选定。参考模型用户手册和相关研究成果取初值，输入实测降雨和潮位数据进行计算，然后根据计算结果与实地调查情况对比，调整参数重新计算，调整参数至与实地调查情况接近至误差允许范围内。

2）二维模型构建

按前述分析计算步骤构建一、二维耦合模型，绘制研究区边界、道路边界、道路中心线图层、阻碍图层，其中河道部分在一维模型构建时已概化为明渠，所以在河道部分不再创建网格，将河道图层也绘制在阻碍图层。道路内网格类型采用定向网格，分辨率取 8m，采样因子 m 取 3，曼宁系数取 0.015。道路之外的其他研究区域网格类型采用六角形网格，分辨率取 30m，采样因子 m 取 3，曼宁系数取 0.013。最终得到 21 732 个二维网格，面积为 25~1000m²，平均面积为 425m²。鉴于所创建网格均处于非河网地区，所以选取"使用底部孔口"的连接方式进行一、二维耦合。

6.7.3 PCSWMM 模型结果分析

选取 20111005 场次暴雨进行参数率定，结果见表 6-9。根据内涝实际调研情况，该场次暴雨造成的积水最为严重，提取模型计算淹没点结果，将其与该场次暴雨实地调查涝点分布比较，由表 6-9 可知，实测调研淹没水深和模拟淹没水深总体误差较小，模拟得到的积水结果较为准确地反映了实际内涝状况。分别采用 20081013 场次和 20101005 场次降雨对所构建的雨洪模型进行验证，计算结果也见表 6-9，但由于 2008 年暴雨没有实际调研淹没资料，所以表 6-9 中该场次暴雨只有模拟结果。由表 6-9 可以看出，3 场实测暴雨条件下，易涝点遭受不同程度淹没，不同场次暴雨造成积水路段有所不同，其中积水最为严重的地方均发生在海甸五西路，这与实际情况相同。

表 6-9　实测暴雨下各涝点淹没深度　　　　　　　　（单位：m）

涝点位置	20081013 场次暴雨	20101005 场次暴雨			20111005 场次暴雨		
	模拟值	调研值	模拟值	误差	调研值	模拟值	误差
海甸五西路	0.59	0.40	0.39	−0.01	0.50	0.51	0.01
人民大道	0.43	0.20	0.16	−0.04	0.50	0.47	−0.03
海达路	0.38	0.20	0.10	−0.10	0.50	0.46	−0.04
和平大道	0.30	0.00	0.05	0.05	0.50	0.38	−0.12
海甸二东路	0.38	0.30	0.38	0.08	0.50	0.41	−0.09
海甸三西路	0.32	0.00	0.25	0.25	0.40	0.41	0.01

6.7.4 排水系统能力评估

利用所构建的 PCSWMM 模型评估海甸岛现状排水管网的排水能力，统计各种降雨条件下一维检查井和一维管道超载情况。海口市属滨海城市，排水易受潮位顶托影响，所以需考虑潮位对排水的作用，为考虑其不利情况，采用同频率设计潮位进行计算。

利用 PCSWMM 模型得到实测及设计暴雨条件下一维检查井溢流和一维管道超载情况结果（表6-10）。由表6-10可知，针对设计暴雨，随着设计重现期及组合潮位的增大，溢流检查井数量逐渐升高，超载管道长度逐渐增加，且可以得出海甸岛 84.8%的排水管网排水能力低于 1 年一遇。对于实测降雨而言，20101005 场次和 20111005 场次降雨的降雨历时和潮位均比较接近，20081013 场次降雨的降雨历时、降水量及潮位均比 20101005 场次降雨高，但降水量及降雨强度低于 20111005 场次降雨，由表6-10可知，20081013 场次降雨的溢流检查井数量和满载管道总长度比 20101005 场次大，但比 20111005 场次降雨小。总体来说，降雨强度越大、潮位越高、历时越长，溢流检查井数量及满载管道总长度越大。

表 6-10　实测及设计暴雨条件下一维检查井溢流和一维管道超载情况统计表

降雨场次/设计暴雨重现期	降水量/mm	最大降雨强度/(mm/h)	平均降雨强度/(mm/h)	降雨历时/h	溢流检查井数量/个	溢流检查井比例/%	满载管道总长度/km	满载管道比例/%
20081013	280.4	37.4	12.19	23	967	36.2	73.6	84.6
20101005	220.7	34.5	14.71	15	647	24.2	66.6	76.6
20111005	427.8	88.1	26.73	16	1080	40.4	80.9	93.0
$P=1$	96.4	177.0	48.21	2	839	31.4	73.8	84.8
$P=2$	103.9	190.6	51.925	2	936	35.0	74.5	85.6
$P=5$	113.7	208.7	56.84	2	1068	39.9	75.2	86.4
$P=10$	121.1	222.3	60.555	2	1156	43.2	75.5	86.8
$P=20$	128.6	235.9	64.275	2	1220	45.6	75.9	87.2

6.7.5　内涝风险评估

以海口市雨量站 1970~2012 年 43 年实测暴雨序列为基础资料，用皮尔逊Ⅲ型曲线法求得海口 24 小时不同重现期（5 年、10 年、20 年、50 年）的设计暴雨量值。选取 1996 年 9 月 19 日 17:00 至 9 月 20 日 17:00 的 24 小时暴雨过程为 24 小时典型暴雨过程（雨型），该场暴雨雨量大（398.7mm），峰值也大（77.3mm/h），且雨峰出现在暴雨过程后期，其形成的洪水主峰较大且靠后，对排水防涝安全较为不利。依据典型暴雨过程，以设计暴雨量值为控制，采取同频率放大法推求 24 小时雨量时程分配。分别以 5 年一遇、10 年一遇、20 年一遇、50 年一遇 24 小时设计降雨组合同频率潮位进行动态模拟，对海甸岛进行内涝风险评估。

评估标准采用国外常用的洪水风险评价标准，主要考虑洪水淹没深度和流速来进行风险程度评估，具体公式如下：

$$R = d \times (v+n) + f \tag{6-24}$$

式中，R 为风险等级；d 为积水深度，m；v 为流速，m/s；n 为常数，取 0.5；f 为危害系数。当积水深度为 0~0.25m 时，f 取 0；当积水深度为 0.25~0.75m 时，草地/耕地、森林、城市的 f 值分别取 0、0.5、1；当 $d>0.75$m 或 $v>2$m/s 时，草地/耕地、森林、城市

的 f 值分别取 0.5、1、1。根据计算出的内涝风险指数，风险等级划分如下：$R<0.75$，风险极低；R 值在 0.75～1.25，风险低；R 值在 1.25～1.5，风险中等；$R>1.5$，风险高。根据评估结果，分别列出不同重现期降雨情景下不同风险等级的面积（表 6-11）。

表 6-11　内涝风险评估结果

降雨场次/设计重现期	总降水量/mm	降雨历时/h	风险极低/hm²	风险低/hm²	风险中等/hm²	风险高/hm²
20081013	280.4	23	828.8	42.2	35.1	18.7
20101005	220.7	15	899.6	11.6	9.9	3.7
20111005	427.8	16	852.9	32.3	29.8	9.8
$P=5$	234.04	24	693.9	153.2	56	21.7
$P=10$	282.32	24	693.9	127.3	74.1	29.5
$P=20$	326.82	24	693.9	103.9	87.5	39.5
$P=50$	382.1	24	691.4	73.2	102.6	57.6

由表 6-11 可知，针对设计暴雨，随着降雨强度的增加，风险极低的面积几乎不变，风险低的面积逐渐减小，风险中等和风险高的面积逐渐增大。针对实测暴雨，20081013 场次降雨历时较长，潮位较高，风险低、风险中等及风险高的面积均比其余两场大，20111005 场次降雨强度远大于 20101005 场次降雨，风险低、风险中等及高风险的面积均大于 20101005 场次降雨。由此可以得出，针对滨海城市，降雨历时越长，潮位越高，降雨强度越大，内涝越严重。

6.8　小　　结

本章主要介绍了 SWMM 模型的基本原理及其算法，提出了 SWMM 模型建模过程中使用到的排水管网数据处理和下垫面数据处理方法，阐述了 SWMM 模型与 ArcGIS 集成的优势和方式，提出了暴雨积水计算方法，以实现地表积水计算。构建了海口市 SWMM 排水管网水力模型，分别采用实测暴雨和设计暴雨对模型进行验证，并分析节点溢流、管道超载、出口流量等结果。其主要研究成果如下。

（1）SWMM 模型是一个动态的降雨径流模拟模型，深入研究 SWMM 地表产流与汇流计算方法、管道流量传输计算方法和地表积水模拟方法后得出，该模型具有较好的一维排水管网水力模拟结果，可以为后续暴雨积水计算模块开发的可行性提供保证。

（2）利用 ArcGIS 强大的空间分析功能对排水管网进行拓扑检查，使用 GIS 相关工具和 SQL 语句对存在的问题进行处理，在 ArcGIS 操作平台上构建研究区域 DEM，结合 ENVI 软件提取和计算子汇水区主要参数，将处理好的建模必备要素整合到地理空间数据库中进行管理。

（3）论述了 SWMM 模型和 GIS 在管网模型建立、管网模型数据库更新及模拟结果统计及可视化方面的集成优势，研究 SWMM 模型嵌入方法，使系统能生成 *.inp 文件并脱离 SWMM 操作环境下运行、调用结果，结合 ArcGIS Engine 组件开发功能，确定系统框架、组件调用和主要功能，提出暴雨积水计算核心算法，并将其嵌入到系统中，以实现地表积水计算。

（4）基于 SWMM 模型构建了海口市主城区排水管网水力模型，分别采用 3 场实测暴雨和 5 种不同重现期设计暴雨进行模拟，通过分析节点溢流、管道超载、出口流量、积水水深和积水范围等，发现模拟结果与实际内涝发生情况较为相符，说明本模型具有较好的精度和可靠性。

（5）阐述了 PCSWMM 模型的基本原理及计算步骤，构建了基于 PCSWMM 模型的海甸岛城市雨洪模型，采用 3 场次实测暴雨内涝淹没资料对模型进行验证，结果表明，所构建模型具有良好的精度和可靠性。以 1 年、2 年、5 年、10 年和 20 年 5 种设计重现期降雨组合同频率设计潮位进行模拟计算，对海甸岛现状排水能力进行评估，结果表明，海甸岛 84.8%的管网排水能力低于 1 年一遇。以 5 年、10 年、20 年、50 年降雨组合对应潮位对海甸岛进行内涝风险评估，得到了海甸岛 4 种不同重现期暴雨的内涝风险等级划分状况。

第7章　海南岛城市暴雨内涝解决措施

城市洪涝灾害减灾建设要采取工程措施与非工程措施、生态环境保护措施相结合，防灾与减灾并举，抗洪与避洪相结合，建设与管理并重，通过综合措施，把洪水风险和洪水灾害损失降到最低程度。

坚持全面规划、统筹兼顾、标本兼治、综合治理的原则，科学制定并严格实施规划，妥善处理上下游、干支流、左右岸、城乡间、区域间，以及防洪与排涝、局部与全局、近期与远期、一般与重点等各种关系，采取综合措施，标本兼治、综合治理，全面发挥防洪（潮）和排涝工程体系的综合作用，保障重点地区的防洪（潮）和排涝安全，把洪（潮）、涝灾害造成的整体损失降低到最低程度，保障人民生命和财产安全。以海口市为研究重点，着重介绍工程措施和非工程措施。

7.1　工　程　措　施

7.1.1　重视地下排水管网建设

有针对性地对地下排水管网进行改造，将道路下的雨、污水管道进行分离，对已有的主干管将污水支管和雨水支管进行分开收集，新城区注重城市规划，将雨污水分离做到社区内部和建筑内部，以达到彻底雨污分流的目的。

海口市城市（绕城高速以北市域）包括主城区、长流地区、江东地区三大块，其中江东地区、长流地区以自然区域为主，基本满足现状排水要求，但不满足发展规划要求，基于最新的排水防涝要求，城区排水管网以 50 年一遇的内涝防治标准下积水时间不超过 1h、积水深度不超过 10cm 为原则进行规划设计，结果如下。

（1）长流地区：基于《海口市金沙湾片区、西海岸新区南片区及长秀片区〔B〕区水系（防洪排涝）专项规划》，布设长流南片区系统排水管网，整合现有河道新建排水河网，在规划主干道铺设管网，形成排水系统。其中 3、7、24、27、32、33、34、35 片区径流通过布设管网排入五源河流域，剩余 29 个片区通过布设管网排入荣山河流域。基于《海口市金沙湾片区控制性详细规划》《海口市粤海片区控制性详细规划》《海口长流起步区控制性详细规划》，在滨海大道、长滨一路等规划主干路布设管网，形成排水系统。区域管渠的设计重现期为 2～5 年。

（2）江东地区：基于《海南桂林洋高校新区控制性详细规划》《海口市江东组团片区控制性详细规划》布设排水管网，整合现有河道新建排水河网，形成排水系统。江东水域区在琼山大道布设管网，雨水径流经管网部分入海，部分排入迈雅河；江东行政居住区的雨水部分排入南渡江，部分排入迈雅河；桂林洋旅游度假区在林海二路、林海三路、林海一横路、林海六横路等规划路布设管网，雨水经管网直排入海；桂林洋工业区在规划主干道路布设管网，雨水经管网排入芙蓉河；桂林洋高校新区在校际一号路、校际二号路、校际三号路等布设管网，雨水经管网排入附近排水沟。区域管渠的设计重现期为2~5年。

（3）主城区：以美舍河为界，在现有管网布设的基础上改变水流方向并增加管径，将美舍河右岸的雨水通过椰海大道、凤翔东路、滨海大道、河口路、上丹路、国兴大道、文明东路、海府一横路等主干管网引入南渡江，归为南渡江系统。原南渡江系统维持不变。区域管渠的设计重现期为5~10年。

在响水河系统基础上，根据《海口市滨江新城南区控制性详细规划》中雨水工程规划，增加滨江新城南片区，通过椰海大道、新大洲大道、滨江路、规划路主干管网将水流引入响水河、龙塘水。现有响水河系统维持不变。区域管渠的设计重现期为2~5年。

现状永万东路系统雨水经永万东路、南海大道排入秀英沟、工业水库。因工业水库存在桥涵阻水，同时为缓解秀英沟排涝压力，规划在原有管网布设的基础上改变水流方向并增加管径，将此区域雨水通过南海大道、海盛路管网等汇入永万东路主干管网，直排入海。区域管渠的设计重现期为2~5年。

现状新埠岛系统管网覆盖率低，设计标准不满足规划需求。根据《海口新埠岛控制性详细规划》中雨水工程规划，现在新埠大道、福海大道、西苑路、规划路主干道路铺设管网，将雨水引入内、外横沟河。区域管渠的设计重现期为2~5年。

灵山镇系统现状管网覆盖率较低，设计标准不满足规划需求。根据《海口市灵山西片区控制性详细规划》中雨水工程规划，现在海榆大道、规划路等主干道路铺设管网，将雨水引入南渡江。区域管渠的设计重现期为2~5年。

滨海西路系统、五源河系统、金盘工业区系统、滨海系统、板桥溪系统等，根据现状管网过流能力及规划需求，在维持原主干管网的基础上扩建管网。区域管渠的设计重现期为2~5年。

7.1.2　设置强排泵站

排水管网排入的水体主要有秀英沟、电力沟、五西路明渠、鸭尾溪、白沙河、海甸溪、南渡江、美舍河、龙昆沟和大同沟等，经校核雨水排出口高程与潮水位，龙昆沟南大立交桥段、大同沟椰子岛段沿线管网排出口高程低于水体高程，易受潮位顶托。所以布设雨水提升泵站，保证流量能顺利排入水体。雨水提升泵站布设方式见表7-1。

表 7-1　海口市雨水泵站

泵站名称	泵站位置	设计流量/(m³/s)	设计重现期/年	汇水区面积/km²
龙昆沟雨水提升泵站	龙昆沟南大立交桥西岸	14.45	10	0.21
大同沟雨水提升泵站	大同沟椰子岛南岸	20.35	10	0.14

雨水提升泵站的布设位置主要选在街头绿地、公园及市政建设用地，新建雨水提水泵站建设用地主要采用片区控制性详细规划中街头绿地及市政建设用地，建设用地规模和布局与相关规划成果相衔接且保持一致，能保证建设用地落实，规划具有可行性。

南渡江沿线滨江西路地势较低，当南渡江水位较高时，易引发外江水位顶托，导致排水不畅，现南渡江滨江西路沿线流水坡、山内村、国兴有 3 座排涝泵站在建，这 3 座泵站可在南渡江水位较高时辅助滨江西路及其周边区域进行排涝，3 座排涝泵站的服务范围及设计流量见表 7-2。

表 7-2　海口市滨江西路三座排涝泵站基本信息

泵站名称	泵站位置	泵站性质（雨水泵站或雨污合流泵站）	服务范围/km²	设计重现期/年	设计流量/（m³/s）
国兴泵站	国兴大道北侧	雨水泵站	0.97	2	9.40
流水坡泵站	流水坡村东侧	雨水泵站	1.54	2	10.80
山内村泵站	山内村东侧	雨水泵站	0.41	2	6.70

7.1.3　合理提高城市雨水系统设计标准

沿用至今的城市排水防涝标准所依赖的统计基础是 20 世纪的资料，其很少反映近期的水文气象变化，与目前状况不相适应。国外的大型城市排水标准普遍比国内高，而且更加注重城市短历时暴雨。例如，纽约是"10~15 年一遇"，东京是"5~10 年一遇"，在东京，用于排水的地下河深达 60m。根据海南岛城市实际的防洪标准及经济社会发展情况，河涌、排水管道的建设应合理提高设计标准，城市排水系统一方面考虑防洪要求；另一方面考虑排涝需要。以海口市为例，目前该市城区的防洪标准是按照 100 年一遇的水平建设的，而雨水、污水排放管道一般只是根据汇水面积、暴雨强度及多年的气象条件计算出管径大小，这样不匹配，需要配套。因此，在研究城市雨水系统设计标准前，首先，应提出城市化可能带来的雨水增量并寻找相应的解决方案，从规划上有效减小内涝的可能性，就地消化雨洪；其次，应该着手研究并编制市区内涝规划，合理提升城市排涝标准，避免各街道自行建设而导致一系列的不协调问题。

海口市城区现有排水管道达到 1 年一遇标准的排水管网占总数的 65%，达到 2 年一遇标准的排水管网仅占总数的 5%，应根据雨量、人口、经济发展等，增大雨水管渠设计重现期，特别是一些重要干道、重要地区及排水终端等，要提高排涝设计标准，完善城市排涝体系。

7.1.4　海绵城市与低影响开发建设

根据海绵城市和低影响开发建设要求，径流量控制措施主要包括下凹式绿地、植草沟、人工湿地、渗透性路面、透水性停车场和广场、绿化屋顶等，结合海南岛实际情况，下凹式绿地、渗透性地面、透水性停车场和广场、绿化屋顶、蓄水池等措施可用来进行径流控制，其中，绿化屋顶作为建议性措施。

下凹式绿地具有很好的渗透性，是一种具有渗蓄雨水、削减洪峰流量、减轻地表径流污染等优点的生态排水设施。降雨后的雨水径流流入下凹式绿地，经绿地蓄渗后，多余的雨水径流才流走，其对于增加土壤水分入渗量和地下水资源、净化水环境具有十分重要的作用。

透水性地面可增大地面透水性和透气性，使雨水及时渗入地下土壤，削减洪峰，减少水土流失，涵养当地水源，改善区域生态环境，起到收集雨水的作用。透水砖从材质和生产工艺上包括陶瓷透水砖、非陶瓷透水砖两大类，非陶瓷透水砖又包括水泥型透水砖、树脂型透水砖两类，采用中间带孔的陶土砖和实心的水泥型透水砖。空心砖铺装路面主要用于建设透水性停车场，实心砖铺装路面主要用于建设可渗透路面、透水性广场。

绿化屋顶措施可调节峰值流量，其效果较显著，还可降低夏季楼顶温度，绿化屋顶所用植被为百喜草，百喜草对土壤要求低，即使在较干旱、肥力较低的沙质土壤中，百喜草仍有很强的生长力。其基生叶片多，匍匐茎较发达，而且耐践踏，覆盖率高，养护管理方便，是南方道路护坡、绿化植物和水土保持主要的植被之一。绿化屋顶的实施对象主要是居住小区、商业区屋顶，针对海口市实际情况，绿化屋顶在旧城区改造中仅作为推荐措施，不作硬性规定，而在新建区规划可作为一项硬性实施措施。

20世纪90年代，植草沟在城市雨水径流控制中被广泛运用，植草沟的适用范围广泛，包括居民区、公园、商业区、湖滨带，以及城市道路两侧、地块的边界区域、不透水铺装地面周边。居住小区中汇流面小、水质好，可设置宽度较小的植草沟。对于径流量较大、水质较差的街道、城市道路、商业区等，可设置生物滞留型植草沟、湿式植草沟、街道植草沟等。其中，生物滞留型植草沟通常适用于处理从屋顶、道路和停车场汇集的径流，非常适合在密集的城区使用，大于设计径流量的部分溢流排放。

海口市暴雨径流会在短时间内产生大量的洪涝水，尤其是在城市化程度高的主城区，由于其排水系统能力所限，难以及时排泄，易造成较大的洪涝灾害。因此，因势利导地将公园、下凹式绿地、下凹式广场等作为临时调蓄设施调蓄雨水径流现实而且必要，也可在适宜的地方修建相关水库、湖泊、湿地，作为专用调蓄设施。经分析论证，可利用的临时雨水调蓄设施及专用雨水调蓄设施见表7-3。

表7-3　雨水调蓄设施信息表

编号	名称	位置	占地面积/hm²	设施规模/容量	服务范围	作用
1	滨江带状公园	滨江西路东侧	193.00	—	公园区域	临时调蓄设施
	万绿园	滨海填海区东部滨海大道中段	72.49	—	公园区域	临时调蓄设施
	白沙门公园	海甸六东路北侧	54.30	—	公园区域	临时调蓄设施
	滨海公园	滨海大道泰华路口西南，龙昆路口西北	22.00	—	公园区域	依傍琼州海峡，公园内的人工湖已被填埋
	世纪公园	世纪大桥下方	37.53	—	公园区域	世纪公园临滨海公园，北靠琼州海峡，主要用来防震减灾
2	下凹式绿地	—	128.10	—		临时调蓄设施
3	植草沟	道路中间绿化带	90.31	—	所在道路	雨水专用调蓄设施

编号	名称	位置	占地面积/hm²	设施规模/容量	服务范围	作用
4	清漪湖	五源河	31.60	86.6 万 m³	长流南片区系统	雨水专用调蓄设施
	琼华湖	琼华村内	56.60	128.3 万 m³		雨水专用调蓄设施
	红城湖	红城湖路北侧，龙昆南路东面	40.00	约 100 万 m³	D10、D11、D14	雨水专用调蓄设施
	东西湖	东湖路以南，博爱南路以西	8.56	约 21.4 万 m³	D3	雨水专用调蓄设施
5	白水塘湿地公园	东线高速公路与绕城公路交会处	500.00	—	美舍河流域	雨水专用调蓄设施
6	金牛岭水库	海口市金牛岭公园	22.58	25.3 万 m³	L2、L5、L7、L8、L9、10、L14、M3	雨水专用调蓄设施
	工业水库	海口市秀英区秀英大道与南海大道交口往西700m	5.00	125 万 m³	P3、P5	雨水专用调蓄设施

7.1.5　城市内河水系整治措施

1. 河道和涵洞清淤

海口市中心城区重要的排洪渠道河道，如道客沟、龙昆沟、大同沟、美舍河、五西路明渠、鸭尾溪等，以及城市湖泊，如东西湖等均有严重的河道淤积现象，对于规划整治的城市河道也需注意河道淤积问题。各地应全面实施清淤疏浚，抓紧启动实施中心城区水系重点清淤工程，扩大淤泥外运范围，进一步规范淤泥处置管理，建立健全长效机制，提高城市河道的行洪排涝能力。

2. 河道保洁

通过实地调研和以往历史洪涝信息统计，荣山河水系、秀英沟、五源河、沙坡水库、江东城区水系均有不同程度的水草和垃圾堵塞现象，要结合本地实际，集中时间、集中力量，全面清理河面水草、漂浮物及废弃箔桩等河道障碍物，全面清理河道沿岸垃圾杂物和乱搭乱建、乱堆乱放，进一步促进河道常态化保洁，巩固完善管理长效机制。

3. 河道滩地违章建筑、违法占地清除

近年来，河道滩地违章建筑、违法占地等已构成河道行洪的主要障碍，这些都严重影响河道洪水下泄，威胁堤防安全。海口市水系存在桥涵阻水、违法占地、违章建筑导致过水面积变小的问题，各地区水务部门应参照河道蓝线，对各类拦河筑坝和违法填河开展集中整治，清除设障，保障河道畅通。对新建涉水建筑，应进行严格的防洪风险评价，保证不影响河道的行洪排涝能力。

4. 水位调度方案

海口市各地区水系包括城市河道、水库、湖泊等，在汛期需保持低水位状态，迎接可能的洪涝灾害，景观水系应兼顾城市的排水防涝任务，提高防洪排涝能力。

5. 城市内河水系综合治理工程

城市内河水系综合治理工程包括相关排涝内河的河道堤防护岸工程建设、疏浚、清淤、泵站布设等，城区河道和荣山河设计防洪标准为 50 年一遇，其他河道设计防洪标准为 20 年一遇。

1）电力沟整治工程

电力沟位于秀英港东侧，滨海大道以北，长约 1200m，水面宽 30m，又称 30m 排洪沟，现已基本完成整治，河道为竖直浆砌石断面，水系功能为防洪排涝，电力沟对于秀英港和丘海大道地区排水防涝具有重要作用。电力沟现状排涝能力较高，已达 20 年一遇，因此电力沟整治主要是在维持河道现状的基础上，通过调整排水分区来满足规划设计防涝标准。

2）大同沟、大同分洪沟整治工程

大同沟位于东西湖以西、龙昆沟以东，通过中航大厦闸门与龙昆沟相连，大同沟已基本完成整治，为竖直浆砌石断面。大同分洪沟为一条暗渠，在椰子岛处通过八灶闸门与大同沟相连，经海景湾花园于九孔涵西侧入海。大同沟和大同分洪沟水系功能为防洪排涝，流域两岸地势较低，受洪、潮联合作用，暴雨季节若遇高潮位顶托，极易造成地面严重积水受淹。目前，大同沟和大同分洪沟已完成河道整治工程，现状问题主要包括过洪能力不足，水系行洪排涝能力易受潮位顶托影响，大同分洪沟暗涵易产生堵水。根据《海口市蓝线规划》规定，大同沟蓝线划定为自河道临水侧直墙上口线外延不小于 5~20m，部分河段河道蓝线取道路红线。大同沟和大同分洪沟水系现状仅能满足 5 年一遇防涝标准，规划排涝标准为 50 年一遇，考虑大同沟和大同沟河道改造难度较大，暂时不进行河道地形调整，而是通过调整排水分区，减少入河流量。

大同沟和大同分洪沟行洪排涝能力易受潮位顶托影响，考虑遭遇设计频率降雨和设计频率潮位的极端组合情况下，为了应对潮位顶托对大同沟和大同分洪沟水系行洪排涝能力的影响，在大同分洪沟暗涵入海口设置排涝泵站，泵站规模为 14.45m³/s，根据实地踏勘情况，泵站拟定建在龙昆沟和滨海立交桥东侧市政公用设施用地。在外海潮位较低时，打开挡潮闸，采用河道排水；在外海潮位较高时，关闭挡潮闸，启动泵站进行抽排。暴雨初期应启动泵站排水预降水位，以便充分利用大同沟和大同分洪沟的调蓄能力。

3）道客沟、龙昆沟整治工程

道客沟和龙昆沟是海口市中部地区的一条排洪河道，道客沟上游有红城湖，下游在国兴大道处汇入龙昆沟，龙昆沟经南大桥、中航大厦，最终经九孔涵入海。龙昆沟有支流西崩潭，西崩潭沟起金牛岭水库，下游于南大桥处汇入龙昆沟。道客沟、龙昆沟和西崩潭水系功能为防洪排涝，龙昆沟下游地区易受潮位顶托影响。目前，道客沟、龙昆沟已完成过多次河道整治，多处河段为暗涵。根据《海口市蓝线规划》规定，道客沟、龙昆沟的蓝线划定为自河道临水侧直墙上口线外延不小于 5~20m，部分河段河道蓝线取道路红线。

目前，道客沟和龙昆沟已完成河道整治工程，现状问题主要包括现状过洪能力不足，桥涵堵水。龙昆沟和道客沟规划排涝标准为 50 年一遇,现状排水能力暂不满足 5 年一遇,考虑到河道改造难度较大和城市美观因素，暂不调整河道地形，而是通过调整排水分区，改变入河流量，并利用金牛岭水库进行调蓄。

4）海甸岛水系整治工程

海甸岛城市河道包括五西路明渠、鸭尾溪和白沙河，五西路明渠东起人民大道涵洞，与鸭尾溪和白沙河相连，西沿海甸五西路转南入海甸溪，鸭尾溪和白沙河位于海甸岛东部，在福安路处汇合后经环岛路入横沟河。海甸岛地势较低，尤其是在海甸五西路、人民大道处，常出现海水倒灌积水，常受洪、潮联合影响，造成地面严重积水受淹。海甸岛水系功能为防洪排涝，对于解决海甸岛的积涝问题具有重要作用。根据《海口市蓝线规划》规定，海甸岛水系的蓝线划定为自河道临水侧直墙上口线外延不小于 5~20m，部分河段河道蓝线取道路红线。

目前，海甸岛水系已完成河道整治工程，现状问题主要包括鸭尾溪和白沙河过洪能力不足，河道上桥涵易产生堵水。海甸岛水系规划排涝标准为 50 年一遇，五西路明渠能满足 50 年一遇防涝标准，但鸭尾溪和白沙河现状仅能满足 5 年一遇防涝标准。对五西路明渠和鸭尾溪上的桥涵进行改造的具体位置分别位于五西路明渠和人民大道交口处、鸭尾溪与福安路、海彤路和海甸四西路交口，共计 4 座桥涵，规划改造桥墩，扩大以上 4 处桥涵的过水面积，保证改造后的桥涵不发生堵水和雍水。考虑到河道改造难度较大和城市美观因素，除以上 4 处桥涵需进行整治外，海甸岛水系暂不进行大规模的河道堤岸工程调整。

海甸岛水系行洪排涝能力易受潮位顶托影响，在遭遇设计频率降雨和设计频率潮位的极端组合的情况下，为了应对潮位顶托对海甸岛水系行洪排涝能力的影响，在五西路明渠入海甸溪口和鸭尾溪入横沟河口分别设置排涝泵站。当外海潮位较低时，开启挡潮闸进行河道直排；当外海潮位较高时，关闭挡潮闸，采用泵站进行抽排。暴雨初期应启动泵站排水预降水位，以便充分利用水系的调蓄能力。

5）美舍河整治工程

美舍河为海口市一条重要的防洪排涝和景观河流，发源于秀英区与琼山区交界处的羊山地区，自西向东北流经琼山区府城镇，在南渡江出海处汇入南渡江支流海甸溪，被称为府城地区的母亲河。美舍河上游有沙坡水库，为中型水库，对美舍下游具有防洪和生态环境补水的功能。美舍河流域水系的功能是防洪排涝和旅游休闲相结合，目前河道整治工作已基本完善，美舍河的整治工作被列为海口市水环境整治的重点。根据《海口市蓝线规划》规定，美舍河的蓝线划定为自河道临水侧直墙上口线外延不小于 5~20m，部分河段河道蓝线取道路红线。

美舍河现状水系能满足 20 年一遇防涝标准，规划排涝标准为 50 年一遇，考虑到现状河道水景观整治较为完善，且河道改造难度较大，暂时不进行河道地形调整，整治工程采用"滞+分"的整治方案，美舍河源头利用沙坡水库的库容进行滞洪，将出库流量的峰值与城区产流错开，暴雨初期应启动泵站排水预降水位，以便充分利用美舍河水系的调蓄能力。

6）秀英沟整治工程

秀英沟位于秀英大道西侧，分主流和西支流，主流上游为工业水库及其溢洪道，下游经海盛路、二十七小和海军 11 中队，经秀英港西侧入海。西支流西支沟从向荣村向北沿现状沟下泄，在海盛路处汇入主流。秀英沟水系功能为防洪排涝，局部河段为暗渠，目前秀英沟受海口市城建影响较大，多处河段束窄。秀英沟现状上游和下游河段低于 5 年一遇排涝标准，中游达到 50 年一遇排涝标准，规划排涝标准为 50 年一遇。上游工业水库库容较小，溢洪道处由于修建高架桥，导致过水面积变小，易发生堵水，因此可调整管网排水出口，使工业水库入库流量和下游溢洪道流量降低至 7.94m³/s，在此基础之上，对秀英沟河道确定整治方案。根据《海口市蓝线规划》规定，秀英沟的蓝线划定为自河道临水侧直墙上口线 5m。

以工业水库溢洪道下游高架桥处南海大道高架桥为起始断面，对秀英沟主流及其西支流河道进行河道整治，规划河道为浆砌石竖直断面，两边至规划河顶口宽为 5～16m。

7）响水河、龙塘水整治工程

响水河上游为羊山水库地区，中游经一较大洼地，与龙塘水在府城镇永昌村附近汇合，两沟汇合口以下河道长 376m，通过个钱渡桥水闸排入南渡江，水系功能为防洪排涝、农田灌溉。在响水河中上游规划建设海口白水塘省级湿地公园，计划保护面积约为 5km²，该湿地公园位于东线高速公路与绕城高速公路交界处，主要是保护羊山地区原生态湿地及生物多样性资源，并适度发展生态旅游。根据《海口市蓝线规划》规定，响水河、龙塘水的蓝线划定为河道中上游蓝线按河道上口线外延 20m 左右，河道下游南渡江汇合段蓝线按河道上口线外延 50m 左右。

现状响水河在龙塘水汇流口以上规划流量为 445.7m³/s，在龙塘水汇流口以下为 661.8m³/s。响水河及龙塘水现状不能达到 5 年一遇防涝标准，规划排涝标准为 20 年一遇。响水河的南渡江防洪堤以上 2km 河段和龙塘水汇响水河以上 1.17km 河段，响水河口个钱渡桥水闸与南渡江左岸防洪堤相连，规划河道为浆砌石梯形断面，边坡为 1∶1.5，采用土质堤身，草皮生态护坡。根据响水河上游白水塘湿地的调蓄作用大小，提出两种"蓄+排"的综合整治方案。

8）荣山河水系整治工程

荣山河水系位于长流片区，包括荣山河大排涝沟、那甲河、那卜河、大潭河。大排涝沟发源于海口市秀英区石山镇马鞍岭，流经海口市长流镇、荣山镇和澄迈县老城镇，于澄迈县东水港入海。大排涝沟支流包括那甲河、那卜河、大潭河，那卜河上游建有那卜水库，为小（一）型水库，库容较小，调蓄能力较差。荣山河大排涝沟水系功能为防洪排涝和旅游休闲，支流那甲河、那卜河、大潭河为防洪排涝，目前除荣山河水系大排涝沟已有整治外，其他河道均以自然形态为主，有待于进行水系整治。根据《海口市蓝线规划》规定，荣山河水系的蓝线划定为在《海口市金沙湾片区、西海岸新区南片区及长秀片区（B）区水系（防洪排涝）专项规划》成果的基础上外延 25m。

荣山河水系功能定位为防洪排涝和休闲旅游相结合，荣山河大排涝沟规划排洪标准为 50 年一遇，其他支流及规划河道的设计排涝标准为 20 年一遇，现状大排涝沟中游达到 20 年一遇，上游和下游低于 5 年一遇，支流那甲河、那卜河、大潭河基本不能达到 5 年一遇洪水标准，需采取水系整治措施。

本河段整治的主要内容为对荣山河水系进行原址河道改造及景观河和排涝河的新建。

9）五源河整治工程

五源河位于海口市西部，源于海口市秀英区永兴镇东城村，流经海口市海秀乡、长流镇、新海林场，自南向北流入琼州海峡，现状基本处于天然状态，未加整治。五源河干流上有永庄水库，为中型水库，是海口市中西部主城区重要的饮水水源。在五源河中游和下游规划湖泊清濒湖和琼华湖，清濒湖规划湖面面积为 31.6 万 m^2，设计湖面常水位为 8m，平均水深为 2m，蓄水量为 86.6 万 m^3。琼华湖位于清濒湖上游 3.1km 处，规划湖面面积为 56.6 万 m^2，设计湖面常水位为 16.0m，平均水深为 2m，蓄水量为 128.3 万 m^3。五源河水系功能为防洪排涝和旅游休闲相结合，目前五源河以自然状态为主，局部地区已有护岸工程，但其过流能力仍然不足，不能满足现状行洪要求。根据《海口市蓝线规划》规定，五源河蓝线分河段划定，为河道和新建清濒湖、琼华湖等人工湖堤防外坡脚线外延 25m。

10）潭览河、迈雅河、道孟河整治工程

潭览河、迈雅河、道孟河位于江东片区，地处南渡江主流的出海口东部，地势低洼平坦，常受海水顶托、河流洪水威胁。潭览河、迈雅河、道孟河河道弯曲，河宽差异大；河流间大大小小的河汊使河流形成密布的河网结构，但河道水流流动性较差。潭览河、迈雅河、道孟河水系功能为防洪排涝和旅游休闲相结合，目前基本保持自然状态，人为影响较少。根据《海口市蓝线规划》规定，潭览河、迈雅河、道孟河等主干河道的蓝线划定标准为自设计临水控制线外延 40m；局部根据地形条件及沿线土地开发情况，如现状房屋密集分布区域，规划蓝线自设计临水控制线外延可渐变缩窄至 20m，对于部分低洼转角区域将作为河道岸滩湿地，适当增加蓝线范围。

7.2　非工程措施

7.2.1　加强城市排水设施管理

目前，海口市暂无综合的城市防洪排涝工程的管理部门，应加紧成立由海口市政府牵头，市水务局、市政局等部门联合协作的海口市排水防涝工程管理处，加强海口市市区排涝工作的职能和职责，加强对涉及城市防洪排涝规划范围内规划控制、计划编制、项目审批等事宜的刚性管理，做好海口市城区排水防涝工程管理范围内堤防、护岸、泵站、闸门及其配套设施设备的维护和管理，确保已建成的各项排水防涝工程正常运行，负责海口市城区排水防涝工程管理范围内建设项目的审批、建设项目资金的流通和监督管理工作，依据水行政法律法规，对海口市城区防洪排涝工程管理范围内的水事活动进行监察。

　　组织制定各种防洪排涝相关规定，加强涉水管理，明确各行业的防洪排涝职责，严格执行城区防洪排涝规划，尽快制订《海口市城市河道管理办法》和《海口市排涝泵站管理办法》并报政府审批执行，明确管理单位及职责权限，落实管护经费，切实加强管护。城市水系调整要符合防洪规划，并严格按照管理权限审批。城市发展规划、土地利用规划要避开山洪、滑坡、泥石流等地质灾害易发区域，增加涝水调蓄空间，留足渗水地面，努力提高城市防涝能力。加强防洪排涝设施日常维护管理，做好海口市城区排水防涝工程管理范围内堤防、护岸、泵站、闸门及其配套设施设备的维护和管理，确保已建成的各项排水防涝工程正常运行。要认真开展洪水影响评价，消除防洪安全隐患。政府出台关于加强城区房地产开发项目排涝设施建设管理的规范性文件，对不严格按照规划实施排涝设施建设的项目一律不予审批验收。加大涉水事务监督执法力度，水务、规划、国土、公安、住建、城管执法等职能部门要积极开展联合执法，严厉打击侵占河道、破坏防洪排涝设施的行为。

　　贯彻并强化行政责任制，海口市城区排水防涝指挥工作直接由海口市防汛领导小组负责。行政长官任正副组长，其他成员由政府相关部门工作人员组成。提高排水防涝应急决策科学化水平；加强各级防汛办公室的业务能力建设，在紧急时刻发挥好参谋与辅助决策的作用。城市防洪排涝是一个系统工程，要按照水务一体化管理的发展趋势，对城市的防洪、排涝等实行统一规划、统一建设、统一管理，变"多条龙管水"为"一条龙管水"。通过建立并强化统一的城市防汛指挥机构，实现防洪排涝工作统一指挥、统一调度。建立健全基层防汛组织，将防汛组织延伸到街道、社区、重要企事业单位、物业管理单位，落实责任，做到"不漏一处、不存死角"，全面提升海口市防汛组织保障和应急响应能力。遇到大的台风暴雨灾害期间，各级领导要在第一时间赶到现场，坐镇指挥，指挥机构要实行 24 小时值班，要与市三防指挥部联系，要按城区防洪及防台风预案，认真部署，各指挥成员单位要分头行动，各负其责，防洪抢险行动做到要人有人、要车有车、要物有物，达到最佳的防灾、减灾效果。

　　重视各部门之间的协调合作，强化城市防洪的综合管理，要统筹城市交通、市政和防洪排涝建设，加强管理，保障市民交通顺畅。按照分级负责的原则，积极推行防汛责任制，层层签订安全责任书，并将重点防洪工程的责任单位和责任人通过报纸向全社会公布，接受群众监督，逐步建立一种条块结合、协调运作的全市"三防"指挥体系。水务部门加大向上争取的力度，做好河道整治工程建设，并联合相关部门积极开展水事执法行动；市政府要加强城区排涝设施建设，水务和市政管理部门要加强城区排涝设施维护管理，水务和住建部门要加强新建小区排涝设施的监督和验收工作；城管执法部门要搞好城区排水管网日常清淤维护工作。加强有关职能部门的协调配合，形成合力，形成全社会共同参与城市防洪的格局，共同推进城市防洪工程排涝的建设和管理。

　　建立适合于海口市现状的城市防汛抢险物资储备机制，做好物资准备。整合防汛抢险力量，建立防汛机动抢险队伍，同时，充分发挥社会各类抢险队伍作用，形成合力，发生灾情时能迅速投入抢险救灾。加强水灾应急管理的基础培训工作，全面提高应急指挥与管理能力。利用多种平台、采取多种形式，向广大市民、企事业单位、机关、学校等广泛宣传普及城市洪涝灾害和防灾减灾知识，提高公众洪涝灾害意识、自救互助能力和防灾避险主动性。可参考国外城市雨水综合利用管理的先进经验，东京墨田区建立了一套完善的雨水利用补助金制度，对于在区内设置利用雨水储存装置的单位和居民实行补助，在各个种类的补助金下又根据储水装置设置方式、有效容量和材质的不同划分了不同的补助金额标准，同时还针对 3 种补助金分别制定了申办手续，以保证该项制度得以合理且高效实施。纽约动用媒体和市民力量参与到城市排涝中，纽约市环境保护局曾向布鲁克林区、皇后区等地市民免费发放了 1000 多个居民家用的雨水收集储存罐，它不仅可以减少雨水进入下水道，还可以成为居民浇花的水源。

7.2.2　建立精干高效的城市排水管理体制

高效的城市排水管理体制应充分体现"责任权利相统一、建设管理相分离、统筹协调与分级负责相衔接、综合管理与专业管理相补充"的原则。

1）健全管理体制，推进管理重心下移

根据海口市城市发展特点，继续推动管理重心下移，建立"统一领导、各司其职、规范管理、强化基层"的管理格局，形成上下衔接、左右联系的网格化管理体制，形成既有分工、又有综合协调的分层管理模式。加大综合协调力度，建立高层次的协调机构，增强对综合性、突发事件的调控能力，保证城市排水管理系统的正常运行。同时，积极建立排水管理现代化、资料信息化、装备科技化、建设现代化的城市排水管理体系，提高办事效率，降低管理成本，不断提高管理人员的综合素质和业务能力，逐步达到发达国家的城市排水管理水平。建立健全市、区、镇（街）、村（社区）四级排水管理机构，逐步加大对基层的服务和督促力度，对部门设置、管理制度、工作流程、办事程序等方面进行全面规范，通过树立典型，积极推动城管系统各基层单位开展信息化建设。同时开展专题调研，深入学习，为深化城市管理体制改革提供理论基础。

2）引入竞争机制，推进排水管理多元化

适当考虑采用特许经营、适度竞争的方式，积极推进城市排水管理领域的招投标，鼓励社会企业、个人兴建城市排水设施。通过有序竞争，促进城市排水行业的发展和完善，实现建设资金来源多样化、公用服务供给多元化、有限财政资金效益最大化，推动城市排水设施建设管理的健康发展。

7.2.3　完善城市雨洪管理政策法规建设

城市内涝防治和雨洪管理是一项跨部门、跨行业的系统工程，需要通过法律、行政和经济等多种手段对城市暴雨洪水进行统筹规划和管理，建立责权统一、运行有效的城市雨水管理体制，加强城市雨水资源利用，制定城市雨水利用和管理的法律法规和条例，规范相关利益主体的行为，调整相关部门的利益冲突。

目前，国外已出台政策法规，规定新建城市小区或开发区不能使所在区域的洪水总量增加，这就需要在城市建设过程中，采取新的措施，使城市建设过程中因硬底化程度提高而增加的洪水就地消化，实现径流零增长，使城市范围内的水量平衡尽量接近城市化之前的降雨径流状况，减少城市化对城市内涝灾害的影响。因此，建议对此开展调查研究，制订相应的政策法规，在城市建设过程中，推广采用海绵城市建设与低影响开发方法，避免城市新建区发生严重内涝灾害。

　　目前，我国城市内涝防治方面的法律法规几乎空白，在立法方面，可借鉴国外城市内涝防治的立法经验。日本的《下水道法》对下水道的排水能力和各项技术指标都有严格规定，对日本城市防洪起到了重要作用。法国巴黎城市的排水法律体系相对完善，专门制定了《城市防洪法》，对城市内涝预防、规划及政府责任进行了全方位立法。因此，需要在吸收国外先进经验的基础上，制定出适合海口市实际情况的防御城市内涝的法律法规。

　　建设用地雨洪零增量控制是当前发达国家为了防御或减轻城市内涝而在规划期间采取的一种政策，建设用地雨洪零增量控制是指当某一块地被用于城市建设时，城市建设完成后必须保证在发生降雨时产生的雨洪径流总量、峰值较城市建设前不增加，城市建设前的雨洪量计算宜按照非硬底化地面或有较好蓄滞能力的下垫面来考虑。实质是在计划建设用地内利用各种相关措施就地消化因城市建设而额外增加的雨洪量，这样既可以不增加周边地区的内涝压力，也可以减轻已建城区管网改造的工作量。目前，海口市面临经济转型、旧城改造等建设任务，从目前情况来看，首先必须出台建设用地雨洪零增量控制等法律法规。旧城改造项目必须要求改造建设后雨洪增量不仅为零，而应降低至天然流域情况下的雨洪产生量，这样既可以大大减少洪涝灾害的影响，还能有效地对地下水资源进行补给。

7.2.4　完善城市防洪应急预案体系

　　城市防汛指挥部、有防汛任务的行业主管部门、企事业单位应组织编制城市防洪应急预案，完善城市防洪应急预案体系，包括总体预案、专题预案和重点防护对象专项预案；建立防洪应急预案演练与培训制度；适时组织应急演练和预案培训，使有关人员熟练掌握应急预案内容，熟悉应急管理职责、应急处置程序和应急响应措施；采取适当形式开展城市防洪应急预案宣传，普及洪涝灾害预防、避险、自救、互救和应急处置的知识和技能，提高从业人员、群众的安全意识和应急处置能力。

　　城市防汛指挥部组织编制城市总体预案，以应对不同类型洪涝灾害，明确城市概况、组织体系与职责、预防与预警、应急响应、应急保障、后期处置、城市洪涝灾害风险图和避险转移路线图等。其中，城市概况包括自然地理、社会经济、洪涝灾害风险区域划分、洪涝灾害防御体系、重点防护对象等，组织体系与职责包括指挥机构、成员单位职责办事机构等，预防与预警包括预防预警发布、预警级别划分、预防预警行动、主要防御措施等，应急响应包括应急响应的总体要求、应急响应分级与行动、主要响应措施、应急响应的组织工作、应急响应启动与终止等，应急保障包括通信与信息保障、避险与安置保障、抢险与救援保障、治安与医疗保障、物资与资金保障、社会动员保障、宣传、培训和演练等，后期处置包括灾后救援、抢险物资补充、水毁工程修复、灾后重建、保险与补偿、调查与总结等。

　　城市相关行业主管部门针对可能遭遇的江河洪水灾害、内涝灾害、台风灾害和洪涝灾害交通管理，负责编制城市防洪专题应急预案，包括城市江河洪水防御专题预案、排水除涝专题预案、台风灾害防御专题预案、洪涝灾害交通管理专题预案等。

　　城市重点防护对象管理单位针对城市重点防护对象在应对防洪排涝、抢险应急等时制定专项预案，重点防护对象包括学校、医院、养老院、商业中心、机场、火车站、长途汽车站、旅游休闲场所等重点部门，对城市防洪排涝影响较大的水库、电站、拦河坝等工程，地下交通、地下商场、人防工程以及供水、供电、供气、供热等设备，重要有毒有害污染物、易燃易爆物生产或仓储地，城市易积水交通干道、在建项目驻地、简易危旧房屋及居民区，以及其他重要工程。

7.2.5　推进城市暴雨内涝预警预报系统建设

　　建立城市暴雨内涝预警预报系统，根据上游雨水情、本地降雨及潮位预报易内涝点的洪涝信息，设定不同洪涝级别发布相应警报，提前部署城市抗洪抢险工作。

　　由于城市洪涝水汇流时间通常较短，仅依赖水文学或水力学方法所能获得的预见期不够，主要通过精细化定量降水预报延长预见期。继续加强气象预测预警预报能力建设，加强城市暴雨规律研究，进一步提高气象预报准确率和精细化水平，开展气象灾害分区预警，提高预警的针对性。完善突发事件预警信息发布体系，使各类重要预警信息第一时间发送至各级防灾责任人和广大人民群众，特别是外来务工人员、老人、儿童等群体手中。

　　目前，我国城市内涝预警预报系统多为各个部门独立开发，而内涝灾害的预警涉及多方面的因素，因此，开发多部门协作的综合实时预警系统显得十分必要。城市内涝灾害综合实时预警系统包括5个方面：①内涝灾害监测，利用遥感、雨量计的监测设施实时监测气象数据；②内涝灾害风险评估，将实时气象数据作为驱动数据与参数集一起输入内涝灾害风险评估模型，对内涝灾害进行风险评估和区划；③内涝灾害风险预警，对评估结果进行分析，将预警信息与媒介对接，及时有效地将风险预警信息发布给相关部门和群体；④救灾减灾方案，对产生积水道路或立交桥提出防灾与减灾方案，及时有效地采取相关措施；⑤灾后评估，对灾害系统进行误差估计，及时更新参数集，不断完善系统。通过多部门合作，形成统一的综合数据观测、信息发布，以及减灾和救援的实时预警系统。

7.2.6　逐步建设排水系统信息化管控平台

　　海南岛城市城区排水管网建设年代不一、结构复杂，老城区和城中村特别明显，这些区域的排水管网错综复杂，当发生内涝灾害时很难找到症结根源，也阻碍了城市内涝洪水预警预报系统的开发应用，所以有必要搞清管网分布、排水管网长度、管径和相关连接方式。

　　以海口市为例，目前该市内涝监测系统包括了排水系统GIS数据库对城区排水系统空间及属性数据的加工处理、数据导入，对属性数据的在线修改，对空间及属性数据的查询检索4个功能。由于数据收集时间较短、收集方式复杂，系统内的排水管网数据来自于住房和城乡建设局、规划局及各相关街道办事处，收集的资料多为纸质文件，使用非常不便；从收集的管网资料看，不同单位掌握的管网数据存在不少问题，如管网出现有头无尾、没有出口、管径大小不一等问题，在数据化时需要人为改动，而且近年来内涝整治及管网建设已逐步实施，系统并未能及时更新，与实现实时监控等专业服务的目标还有一定差距。

　　因此，为更好地实现监测、维护、抢险及相关的规划设计建设等工作，建立详细的排水管网数据库并实时监控成为当务之急。目前，国内外很多城市已构建了基于GIS系统的城市排水管网系统，这为海口市实施该项工程提供了很好的借鉴。GIS系统与分布在管网内的传感系统结合，当暴雨发生时，实时监测排水管网的水压异常并报警，为排水管网抢修提供了宝贵时间，从而避免了洪涝灾害的进一步扩大。

　　鉴于各市县排水除涝设施普查工作进展不一的现状，根据普查数据标准要求，对城市排水除涝基础设施、受纳水体、泄洪河道、严重积水与内涝易发地点等情况进行全面普查，系统开展城市排水除涝设施普查工作，形成排水除涝基础信息数据库。重视信息化平台建设，构建城市排水管网水力模型，逐步建立完善的、覆盖整个城市排水除涝体系的信息化管控平台，充分发挥数字信息技术在排水除涝工程规划、设计和运行调度等方面的支撑作用。

7.2.7　加强宣传教育提高公众防灾救灾意识

　　灾害致灾的轻重不仅取决于灾害源的强弱，而且还取决于灾区人类社会经济系统对灾害承受和调整能力的大小，在同等灾害源强度的条件下，社会经济系统易损性越强，承受功能越脆弱，灾害造成的损失越大。防灾救灾意识包括对民众进行防灾知识的科普宣传，安全教育，加强人们对各种灾情的警觉程度，提高处理灾情和自救的能力，以及有效制定防灾规划，并能保证在救灾行动中有效地实施等。显然，减少各种灾害对城市的破坏，提高城市防灾救灾意识和能力，无疑是城市安全能力建设的重中之重。

　　把宣传对象辐射到各单位、学校和家庭，可将城市内涝防御知识列入中小学的教科书中予以普及，宣传教育的形式包括电话宣传、节目制作、举办展览、开展讲座、实施演练、出版刊物、公益广告宣传及网络等。对地下车库管理员等防御城市内涝的敏感和关键岗位的人员，通过讲座、演练等形式进行专门培训。通过加强宣传教育，加强城市排水管理部门与市民的沟通，使广大市民自觉维护城市排水设施，创造一个全民齐参与、共创文明排水的城市氛围。

7.3　小　　结

　　本章主要针对海南岛实际情况，以海口市为研究重点，主要论述了应对城市洪涝灾害的综合整治措施，主要包括重视地下排水管网建设、设置强排泵站、合理提高城市雨水系统设计标准、海绵城市与低影响开发建设及城市内河水系整治措施等工程措施，以及加强城市排水设施管理、建立精干高效的城市排水管理体制、完善城市雨洪管理政策法规建设、完善城市防洪应急预案体系、推进城市暴雨内涝预警预报系统建设、逐步建设排水系统信息化管控平台及加强宣传教育提高公众防灾救灾意识等非工程措施。

参 考 文 献

敖静. 2005. 浅水湖泊二维水流-沉积物污染水质耦合模型研究与应用. 南京: 河海大学硕士学位论文.

岑国平, 沈晋, 范荣生, 等. 1997. 城市地面产流的试验研究. 水利学报, 10: 47-52, 71.

岑国平, 詹道江, 洪嘉年. 1993. 城市雨水管道计算模型. 中国给水排水, 9(1): 37-40.

陈丕翔. 2007. 基于有限体积法的二维水流水质模拟. 南京: 河海大学硕士学位论文.

陈文杰, 黄国如. 2015. 海南岛极端暴雨事件时空演变规律分析. 水电能源科学, 33(8): 1-4, 83.

陈文龙, 宋利祥, 邢领航, 等. 2014. 一维-二维耦合的防洪保护区洪水演进数学模型. 水科学进展, 25(6): 848-855.

陈杨. 2006. 明满流过渡及跨临界流的数值模拟. 南京: 河海大学硕士学位论文.

陈杨, 俞国青. 2010. 明满流过渡及跨临界流一维数值模拟. 水利水电科技进展, 30(1): 80-84, 94.

陈永灿, 王智勇, 朱德军, 等. 2010. 一维河网非恒定渐变流计算的汊点水位迭代法及其应用. 水力发电学报, 29(4): 140-147.

邓培德. 2014. 城市雨水道设计洪峰径流系数法研究及数学模型法探讨. 给水排水, 40(5): 108-112.

冯良记. 2009. 城市排水管网水动力及水质转化模型研究. 大连: 大连理工大学硕士学位论文.

冯良记, 张明亮. 2009. 城市排水管明满过渡流模型的研究及应用. 中国给水排水, 25(23): 131-134, 137.

耿艳芬. 2006. 城市雨洪的水动力耦合模型研究. 大连: 大连理工大学博士学位论文.

胡伟贤, 何文华, 黄国如, 等. 2010. 城市雨洪模拟技术研究进展. 水科学进展, 21(1): 137-144.

华霖富水利环境技术咨询(上海)有限公司. 2014. InfoWorks 城市综合流域排水模型软件介绍. 上海: 软件使用手册.

黄国如, 吴思远. 2013. 基于 Infoworks CS 的雨水利用措施对城市雨洪影响的模拟研究. 水电能源科学, 31(5): 1-4, 17.

黄国如, 冯杰, 刘宁宁, 等. 2013. 城市雨洪模型及应用. 北京: 中国水利水电出版社.

黄国如, 黄晶, 喻海军, 等. 2011. 基于 GIS 的城市雨洪模型 SWMM 二次开发研究. 水电能源科学, 29(4): 43-45, 195.

黄国如, 黄维, 张灵敏, 等. 2015a. 基于 GIS 和 SWMM 模型的城市暴雨积水模拟. 水资源与水工程学报, 26(4): 1-6.

黄国如, 冼卓雁, 陈文杰. 2015b. 海口市近年短历时暴雨演变特征分析. 水利与建筑工程学报, 13(2): 121-126.

孔彦虎. 2012. 基于 GIS 的城市排水管网数据处理与校验. 昆明: 云南大学硕士学位论文.

刘家福, 蒋卫国, 占文凤, 等. 2010. SCS 模型及其研究进展. 水土保持研究, 17(2): 120-124.

刘为. 2010. 基于 GIS 的城市暴雨积水模拟预测方法及应用研究. 长沙: 中南大学硕士学位论文.

吕彪. 2010. 基于非结构化网格的具有自由表面水波流动数值模拟研究. 大连: 大连理工大学博士学位论文.

马志强. 2009. 非恒定管网的水力数值模拟及其可视化研究. 大连: 大连理工大学硕士学位论文.

茅泽育, 相鹏, 黄江川, 等. 2007a. Preissmann 四点隐格式对计算混合流动的适定性分析. 科学技术与工程, 7(3): 343-347.

茅泽育, 赵雪峰, 赵璇, 等. 2007b. 排水管网非恒定流数值模拟新方法. 水利水运工程学报, 2: 42-47.

孟昭鲁, 周玉文. 1992. 雨水道变径流系数的推求. 给水排水, 6: 13-14, 26.

欧剑. 2004. 飞来峡~石角河道洪水演进方法研究. 南京: 河海大学硕士学位论文.

潘存鸿, 徐昆. 2006. 三角形网格下求解二维浅水方程的 KFVS 格式. 水利学报, 37(7): 858-864.

芩国平. 1995. 雨水管网的动力波模拟及试验验证. 给水排水, 10: 11-13, 2.

仇劲卫, 李娜, 程晓陶, 等. 2000. 天津市城区暴雨沥涝仿真模拟系统. 水利学报, 11: 34-42.

任伯帜. 2004. 城市设计暴雨及雨水径流计算模型研究. 重庆: 重庆大学博士学位论文.

任伯帜, 邓仁建. 2006. 城市地表雨水汇流特性及计算方法分析. 中国给水排水, 22(14): 39-42.

任伯帜, 陈俐, 陈文文. 2010. 城市非恒定无压雨水管流流量演算方法分析. 湖南科技大学学报(自然科
　　学版), 25(3): 42-46.

任伯帜, 周赛军, 邓仁建. 2006. 城市地表产流特性与计算方法分析. 南华大学学报(自然科学版), 20(1):
　　8-12.

石赟赟, 万东辉, 陈黎, 等. 2014. 基于 GIS 和 SWMM 的城市暴雨内涝淹没模拟分析. 水电能源科学,
　　32(4): 57- 60, 12.

史英标, 潘存鸿, 程文龙, 等. 2012. 平面二维溃坝水沙输移动床数学模型研究. 水利学报, 43(7):
　　834-841, 851.

宋利祥. 2012. 溃坝洪水数学模型及水动力学特性研究. 武汉: 华中科技大学博士学位论文.

宋利祥, 周建中, 王光谦, 等. 2011. 溃坝水流数值计算的非结构有限体积模型. 水科学进展, 22(3):
　　373-381.

孙立堂, 曹升乐, 陈继光, 等. 2008. 改进的 SCS 模型产流参数在小清河流域的率定. 人民黄河, 30(5):
　　33-34.

谭琼. 2007. 排水系统模型在城市雨水水量管理中的应用研究. 上海: 同济大学博士学位论文.

谭维炎. 1998. 计算浅水动力学-有限体积法的应用. 北京: 清华大学出版社.

汪洪波, 孙明波, 吴海燕, 等. 2010. 超声速燃烧流的双时间步计算方法研究. 国防科技大学学报, 32(3):
　　1-6.

王昆. 2009. 复杂水流的高分辨率数值模拟. 大连: 大连理工大学博士学位论文.

王喜冬. 2004. 香港岛污水管网系统总体规划概述. 给水排水, 30(12): 103-105.

王业耀, 汪太明, 香宝. 2011. SCS 模型中城市地区土壤 AMC 确定方法的改进及应用研究. 水文, 31(4):
　　23-26, 57.

王智勇, 陈永灿, 朱德军, 等. 2011. 一维-二维耦合的河湖系统整体水动力模型. 水科学进展, 22(4):
　　516-522.

魏文礼, 郭永涛. 2007. 基于加权本质无振荡格式的二维溃坝水流数值模拟. 水利学报, 38(5): 596-600.

吴持恭. 2008. 水力学(第四版). 北京: 高等教育出版社.

吴钢锋. 2014. 二维定床和动床洪水数值模型的研究和应用. 杭州: 浙江大学博士学位论文 .

吴钢锋, 贺治国, 刘国华. 2013. 具有守恒特性的二维溃坝洪水演进数值模型. 水科学进展, 24(5):
　　683-691.

夏军强, 王光谦, Lin B L, 等. 2010. 复杂边界及实际地形上溃坝洪水流动过程模拟. 水科学进展, 21(3):
　　289-298.

肖汉. 2010. 排水管道中混合流动的研究与数值模拟. 北京: 清华大学硕士学位论文.

谢莹莹, 刘遂庆, 信昆仑. 2006. 城市暴雨模型发展现状与趋势. 重庆建筑大学学报, 28(5): 136-139.

徐向阳. 1998. 平原城市雨洪过程模拟. 水利学报, 8: 34-37.

薛丰昌, 盛洁如, 钱洪亮. 2015. 面向城市平原地区暴雨积涝汇水区分级划分的方法研究. 地球信息科
　　学学报, 17(4): 462-468.

杨开林. 2002. 明渠结合有压管调水系统的水力瞬变计算. 水利水电技术, 33(4): 5-7, 11.

杨水平, 罗迪凡. 2007. 一种改进的 MUSCL 格式. 南华大学学报(自然科学版), 21(4): 57-60.

叶镇, 刘鑫华, 胡大明, 等. 1994. 区域综合径流系数的计算及其结果评价. 中国市政工程, 4: 43-45, 50.

岳志远, 曹志先, 李有为, 等. 2011. 基于非结构网格的非恒定浅水二维有限体积数学模型研究. 水动力学研究与进展 A 辑, 26(3): 359-367.

张大伟. 2008. 堤坝溃决水流数学模型及其应用研究. 北京: 清华大学博士学位论文.

张大伟, 程晓陶, 黄金池. 2010a. 建筑物密集城区溃堤水流二维数值模拟. 水利学报, 41(3): 272-277.

张大伟, 李丹勋, 陈稚聪, 等. 2010b. 溃堤洪水的一维、二维耦合水动力模型及应用. 水力发电学报, 29(2): 149-154.

张二骏, 张东生, 李挺. 1982. 河网非恒定流的三级联合解法. 华东水利学院学报, 1: 1-13.

张浩. 2014. 北江下游河段洪水预报研究. 广州: 华南理工大学硕士学位论文.

张明亮, 沈永明, 沈丹. 2007. 城市小区雨水管网非恒定数学模型的对比研究. 水力发电学报, 26(5): 80-85.

张小娜, 冯杰, 刘方贵. 2008. 城市雨水管网暴雨洪水计算模型研制及应用. 水电能源科学, 26(5): 40-42, 103.

张之贤, 张强, 赵庆云, 等. 2013. 陇东南地区短历时降水特征及其分布规律. 中国沙漠, 33(4): 1184-1190.

赵丹禄. 2012. 雨水管网水动力模拟及城市暴雨积水分析. 大连: 大连理工大学硕士学位论文.

赵丹禄, 金生, 徐晓, 等. 2012. 城市雨水管网水力模型研究. 中国水运, 12(4): 85-86, 89.

赵冬泉, 陈吉宁, 佟庆远, 等. 2008. 基于 GIS 的城市排水管网模型拓扑规则检查和处理. 给水排水, 34(5): 106-109.

周浩澜. 2012. 气候变化下东莞城区极端降雨及洪涝响应研究. 广州: 中山大学博士学位论文.

周浩澜, 陈洋波. 2011. 城市化地面二维浅水模拟. 水科学进展, 22(3): 407-412.

周雪漪. 1995. 计算水力学. 北京: 清华大学出版社.

周玉文, 戴书健. 2001. 城市排水系统非恒定流模拟模型研究. 北京工业大学学报, 27(1): 84-86, 95.

周玉文, 孟昭鲁, 王民. 1994. 城市雨水口流域等流时线法降雨径流模拟模型. 沈阳建筑工程学院学报, 10(4): 339-344.

朱德军, 陈永灿, 刘昭伟. 2012. 大型复杂河网一维动态水流-水质数值模型. 水力发电学报, 31(3): 83-87.

朱德军, 陈永灿, 王智勇, 等. 2011. 复杂河网水动力数值模型. 水科学进展, 22(2): 203-207.

Akan A O, Yen B C. 1981. Diffusion-Wave flood routing in channel networks. Journal of the Hydraulics Division, 107(6): 719-732.

Akanbi A A, Katopodes N D. 1988. Model for flood propagation on initially dry land. Journal of Hydrologic Engineering, 114(7): 689-706.

Anastasiou K, Chan C T. 1997. Solution of the 2D shallow water equations using the finite volume method on unstructured triangular meshes. International Journal for Numerical Methods in Fluids, 24(11): 1225-1245.

Armson D, Stringer P, Ennos A R. 2013. The effect of street trees and amenity grass on urban surface water runoff in Manchester, UK. Urban Forestry & Urban Greening, 12(3): 282-286.

Begnudelli L, Sanders B F. 2006. Unstructured grid finite-volume algorithm for shallow-water flow and scalar transport with wetting and drying. Journal of Hydraulic Engineering, 132(4): 371-384.

Begnudelli L, Sanders B F, Bradford S F. 2008. Adaptive Godunov-based model for flood simulation. Journal of Hydraulic Engineering, 134(6): 714-725.

Bellos V, Tsakiris G. 2015. Comparing various methods of building representation for 2D flood modelling in built-up areas. Water Resources Management, 29(2): 379-397.

Bradford S F, Sanders B F. 2002. Finite-volume model for shallow-water flooding of arbitrary topography. Journal of Hydraulic Engineering, 128(3): 289-298.

Brufau P, Garcia-Navarro P. 2000. Two-dimensional dam break flow simulation. International Journal for Numerical Methods in Fluids, 33(1): 35-57.

Brufau P, Vázquez-Cendón M E, García-Navarro P. 2002. A numerical model for the flooding and drying of irregular domains. International Journal for Numerical Methods in Fluids, 39(3): 247-275.

Burszta-Adamiak E, Mrowiec M. 2013. Modelling of green roofs' hydrologic performance using EPA's SWMM. Water Science and Technology, 68(1): 36-42.

Chaudhry M H. 1988. Applied Hydraulic Transients. New York: Springer.

Chen W J, Chen C H, Li L B, et al. 2015. Spatiotemporal analysis of extreme hourly precipitation patterns in Hainan island, South China. Water, 7(5): 2239-2253.

DHI. 1995. Mouse: User's Manual and Tutorial. Horsholm, Denmark.

Djordjević S, Prodanović D, Walters G A. 2004. Simulation of transcritical flow in pipe/channel networks. Journal of Hydraulic Engineering, 130(12): 1167-1178.

Dutta D, Alam J, Umeda K, et al. 2007. A two-dimensional hydrodynamic model for flood inundation simulation: a case study in the lower Mekong river basin. Hydrological Processes, 21(9): 1223-1237.

Elliott A H, Trowsdale S A. 2007. A review of models for low impact urban stormwater drainage. Environmental Modelling & Software, 22(3): 394-405.

Fraccarollo L, Toro E F. 1995. Experimental and numerical assessment of the shallow water model for two-dimensional dam-break type problems. Journal of Hydraulic Research, 33(6): 843-864.

Freitag M A, Morton K W. 2007. The Preissmann box scheme and its modification for transcritical flows. International Journal for Numerical Methods in Engineering, 70(7): 791-811.

Gent R, Crabtree B, Ashley R. 1996. A review of model development based on sewer sediments research in the UK. Water Science and Technology, 33(9): 1-7.

George D L. 2008. Augmented Riemann solvers for the shallow water equations over variable topography with steady states and inundation. Journal of Computational Physics, 227(6): 3089-3113.

Ghostine R, Vazquez J, Terfous A, et al. 2013. A comparative study of 1D and 2D approaches for simulating flows at right angled dividing junctions. Applied Mathematics and Computation, 219(10): 5070-5082.

Godunov S K. 1959. A difference method for numerical calculation of discontinuous solutions of the equations of hydrodynamics. Matematicheskii Sbornik, 47(89): 271-306.

Goutal N. 1999. The Malpasset Dam Failure. An Overview and Test Case Definition. Zaragoza, Spain: The Proceedings of the 4th CADAM meeting.

Green W H, Ampt C A. 1911. Studies on soil physics: I. Flow of water and air through soils. Journal of Agricultural Science, 4(1): 1-24.

Hager W H, Schwalt M, Jimenez O, et al. 1994. Supercritical flow near an abrupt wall deflection. Journal of Hydraulic Research, 32(1): 103-118.

Harten A, Engquist B, Osher S, et al. 1987. Uniformly high-order accurate essentially non-oscillatory schemes III. Journal of Computational Physics, 71(2): 231-303.

Harten A, Lax P D, Leer B V. 1983. On upstream differencing and Godunov-type schemes for hyperbolic conservation laws. Society for Industrial and Applied Mathematics, 25(1): 35-61.

Havn K, Brorsen M, Refsgaard J C. 1985. Generalized mathematical modelling system for flood analysis and flood control design//Proc, 2nd Int Conf on the Hydraulics of Floods & Flood Control. Cambrige, England: BHRA:301-312.

Haylock M R, Goodess C M. 2004. Interannual variability of European extreme winter rainfall and links with mean large-scale circulation. International Journal of Climatology, 24(6): 759-776.

Helenbrook B T, Cowles G W. 2008. Preconditioning for dual-time-stepping simulations of the shallow water equations including Coriolis and bed friction effects. Journal of Computational Physics, 227(9): 4425-4440.

Hervouet J M. 2007. Hydrodynamics of Free Surface Flows: Modelling with the Finite Element Method. London: John Wiley & Sons.

Hidalgo-Muñoz J M, Argüeso D, Gámiz-Fortis S R, et al. 2011. Trends of extreme precipitation and associated synoptic patterns over the southern Iberian Peninsula. Journal of Hydrology, 409(1-2): 497-511.

Horton R E. 1941. An approach toward a physical interpretation of infiltration capacity. Soil Science Society America Journal, 5: 399-417.

Hou J M, Liang Q H, Simons F, et al. 2013. A 2D well-balanced shallow flow model for unstructured grids with novel slope source term treatment. Advances in Water Resources, 52(2): 107-131.

Hubbard M E. 1999. Multidimensional slope limiters for MUSCL-type finite volume schemes on unstructured grids. Journal of Computational Physics, 155(1): 54-74.

Jameson A. 1991. Time dependent calculations using multigrid, with applications to unsteady flows past airfoils and wings//AIAA 10th computational fluid dynamics conference. Honolulu: AIAA: 1-13.

Jameson A, Yoon S. 1987. Lower-upper implicit schemes with multiple grids for the Euler equations AIAA Journal, 25(7): 929-935.

Kawahara M, Umetsu T. 1986. Finite element method for moving boundary problems in river flow. International Journal for Numerical Methods in Fluids, 6(6): 365-386.

Kendall M G. 1975. Rank Correlation Methods. London: Griffin.

Kerger F, Archambeau P, Erpicum S, et al. 2011. A fast universal solver for 1D continuous and discontinuous steady flows in rivers and pipes. International Journal for Numerical Methods in Fluids, 66(1): 38-48.

Kim B, Sanders B F, Schubert J E, et al. 2014. Mesh type tradeoffs in 2D hydrodynamic modeling of flooding with a Godunov-based flow solver. Advances in Water Resources, 68(3): 42-61.

Koudelak P, West S. 2008. Sewerage network modelling in Latvia, use of InfoWorks CS and storm water management model 5 in Liepaja city. Water and Environment Journal, 22(2): 81-87.

Leer B V. 1977. Towards the ultimate conservative difference scheme. IV. A new approach to numerical convection. Journal of Computational Physics, 23(3): 276-299.

Leer B V. 1979. Towards the ultimate conservative difference scheme. V. A second-order sequel to Godunov's method. Journal of Computational Physics, 32(1): 101-136.

Leer B V. 1984. On the relation between the upwind-differencing schemes of godunov, engquist-osher and roe. SIAM Journal on Scientific and Statistical Computing, 5(1): 1-20.

Liang Q H. 2010. Flood simulation using a well-balanced shallow flow model. Journal of Hydraulic Engineering, 136(9): 669-675.

Liang Q H, Borthwick A G L. 2009. Adaptive quadtree simulation of shallow flows with wet-dry fronts over complex topography. Computers & Fluids, 38(2): 221-234.

Lin B L, Falconer R A, Liang D F. 2007. Linking one-and two-dimensional models for free surface flows. Proceedings of the ICE-Water Management, 160(3): 145-151.

Liu X D, Osher S, Chan T. 1994. Weighted essentially non-oscillatory schemes. Journal of Computational Physics, 115(1): 200-212.

Lupikasza E. 2010. Spatial and temporal variability of extreme precipitation in Poland in the period 1951-2006. International Journal of Climatology, 30(7): 991-1007.

Mann H B. 1945. Nonparametric tests against trend. Econometrica, 13(3): 245-259.

Mark O, Weesakul S, Apirumanekul C, et al. 2004. Potential and limitations of 1D modelling of urban flooding. Journal of Hydrology, 299(3-4): 284-299.

Martin-Vide J. 2004. Spatial distribution of daily precipitation concentration index in peninsular Spain. International Journal of Climatology, 24(8): 959-971.

Mohamadian A, Roux D Y L, Tajrishi M, et al. 2005. A mass conservative scheme for simulating shallow flows over variable topographies using unstructured grid. Advances in Water Resources, 28(5): 523-539.

Morales-Hernández M, García-Navarro P, Burguete J, et al. 2013. A conservative strategy to couple 1D and 2D models for shallow water flow simulation. Computers & Fluids, 81(9): 26-44.

Noto L, Tucciarelli T. 2001. DORA algorithm for network flow models with improved stability and convergence properties. Journal of Hydraulic Engineering, 127(5): 380-391.

Oliver J E. 1980. Monthly precipitation distribution: a comparative index. Professional Geographer, 32(3): 300-309.

Pan C H, Dai S Q, Chen S M. 2006. Numerical simulation for 2D shallow water equations by using Godunov-type scheme with unstructured mesh. Journal of Hydrodynamics, Ser B, 18(4): 475-480.

Peterson T C, Manton M J. 2008. Monitoring changes in climate extremes: a tale of international collaboration. Bulletin of the American Meteorological Society, 89(9): 1266-1271.

Philip J R. 2006. The theory of infiltration: 1. the infiltration equation and its solution. Soil Science, 83(5): 345-357.

Roesner L A, Aldrich J A, Dickinson R E, et al. 1988. Storm Water Management Model User's Manual, Version 4, EXTRAN Addendum. US Environmental Protection Agency.

Rogers B D, Borthwick A G L, Taylor P H. 2003. Mathematical balancing of flux gradient and source terms prior to using Roe's approximate Riemann solver. Journal of Computational Physics, 192(2): 422-451.

Roy S S, Rouault M. 2013. Spatial patterns of seasonal scale trends in extreme hourly precipitation in South Africa. Applied Geography, 39(1): 151-157.

Schmitt T G, Thomas M, Ettrich N. 2004. Analysis and modeling of flooding in urban drainage systems. Journal of Hydrology, 299(3-4): 300-311.

Schubert J E, Sanders B F, Smith M J, et al. 2008. Unstructured mesh generation and landcover-based resistance for hydrodynamic modeling of urban flooding. Advances in Water Resources, 31(12): 1603-1621.

Seyoum S D, Vojinovic Z, Price R K, et al. 2011. Coupled 1D and noninertia 2D flood inundation model for simulation of urban flooding. Journal of Hydraulic Engineering, 138(1): 23-34.

Shuster W D, Pappas E, Zhang Y. 2008. Laboratory-scale simulation of runoff response from pervious-impervious systems. Journal of Hydrologic Engineering, 13(9): 886-893.

Singh J, Altinakar M S, Ding Y. 2011. Two-dimensional numerical modeling of dam-break flows over natural terrain using a central explicit scheme. Advances in Water Resources, 34(10): 1366-1375.

Skotnicki M, Sowiński M. 2015. The influence of depression storage on runoff from impervious surface of urban catchment. Urban Water Journal, 12(3): 207-218.

Soares-Frazão S, Lhomme J, Guinot V, et al. 2008. Two-dimensional shallow-water model with porosity for urban flood modelling. Journal of Hydraulic Research, 46(1): 45-64.

Song L X, Zhou J Z, Guo J, et al. 2011. A robust well-balanced finite volume model for shallow water flows with wetting and drying over irregular terrain. Advances in Water Resources, 34(7): 915-932.

Sun N, Hong B, Hall M. 2013. Assessment of the SWMM model uncertainties within the generalized likelihood uncertainty estimation(GLUE)framework for a high-resolution urban sewershed. Hydrological Processes, 28(6): 3018-3034.

Testa G, Zuccalà D, Alcrudo F, et al. 2007. Flash flood flow experiment in a simplified urban district. Journal of Hydraulic Research, 45(S1): 37-44.

Toro E F. 2001. Shock-Capturing Methods for Free-Surface Shallow Flows. London: John Wiley & Sons.

Toro E F, Garcia-Navarro P. 2007. Godunov-type methods for free-surface shallow flows: a review. Journal of Hydraulic Research, 45(6): 736-751.

Valeo C, Ho C L I. 2004. Modelling urban snowmelt runoff. Journal of Hydrology, 299(3-4): 237-251.

Valiani A, Caleffi V, Zanni A. 2002. Case study: Malpasset dam-break simulation using a two-dimensional finite volume method. Journal of Hydraulic Engineering, 128(5): 460-472.

Vasconcelos J G, Wright S J. 2007. Comparison between the two-component pressure approach and current transient flow solvers. Journal of Hydraulic Research, 45(2): 178-187.

Wang Z L, Geng Y F. 2013. Two-dimensional shallow water equations with porosity and their numerical scheme on unstructured grids. Water Science and Engineering, 6(1): 91-105.

Wu C H, Huang G R, Yu H J, et al. 2014. Spatial and temporal distributions of trends in climate extremes of the Feilaixia catchment in the upstream area of the Beijiang River Basin, South China. International Journal of Climatology, 34(11): 3161-3178.

Xiong Y, Melching C S. 2005. Comparison of kinematic-wave and nonlinear reservoir routing of urban watershed runoff. Journal of Hydrologic Engineering, 10(1): 39-49.

Yoon T H, Kang S K. 2004. Finite volume model for two-dimensional shallow water flows on unstructured grids. Journal of Hydraulic Engineering, 130(7): 678-688.

Yu H J, Huang G R, Wu C H. 2014. Application of the stormwater management model to a piedmont city: a case study of Jinan City, China. Water Science and Technology, 70(5): 858-864.

Zhang L P, Wang Z J. 2004. A block LU-SGS implicit dual time-stepping algorithm for hybrid dynamic meshes. Computers & Fluids, 33(7): 891-916.

Zhao Y, Tan H H, Zhang B. 2002. A high-resolution characteristics-based implicit dual time-stepping VOF method for free surface flow simulation on unstructured grids. Journal of Computational Physics, 183(1): 233-273.

Zhong J. 1998. General hydrodynamic model for sewer/channel network systems. Journal of Hydraulic Engineering, 124(3): 307-315.

彩　　图

图 2-6　　研究区气象站点分布图

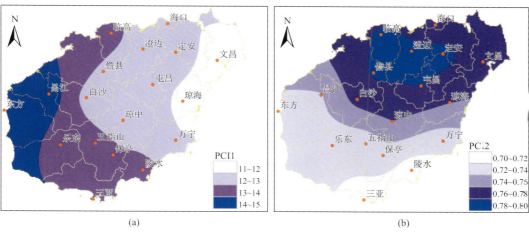

(a)　　　　　　　　　　　　　　　　　　　(b)

图 2-7　　PCI1和PCI2的空间分布

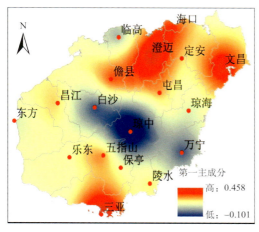
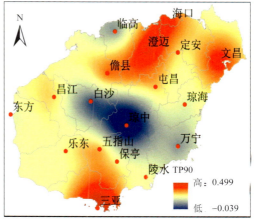

(a)　　　　　　　　　　　　　　　　　　　(b)

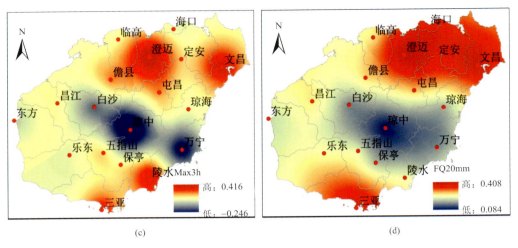

图 2-9　汛期的PCA第一主成分、TP90、Max3h和FQ20mm空间分布

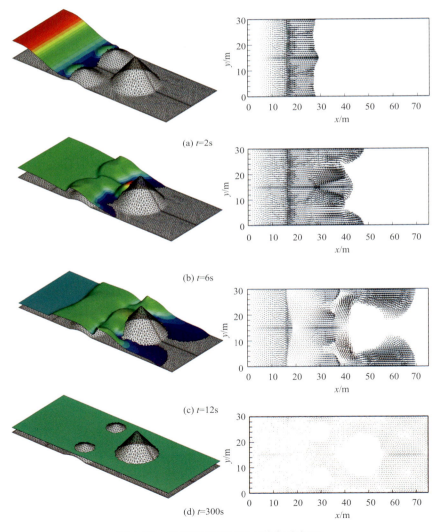

(a) $t=2s$

(b) $t=6s$

(c) $t=12s$

(d) $t=300s$

图 4-53　溃坝后不同时刻水位与流场图

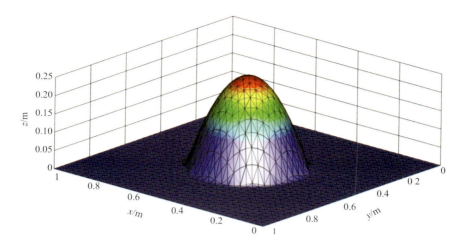

图 4-57　计算区域内地形示意图

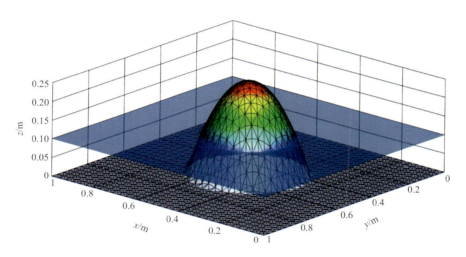

图 4-58　计算区域内水面示意图

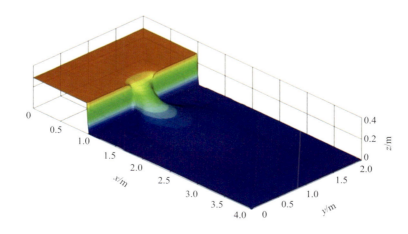

图 4-60　溃坝后$t = 4$s时的水面图

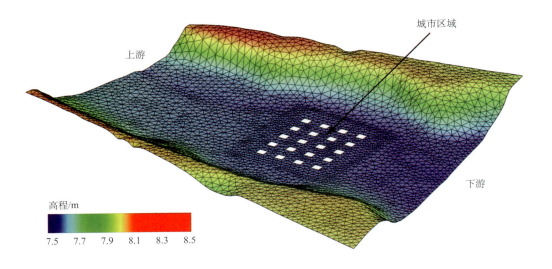

高程/m

7.5 7.7 7.9 8.1 8.3 8.5

图 4-67　地形与建筑群分布情况

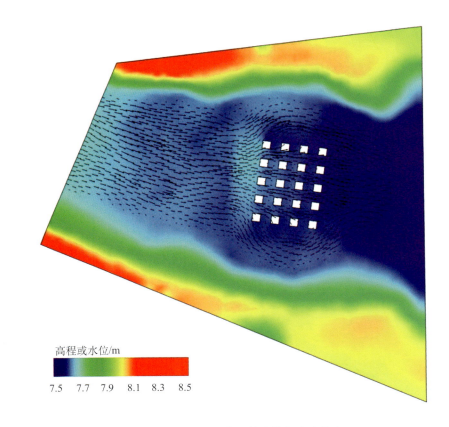

高程或水位/m

7.5 7.7 7.9 8.1 8.3 8.5

图 4-73　$t = 15\text{s}$ 时计算区域水位与流速分布

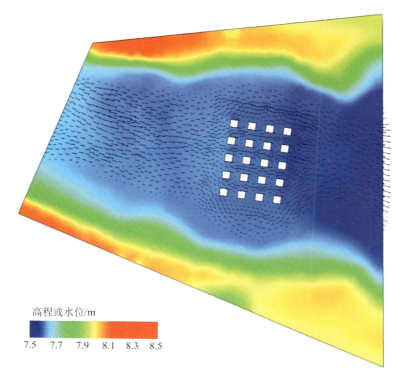

高程或水位/m

7.5 7.7 7.9 8.1 8.3 8.5

图 4-74 $t = 30s$ 时计算区域水位与流速分布

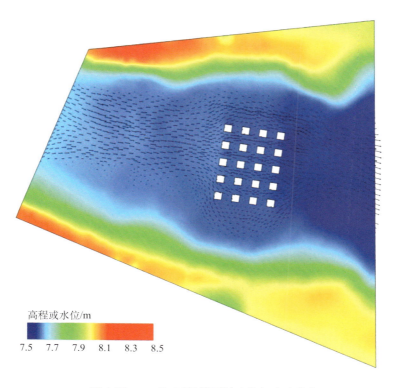

高程或水位/m

7.5 7.7 7.9 8.1 8.3 8.5

图 4-75 $t = 45s$ 时计算区域水位与流速分布

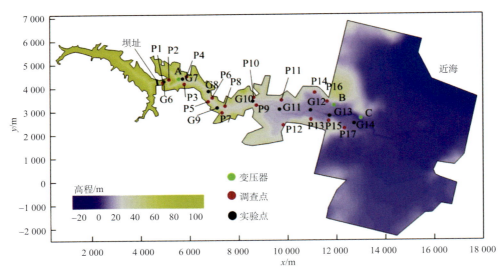

图 4-76　计算区域地形及各测点的位置示意图

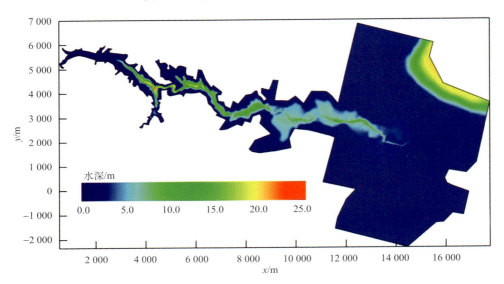

图 4-78　溃坝2000s后计算区域水深分布图

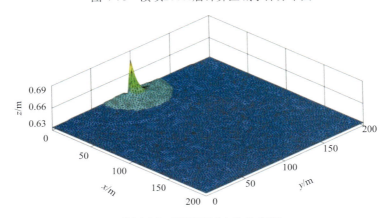

图 4-94　平原区域水位分布图

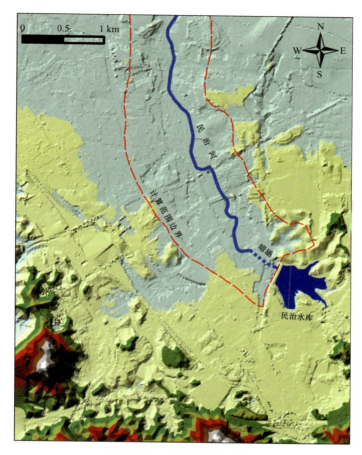

图 4-105　计算范围示意图

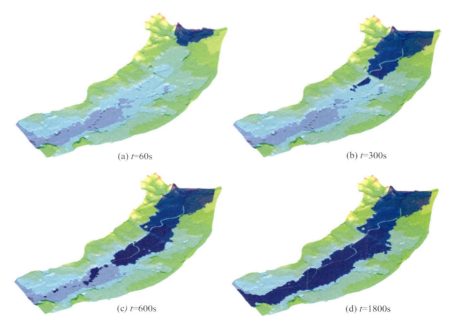

(a) t=60s

(b) t=300s

(c) t=600s

(d) t=1800s

图 4-107　不同时刻的淹没范围图

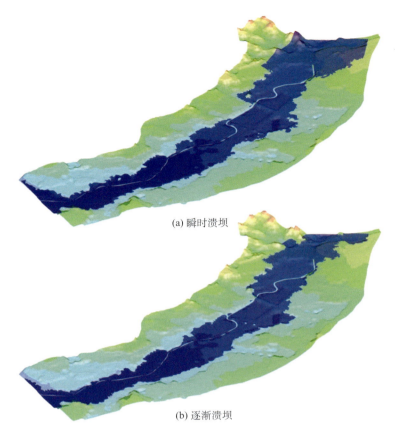

(a) 瞬时溃坝

(b) 逐渐溃坝

图 4-108　溃坝洪水造成的淹没范围图

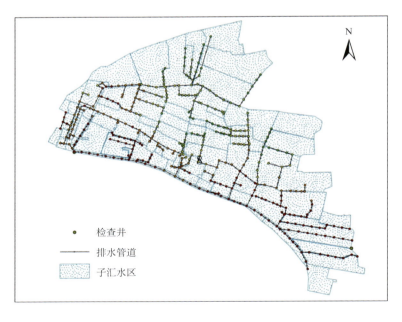

图 4-111　计算区域内管网示意图

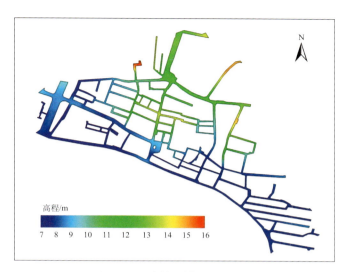

图 4-112　计算区域内街道示意图

图 4-114　10年一遇暴雨时管道满载情况

图 4-116　海甸岛水系图

图 4-117　易涝点调研结果

图 4-118　研究区域内管网及子汇水区示意图

图 4-119　研究区域高程示意图

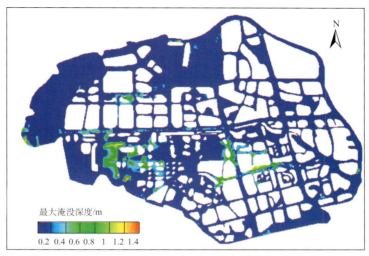

图 4-120 20111005场次暴雨下内涝淹没最大深度

图 4-121 20101005场次暴雨下内涝淹没最大深度

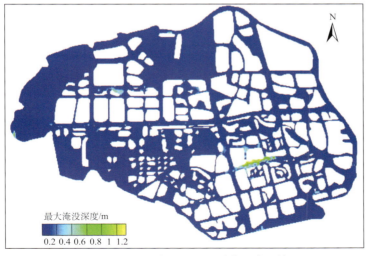

图 4-123 10年一遇暴雨时街面淹没情况

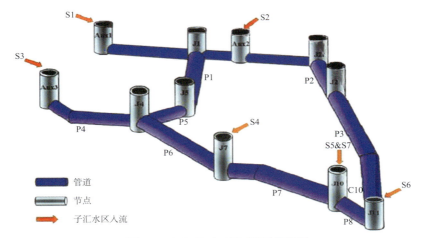

图 5-9　InfoWorks ICM管网模型图

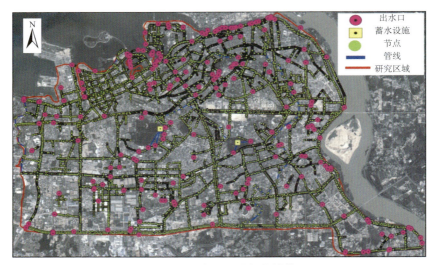

图 5-14　研究区网络拓扑结构图

图 5-15　子汇水区概化图

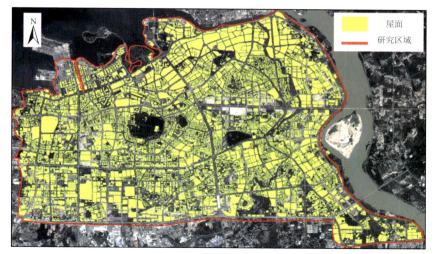

图 5-16 屋面分布范围图

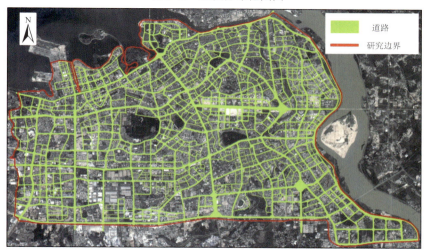

图 5-17 道路分布范围图

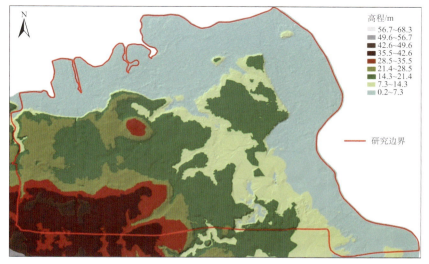

图 5-18 研究区原始TIN模型图

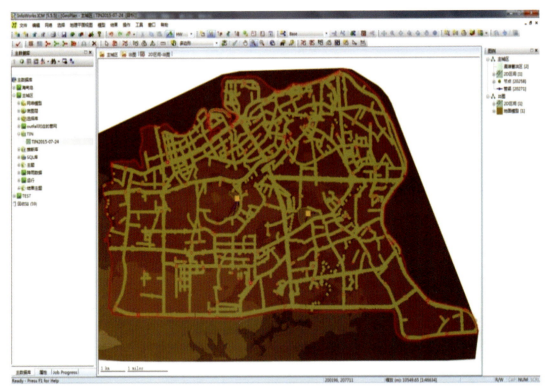

图 5-19　研究区域的二维区间

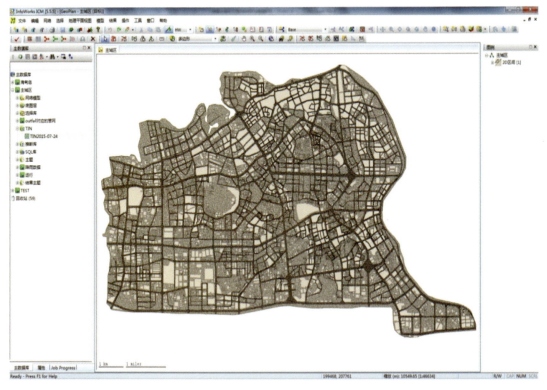

图 5-20　研究区域网格化图

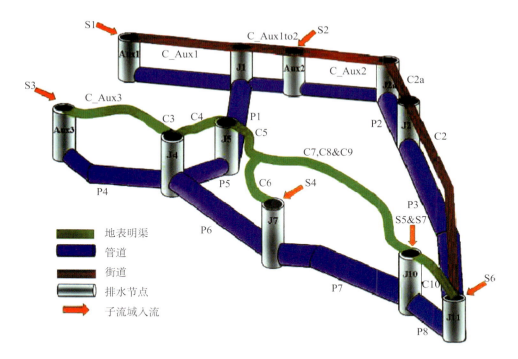

图 6-5　双层排水模型

图 6-20　主城区排水系统概化图

图 6-21 子汇水区概化图

(a)   (b)

图 6-22 透水区识别效果